吉木萨尔页岩油水平井钻井技术与实践

许江文　杨志毅　石建刚　杨　虎　等著

U0213726

石油工业出版社

内 容 提 要

本书以准噶尔盆地吉木萨尔凹陷芦草沟组页岩油水平井高效钻井为研究对象。首先，着重介绍该构造地质特征、勘探开发历程与认识、区域地质力学、水平井钻井工程设计要点。其次，对水平井延伸极限、井眼轨迹控制和井眼净化等进行研究和建模分析，并介绍了该区域水平井适宜的钻井液、固井水泥浆体系与工艺实践，以及各项钻井提速技术实践经验。最后，重点介绍吉木萨尔页岩油工厂化水平井钻井关键技术。书中阐述各项理论和技术的同时，包含了大量详细的实钻案例，生动形象，通俗易懂。

本书可供石油地质、石油钻井专业技术人员和石油院校相关专业师生阅读参考。

图书在版编目（CIP）数据

吉木萨尔页岩油水平井钻井技术与实践／许江文等著.
— 北京：石油工业出版社，2022.1
ISBN 978-7-5183-5077-3

Ⅰ．①吉… Ⅱ．①许… Ⅲ．①油页岩-水平井-油气钻井-研究-吉木萨尔县 Ⅳ．①TE243

中国版本图书馆 CIP 数据核字（2021）249009 号

出版发行：石油工业出版社
　　　　　（北京安定门外安华里 2 区 1 号　　100011）
　　　　　网　　址：www.petropub.com
　　　　　编辑部：（010）64523757　图书营销中心：（010）64523633
经　　销：全国新华书店
印　　刷：北京中石油彩色印刷有限责任公司

2022 年 1 月第 1 版　2022 年 1 月第 1 次印刷
787×1092 毫米　开本：1/16　印张：18
字数：450 千字

定价：100.00 元

前　言

近年来，我国原油对外依存度持续攀升，国家能源安全面临严峻挑战。常规石油探明程度越来越高，储量增长数量和质量难以满足产能需求。常规老油田稳产难度加大，难以支撑规模效益增产。页岩油作为储量丰富的非常规油气资源，逐渐成为勘探和开发的热点，并受到世界各国的高度重视。

目前，国内外将储集层厚度小于 5m，储地比小于 50%，覆压基质渗透率小于 0.1mD，赋存于烃源岩层系中或页岩体系内，源内聚集的石油资源统称为页岩油。国内外实践表明，页岩油需利用水平井钻井和多级压裂技术才能实现经济开采。新疆北部准噶尔盆地吉木萨尔凹陷页岩油成熟度高、储层条件良好、储量高，是我国页岩油开发的重点区域。因此，复杂地质条件下页岩油水平井钻井配套技术研究与推广，对于吉木萨尔页岩油降低成本、提高开发效率、增加产能均具有重大的科学意义。

页岩油水平井钻井是一项系统性工程，是以钻井提速和优质储层钻遇率为目标，系统攻关井身结构优化、轨迹设计与控制、井筒安全、快速钻井、环保高性能钻井液、工厂化钻井及长水平段固完井等配套技术，最终为页岩油储层改造和后期生产提供优质的井筒条件。为此，中国石油新疆油田公司联合多家钻探公司、高等院校及科研单位，开展了多项有关水平井钻井的配套技术研究。通过近年来的课题攻关和现场试验，自主研发和引进推广了多项国内外先进技术，包括：三维水平井轨迹设计与控制技术、超长位移水平井清洁与延伸技术、旋转导向应用技术、碳酸盐含量录井导向技术、工厂化水平井钻井技术、多元协同钻井液融合技术等。

作者综合应用力学、数学、物理化学、数理统计等基础科学的理论和方法，在新疆油田近 8 年页岩油钻井技术研究与实践的基础上，总结归纳了吉木萨尔页岩油水平井钻井的基础理论、设计方法及配套技术，并撰写成此书，奉献给读者，期望能对我国页岩油气钻井理论与工程的发展和进步抛砖引玉。

本书包括三部分 10 章内容：第一部分为吉木萨尔页岩油水平井开发地质特征、钻井地质力学及钻井工程设计要点；第二部分基于理论创新，重点开展吉木萨尔页岩油水平井眼轨迹控制、延伸极限及井眼净化等基础研究与实例分析；第三部分重点阐述吉木萨尔页岩油水平井钻井关键技术成果与实践情况，包括钻井提速技术、钻井液体系、固井及水泥浆技术、井筒完整性和工厂化钻井等方面。

本书特点是深入浅出，基础理论研究与现场实践紧密结合，技术体系完整，是作者多年从事页岩油开发工作的总结，也是新疆油田多项科技成果的提炼。此书可作为油田勘探开发科研和技术人员的参考资料，也可以作为高等院校培训教材。本书第1—2章由许江文、杨志毅、石建刚、吴继伟撰写；第3章、第8章由吴继伟、杨虎、周鹏高、杨志毅撰写；第4—6章由杨虎、席传明、杨志毅、石建刚撰写；第7章由徐生江、叶成、杨虎撰写；第9—10章由席传明、石建刚、杨虎撰写；全书由许江文、杨志毅、杨虎统稿审定。

本书的出版得到了石油工业出版社的鼎力支持。同时，中国石油大学（北京）提供了大量理论分析和技术总结。本书的部分内容源于几位作者主持的中国石油天然气集团公司重点课题和中国石油天然气股份有限公司勘探工程钻井攻关项目。项目组的刘颖彪、聂明虎、戎克生、李维轩、谢志涛、宋琳等许多同事付出了辛勤的工作和智慧，为本书提供了诸多有价值的学术观点和宝贵素材，在此深表谢意！同时，还要感谢中国石油西部钻探公司、钻井工程技术研究院等项目参与单位在现场施工和技术试验给予的帮助和支持。

由于作者水平有限，书中错误和不妥之处在所难免，恭请广大读者批评指正！

著者

2020 年 7 月于克拉玛依

目　　录

1 绪 论

2012 年准噶尔盆地吉木萨尔凹陷页岩油勘探获得重大突破，展示了该地区具有巨大的勘探开发潜力，但储层覆压渗透率总体小于 0.1mD，原油黏度大，油井无自然产能。前期探井试验表明，采用常规技术单井产量低，无法实现页岩油有效开发。美国 Bakken（巴肯）油田页岩油成功开发经验表明，采用长水平段水平井配合大规模分段压裂技术和"工厂化"作业模式是解决该问题的有效途径。为此，新疆油田在借鉴国内外非常规油气（尤其是页岩油气）开发的成功经验的基础上，开展了吉木萨尔凹陷页岩油长水平段水平井钻完井配套技术研究与试验，对实现该区页岩油有效开发具有十分重要意义。

1.1 国内外非常规油气水平井钻井技术进展

水平井是定向井的井型之一，其最大井斜应不小于 86，是在目的层中维持一定长度水平井段的特殊井。水平井钻井技术是常规定向井钻井技术的延伸和发展，是 20 世纪 80 年代国际石油界迅速发展并日臻完善的一项综合性配套技术，它以扩大泄油面积、提高油气产量和采收率为根本目标，产生了十分巨大的经济效益，因此被誉为石油工业发展过程中的一项"重大突破"。同直井相比，水平井具有与储层接触更长的完井层段，能够产生较大的泄油区，有效沟通裂缝，能够有效抑制有底水或气顶油藏的水锥或气锥，具有少井高产的特点。

北美 Bakken（巴肯）和 Eagle Ford（鹰滩）等致密油气成功开发的经验表明，丛式水平井、水平井分段体积压裂技术是大幅度提高单井产量、减少钻井数量、节约土地资源、保护生态环境的最有效技术，是实现低品位、非常规资源有效动用的关键。

水平井钻开油层的长度是直井的几十到几百倍，而水平井分段压裂则在水平井基础上又进一步增大了储层与井筒的接触面积。如图 1.1 所示，常规直井 100ft（30.48m）储层段与储层的接触面积仅为 222ft^2（20.6m^2），而 2000ft（600.96m）水平段长的水平井与储层接触面积则达到直井的 20 倍。上述直井经过压裂改造后（只有一条 150ft 长的缝）与储层接触面积则达到原来直井的 270 倍，而上述水平井经过 10 段分段压裂（裂缝长 75ft）后与储层接触面积则达到原来水平井的 1013 倍。从最终产量更能够说明这一问题。未经过改造的直井和水平井天然气产量分别只有 280×10^{4}m^3、1130×10^{4}m^3，而经过压裂改造的直井和水平井天然气产量分别高达 2800×10^{4}m^3 和 1.13×10^{8}m^3。可见水平井分段压裂技术在提高单井产量方面的潜力巨大。

致密油水平井通常需要长水平段，在如何钻成长水平段水平井方面，北美在页岩气、致密油开发中经过长期大量的探索，形成了一套长水平段丛式水平井快速钻完井技术，这些技术与常规油气水平井在优化设计、快速实施、提高质量等方面有很大的不同。本章将重点介绍国内外非常规油气水平井的技术发展。

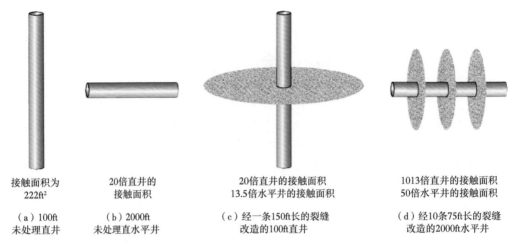

接触面积为 222ft²

20倍直井的 接触面积

20倍直井的接触面积 13.5倍水平井的接触面积

1013倍直井的接触面积 50倍水平井的接触面积

（a）100ft 未处理直井

（b）2000ft 未处理直水平井

（c）经一条150ft长的裂缝 改造的100ft直井

（d）经10条75ft长的裂缝 改造的2000ft水平井

图1.1　改造前后的直井和水平井与储层接触面积对比

1.1.1　水平井钻井技术发展历程

　　水平井技术用于开发油气藏的历史已久。1929 年，美国得克萨斯州利用直井侧钻出 8m 长水平段的水平井，这是水平井的雏形。20 世纪 50 年代初期由于苏联在涡轮钻具方面的优势，钻进了 40 余口水平井，其中多数由直井侧钻而成，水平段长度在 30m 左右。其后一段时间由于随钻测量技术的落后，不能很好地解决钻井中的造斜定位等问题，使得水平钻井技术成本高、事故多、水平位移短、经济效益差，水平井技术一度停滞不前。

　　20 世纪 70 年代后期随着随钻测量技术（MWD）和螺杆钻具的日趋成熟，尤其是随着随钻测井（LWD）、地质导向、旋转导向技术的发展完善，水平井技术成为稠油、边底水油藏、薄层油藏开发的关键技术。20 世纪 90 年代水平井开始实现规模应用，美国、加拿大等成为水平井应用大国。为开发不同类型的油气藏，在水平井基础上又逐步发展了分支井、大位移井、鱼骨井等，极大地提高了油气勘探开发效益。

　　国外在水平井钻井技术方面，一是使用长寿命、可调角度的高效电动机。下井前根据造斜率的要求，调节电动机的角度，一种尺寸电动机即能满足不同造斜率的要求。电动机的功率大、使用寿命长，1 个电动机可以保证 1 口井甚至是多口井的正常使用，保证了作业的连续性，提高了钻速，有效保护了储层。二是在测量技术上，国外已经发展并广泛应用了随钻测井甚至近钻头地质导向技术，进一步提高了水平井眼轨迹控制精度，提高了油藏钻遇率，提高了单井产量。通过地质导向也取代了后续的测井作业，减少了钻机占用，也减少了对储层的浸泡。三是与高效电动机配合使用的优质钻头，可以连续完成钻水泥塞、钻阻流环、造斜、增斜、稳斜、降斜等作业；目前在页岩气、致密油水平井上多数井能实现 1 只 PDC 钻头钻完水平井眼，大幅度提高了钻速，缩短了钻井周期。

　　近年来，国外钻井技术的主要发展方向是将旋转导向技术与地质导向技术结合，提高了钻井的技术手段，通过实施水平井、大位移井、分支井等复杂结构井，尽可能增加油气层暴露面积，以获得更高的产量和开发效益。Schlumberger（斯伦贝谢）、Baker Hughes

（贝克休斯）、Halliburton（哈里伯顿）等国际专业化服务公司都将旋转导向技术、地质导向技术作为主打技术。

随着北美页岩气、致密油的开发，水平井技术得到了迅猛发展，国外已经形成了以地应力和岩石力学为基础的丛式水平井优化设计技术，以优质钻头、油基钻井液、优化钻井等为主的优快钻井技术，以旋转导向钻井、随钻测量为主的轨迹控制技术。水平段长度一般都在1000m以上，并不断延长。水平井钻井周期不断缩短，为致密油气的经济开采奠定了坚实的基础。

2018年美国年钻水平井已突破24000口，水平井水平段长度一般在1000m以上，与水平井分段压裂技术有机组合成为页岩气、致密油开发的核心技术。致密油气开发相关技术更是在页岩气开发的技术上进一步发展完善，以美国Barnett（巴内特）页岩开发为例，其技术发展可分5个基本阶段。

（1）1981—1985年，主要钻直井，采用泡沫压裂（570~1100m³液量），加入20/40目支撑剂140~230t，施工排量约为6.4m³/min，采用氮气辅助排液。

（2）1985—1997年，钻直井，使用交联凝胶进行压裂，总液量增加至1500~2300m³，加砂量增加至450~680t。

（3）1998—2003年，仍为钻直井，但采用清水进行压裂，这种简单的压裂比凝胶压裂节约成本50%~60%。

（4）2003年后，钻水平井，水平段长300~1100m，采用滑溜水压裂，总液量达2300~7600m³，加砂180~450t，施工排量8~16m³/min。2006年，开始实施丛式水平井，实施工厂化钻井、压裂，从而大幅降低了工程成本。

（5）2008年后，美国页岩气水平井与体积压裂技术进一步成熟，水平段长一般在1500~3000m，压裂级数多达15~30级，单井压裂支撑剂用量达千立方米以上，用液量达万立方米以上。

北美以页岩气开发为载体带动了新一轮的技术进步，水平井钻井、分段压裂技术的突破是美国页岩气有效开发的核心。钻井上通过提高钻机自动化程度，不断改进钻头和钻井液等，实现了钻井不断提速和长水平段钻进；压裂上实现连续混配和滑溜水压裂液，实现了连续作业。在生产组织上，采用丛式井组、多井交叉作业"工厂化"标准流程，施工作业理念的改变减少了设备动迁，大幅度提高了作业效率，降低了钻井和压裂时间，有效控制了建井成本。

正当北美页岩气革命方兴未艾并对全球能源格局开始产生重大影响之时，北美致密油的开发也再悄然兴起，特别是近年来对威利斯顿（Williston）盆地巴肯（Bakken）老油田致密油的成功开采，俨然像当年页岩气的翻版，再次吸引了全球的目光。巴肯致密油开发经历了3个里程碑式的转变：一是从直井向水平井的转变；二是由短水平井段向长水平井段的转变；三是小压裂规模向大压裂规模的转变。巴肯油田前期开发主要采用直井，开发效果甚微。从2005年起，巴肯油田开始探索实施水平井，水平段长从初期的800m发展到了目前的3000m以上，结合分段压裂，沟通天然裂缝形成裂缝网络，单井产量得到了显著提高。同时，通过实施双分支水平井，又进一步提高了油藏接触面积，使产能获得进一步的提高。双分支水平井的每个分支长1400m，采用15段分压，与单分支井水平井相比，产量提高 25%，成本节约 35%，内部收益率由 51% 提高到 98%。

我国也是最早开始水平井钻进的国家之一。在 1965—1966 年在四川钻成了两口水平井（磨 3 井、巴 24 井），但由于钻井技术不配套及两口井未见到效果，以后很长时间水平井技术处于停止状态。到"八五"期间，受到发达国家钻进水平井收到很好的经济效益的启发，组织了国家科技攻关，在攻关期间进行了 40 余口井的实验，产量约为直井的 3~5 倍，平均稳定产量为直井的 2~3 倍。

自"十一五"开始，我国水平井技术得到快速发展，从导向仪器（MWD、LWD、近钻头地质导向系统等）、轨迹控制、工艺技术、储层保护等方面都取得了显著进步。到 2011 年，中国石油年钻水平井已突破 1000 口，基本上能够实现各类水平井的自主施工。以长庆苏里格致密气田为例，通过优化井身结构、优选 PDC 钻头，水平井钻井周期由初期的 200 天缩短到目前的 60 天，年钻水平井已达到 300 口，水平段长平均 1000m 左右，最长已达到 2800m。

1.1.2 水平井钻井优化设计

1.1.2.1 水平井眼方向

水平井眼方向优化的目的在于能与人工裂缝、天然裂缝产生更好的配置，从而达到更好的增产效果，在此基础上也要考虑钻井的施工难度。人工裂缝往往平行于水平主应力方向，最好的匹配是水平井眼方向沿最小水平主应力方向，但这个方向也是井眼最不稳定容易产生垮塌的方向。因此，水平井眼方向的确定既要考虑能与人工裂缝、天然裂缝产生更好的配置，又要兼顾井眼稳定性要求，一般是保持水平井眼方向与人工裂缝呈垂直或保持一定的夹角。

为了保证水平井眼的顺利实施，必须开展地应力研究，分析井眼稳定性，优化设计水平井眼方向，优化设计钻井液密度和性能，还要结合微地震监测，进一步优化水平井眼方向。水平井眼方向与地应力关系如图 1.2 所示。

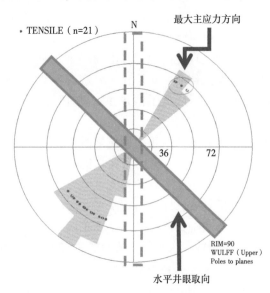

图 1.2　水平井眼方向与地应力的关系

1.1.2.2 水平段长度及井眼轨迹

1）水平段长度

水平段长度的确定首先要满足油藏工程的研究要求，其次要考虑钻井的实施难度。随着一个地区钻井经验的积累，水平段长度可以不断延长，国外页岩气、致密油开发各个区块水平井水平段长也都经历了从短到长的过程。水平段延长会影响钻井的井眼安全，井下液柱压力波动、地应力等会引起井眼垮塌，特别是随着时间的延长，井眼会出现周期性垮塌。一个地区水平井水平段长度的确定，要根据技术发展水平和钻井经验积累不断完善提高。

目前北美页岩气、致密油开发普遍采用长水平段水平井，结合分段压裂，力求控制更大的储量规模，尽可能提高单井产量。巴肯致密油水平段长度1200～3000m，巴内特页岩气水平段长度1000～1500m，海恩斯维尔（Haynesville）页岩气水平段长度1200～2300m。我国苏里格气田水平井目前水平段长平均接近1000m，最大水平段长度已经突破2800m。

2）井眼轨迹

水平井从垂直向下钻进到水平段需要一个弯曲的井段，如何钻成这一弯曲井段，其轨迹形状关系到井网布置、钻井效率、水平段可延伸的长度。

国内目前实施的水平井为延伸水平段长一般采用较小曲率的长半径轨迹，有利于降低摩擦阻力，使水平段延伸到更长，但这种轨迹钻达水平段的进尺长，施工成本较高，靶前距比较大，井下"死油区"面积大。

国际上大多数致密油气水平井眼轨迹都设计成单一的圆弧剖面，采用（6°～20°）/30m增斜率，力争实现采用一只钻头，一趟钻完成从直井段到斜井段、水平段的钻进。一般增斜率设计为井下动力钻具能达到的增斜率，实现较小的靶前位移。针对致密油气水平井眼轨迹的需求，国外针对性研发了高造斜率旋转导向工具。

由于采用丛式井开发时，向两个相反方向钻水平井会导致两口相反水平井的水平段之间存在一定的空白带，这会导致这部分的油气无法采出，使资源浪费。采用较小曲率半径水平井靶前距较短，满足了丛式井场水平井在同样水平位移条件下可更多地接触油气藏，更多地控制储量规模，减少井场下面的"死油区"，既有利于提高单井产量，也有利于降低总井数。巴内特页岩水平井采用的"勺"形井眼轨迹即先向相反的方向钻进，再降斜后使井眼拐一个弯，从相反方向一定距离开始造斜向目标钻进（图1.3，图1.4）。

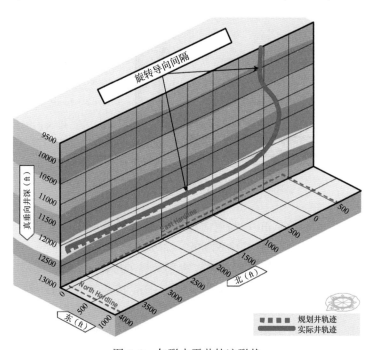

图1.3 勺形水平井轨迹形状

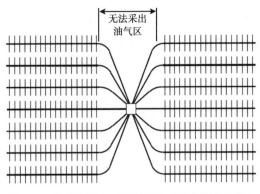

图 1.4　丛式井网中"死油区"（引自斯伦贝谢）

1.1.2.3　水平井井身结构

井身结构设计需要结合对地层孔隙压力、坍塌压力、破裂压力的研究确定采用几层套管和每层套管的下入深度。井身结构对钻井成本的影响最大，一般同一口井套管层次减少一层可以降低成本 30% 以上。井身结构设计首先要满足完井井眼尺寸要求，在保证井控安全、减少事故复杂的同时，优化套管下深，尽可能减小套管尺寸，以降低成本。

根据国内外致密油气的实际情况，目前遇到的地层情况都不十分复杂。为降低致密油气开发成本，提高钻井速度，缩短钻井周期，水平井一般都采用二开或三开井身结构（图 1.5），二开井身结构水平井生产套管一般采用 $5\frac{1}{2}$ in 套管，三开井身结构水平井采用 6in 裸眼完井或 5in 套管完井。

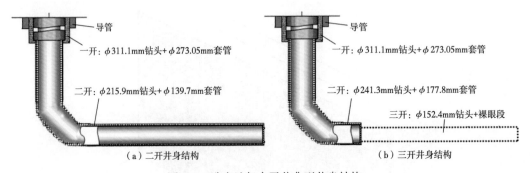

导管
一开：ϕ311.1mm 钻头 + ϕ273.05mm 套管
二开：ϕ215.9mm 钻头 + ϕ139.7mm 套管
（a）二开井身结构

导管
一开：ϕ311.1mm 钻头 + ϕ273.05mm 套管
二开：ϕ241.3mm 钻头 + ϕ177.8mm 套管
三开：ϕ152.4mm 钻头 + 裸眼段
（b）三开井身结构

图 1.5　致密油气水平井典型井身结构

北美费耶特维尔（Fayetteville）与巴内特地区页岩气大规模开发的典型井身结构是下入表层套管后，采用 $8\frac{1}{2}$ in 钻头钻完全部进尺，下入 $5\frac{1}{2}$ in 套管完井。

长庆苏里格地区水平井早期采用 $13\frac{3}{8}$ in 表层套管 + $9\frac{5}{8}$ in 技术套管 + 7in 生产套管井身结构，为进一步降低成本，采用 $10\frac{3}{4}$ in 表层套管 + 7in 技术套管 + 6in 裸眼完井井身结构，钻井速度显著提高，成本大幅降低。吉林登娄库致密气田通过采用 $10\frac{3}{4}$ in 表层套管 + 7in 技术套管 + 6in 裸眼完井井身结构，用 5000m 钻机替代了原来的 7000m 钻机，平均单井钻井成本节约达 1000 万元。

1.1.2.4 水平井完井方法选择

水平井完井是建立油气产出通道的最关键环节，完井方式的确定需要结合油藏条件，如地层的稳定性、是否有底水等，也要结合压裂技术和成本。对于致密油气来说，如果井眼稳定性好，裸眼封隔器能实现可靠坐封满足分段压裂要求，可采用裸眼完井方式，否则采用套管完井方式。目前致密气田一般采用裸眼完井方式，而致密油一般采用下套管方式完井。目前国际上页岩气与致密油气完井方式中，裸眼完井约占20%，而下套管固井完井方式约占80%。

1）裸眼完井方式

裸眼完井是最经济的完井方式，在裸眼完井情况下，依靠裸眼封隔器实施增产改造。这种方式通常需要技术套管下到水平段的起始点，为控制致密油气藏的成本，完钻井眼通常是6in井眼。美国巴肯致密油开发大多数采用裸眼完井方式，我国苏里格气田水平井也采用了这一完井方式。

2）套管完井方式

套管完井是另一种最常见的完井方式，该方式可以不下入技术套管直接采用二开井眼钻达设计井深，下入完井生产套管，对套管外进行固井，对于生产层段采用射孔方式建立油气产出通道。射孔完井具有最好的井眼稳定性，可以实施各种后期作业，可以实现重复压裂，从而提高开发效果。

1.1.2.5 水平井布井方式

国外致密油气水平井多采用丛式井布井方式，可减少井场数量，减少钻机、压裂设备搬安时间，也便于油气生产的集中管理，节省土地资源。一个丛式井平台一般布井6口以上，甚至多达几十口井。一个丛式井井场布井数量过多，则远离平台中心的水平井需要设计复杂的三维井眼轨迹，可能导致钻井难度增加太大而降低经济性，因此一个平台需要优化水平井数量。

美国阿美拉达赫斯公司（Amerada Hess Corp.）在对巴肯致密油开发时采用一个井场部署6口水平井的方式，井口间距15m，水平井井眼间距300m，水平段长3000m，典型设计如图1.6所示。

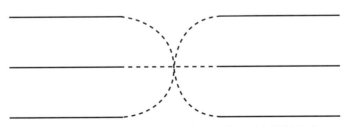

图1.6 赫斯公司致密油水平井典型设计（引自赫斯公司）

切萨皮克能源公司（Chesapeake Energy Corp.）在巴内特页岩气开发的典型井场通常为107m×137m，钻6~8口水平井，相反方向各3~4口，井间距4~6m，排间距5~8m。直井段井深1200~2400m，水平段间距300m，水平段长1800m。

恩卡纳公司（Encana）在开发海恩斯维尔页岩气时，利用6口丛式水平井替代48口直井，取得极大成功。水平井一般采用 1000m 以上水平段长度，200m 水平井间距，20 级以上压裂（图 1.7）。

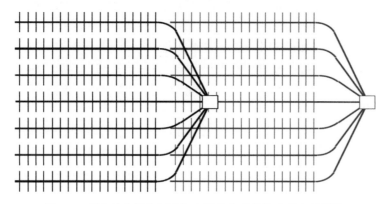

图 1.7 恩卡纳公司致密油气水平井典型的丛式井布井设计

道达尔公司（ToTal）在我国苏里格南部合作开发项目中采用一排 9 口井的丛式井设计，地面间距 15m，地下井间距为 700m。

1.1.3 水平井优快钻井技术

致密油气开发需要钻大量的井，在提高单井产量的基础上，还需要通过快速钻井使钻井成本不断降低。要实现优快钻井，一是要强化生产组织，保证各生产环节的有效衔接，减少非生产时间；二是要抓好全井的提速，对于致密油气水平井，关键是造斜段和水平井段的提速。针对致密油气水平井造斜段和水平井段的钻进，要重点抓好以下技术的应用。

1.1.3.1 高效率钻头

钻头是钻井破岩的直接工具，其效率好坏直接关系到钻井速度快慢。目前常用钻头为牙轮钻头与 PDC 钻头。牙轮钻头适应多夹层、砾岩等复杂性地层，PDC 钻头适应相对均质的砂泥岩，速度比牙轮钻头更快。提高致密油气水平井斜井段与水平段的钻井速度和效率是缩短整个钻井周期、降低工程成本的关键。国外在致密油气水平井钻进中，PDC 钻头由于高效率以及加工的灵活性、个性化，技术得到了快速发展，实现了一只钻头一趟钻完成斜井段到水平段钻进，即单只进尺一般都在 1000m 以上。

传统 PDC 钻头在页岩或砂泥岩地层中钻长水平段，存在钻头泥包、定向控制能力差、工具面角度难以掌握等问题。为了满足致密油气开发需求，国外钻头厂商采用加密保径部分布齿、提高侧向齿的抗冲击与耐磨性来提高钻头的保径能力；使用较小的（11mm 和 13mm）切削齿，在保证工具面角控制能力的前提下，仍有利于提高机械钻速；采用新一代的切削齿，其抗磨损、抗冲击及热稳定性性能较上一代有大幅度改善，穿越软硬交错、含砾砂岩地层的能力显著提高，采用力平衡设计、不对称刀翼、螺旋刀翼等技术，提高了钻头钻进中的稳定性。

PDC 钻头的刀翼数根据地层的软硬程度不同设计为 4~9 个，地层越软，刀翼数越少，切削齿相对较大；地层越硬，刀翼数越多，切削齿相对较小。

通过巴肯、巴内特、马塞卢斯（Marcellus）、海恩斯维尔和鹰滩等页岩气、致密油地区的钻井实践，针对致密油与页岩气水平井设计的新型钻头不仅钻速更快，基本实现了一只钻头钻完长水平井段。如赫斯公司在巴肯致密油水平井中，3000m 水平井段一般用 2 只钻头完成，部分井实现了 1 只钻头完成。典型六刀翼 spear 钻头结构如图 1.8 所示。

PDC 钻头选型主要根据地层的岩石特性、声波测井资料进行模拟，并结合地区应用效果不断完善、改进。苏里格气田通过优化 PDC 钻头，钻井速度显著提升，已实现 1000m 水平井眼 2~3 只钻头完成，使用的典型 5 刀翼 FM 系列 PDC 钻头结构如图 1.9 所示。

图 1.8 国外 6 刀翼 spear 钻头　　　　　图 1.9 苏里格 5 刀翼 FMPDC 钻头

1.1.3.2 旋转导向系统

常规水平井在斜井段一般采取滑动钻进，即上部钻具不转动，利用下部井下动力钻具进行增斜。由于钻具不能旋转，不仅导致携岩效率低，而且滑动时摩阻增大，严重时甚至导致钻具自锁，无法钻进。

旋转导向系统是指在钻具旋转情况下，依靠旋转导向工具自身的控制机构，使钻头始终沿某一方向钻进，从而实现井眼轨迹的随钻调整。随着水平段的延长，钻进摩阻增大，钻具托压问题突出，甚至影响到水平井眼的实施，这时旋转导向系统的优势就更加明显。旋转导向钻井系统有利于提高钻井效率，减少了事故与复杂，提高了综合效益。

经过了多年发展，国外的旋转导向技术已经趋于成熟。贝克休斯、斯伦贝谢等公司已经研发出了系列的旋转导向技术，从推靠式旋转导向技术发展到了指向式旋转导向技术，旋转导向工具的造斜能力进一步提高，地层适应能力更强。如图 1.10 所示为推靠式旋转导向工具，该工具造斜率一般（3°~4°）/30m。如图 1.11 所示为指向式旋转导向工具，该工具造斜率一般（5°~7°）/30m，这些旋转导向工具在大港、冀东滩海大位移井以及部分油田水平井钻进中已得到成功应用。

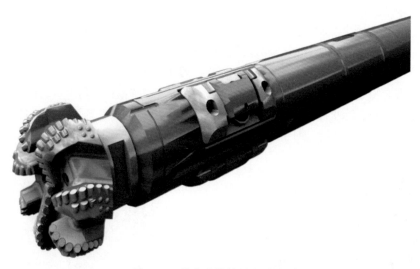

图 1.10 推靠式旋转导向工具

图 1.11 指向式旋转导向工具

开采页岩气、致密油气要求长水平段水平井，要求较短的靶前位移以更大地提高油藏接触面积，如图 1.12 所示，因此对旋转导向系统的造斜率要求较高。针对致密油气与页岩气对旋转导向的技术需求，斯伦贝谢等公司已研发出了造斜率（15°～17°）/30m 的旋转导向系统，该系统结合了推靠式和指向式导向的优势，采取混合动力导向。以北美马塞卢斯页岩水平井为例，使用高造斜率的旋转导向系统每口井可节省 10 天的钻井时间，节省资金超过 100 万美元，同时获得了高质量的井眼。

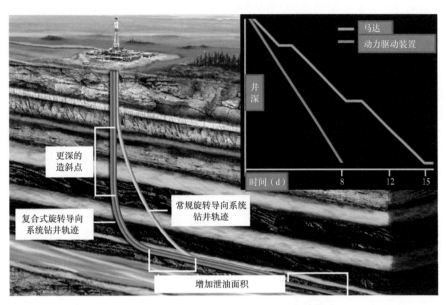

图 1.12 不同钻井工具钻井轨迹和时效对比

1.1.3.3 地质导向技术

水平井地质导向是在钻达储层前寻找储层，钻达储层后能沿储层最佳位置钻进的技术。国外结合测井技术的发展形成了多项水平井地质导向技术，如斯伦贝谢公司的 Periscope 地质导向技术（图 1.13）、GVR 电阻率成像地质导向技术（图 1.14）。Periscope 地质导向技术应用电磁波扫描，探测深度达到 4.5m，可探测地层边界，精确制导水平井轨迹，该技术在新疆陆梁薄油层中应用取得了很好效果。GVR 电阻率成像地质导向技术可根据地层电阻率变化、地层倾角变化进行实时导向，在辽河油田井控程度低、构造变化大及复杂底水油藏中应用也取得了很好效果，储层钻遇率在 90% 以上。国内在水平井地质导向技术上也取得了长足的发展，如中国石油钻井工程技术研究院的 CGDS-1 近钻头地质导向技术、长城钻探公司的电磁波电阻率地质导向技术等，在生产中也都得到了很好的应用。

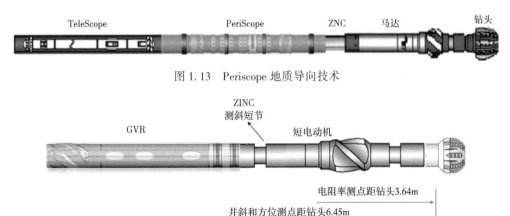

图 1.13 Periscope 地质导向技术

图 1.14 GVR 电阻率成像地质导向技术

致密油气开发客观上要求采用尽可能简单的导向仪器，如 MWD+GR，以降低仪器使用成本。为保证水平井的有效实施，要充分利用邻井测井资料，结合地震资料进行反演分析，确定"甜点"位置，设计水平井眼的位置与井眼轨迹。在页岩气、致密油开发上，由于北美地区储层都比较厚，大都采用仅带伽马的导向仪器，但目前也出现一种趋势，即采用先进的地质导向仪器，采集更多的测井信息，追踪"甜点"，优化压裂，提高单井产量。

随着水平井数量的增加，地质导向技术人员已经存在明显不足的问题，导致现场等停。国外已经全面推广远程实时决策，油藏专家、定向井专家远程决策支持，在提高决策效率、减少现场技术人员需求上取得了显著效果。如壳牌公司在长北地区应用井与储层管理理念（WRM），通过远在马来西亚的实时作业支持中心（RTOC）系统，实现专家远程监控，保证了长北水平井的有效实施。

1.1.3.4 优质钻井液

为提高单井的控制储量、产量以及满足大型储层改造要求，致密油气水平井水平段一般较长，水平段钻井液应重点应解决井壁稳定、润滑、防漏堵漏、储层保护等问题。致密油气井水平段地层通常微裂隙较发育，易发生水化分散、剥蚀、掉块引起井壁垮塌，造成事故和复杂，钻井液必须具有良好的稳定井壁能力。长水平段钻井，要求钻井液具有良好的携岩洗井及润滑防卡性能，以减少"托压"、防止卡钻，提高钻速。

国外在页岩气、致密油钻井初期，基本采用油基钻井液。为减少环境污染，国外主要采用合成基油，替代了柴油、白油配制油基钻井液，该体系可自动降解，对环境影响小。油基钻井液针对硬脆性地层具有以下特点。

（1）良好的抑制封堵性使井壁稳定。由于油基钻井液连续相是油，水敏性地层与其接触后不发生水化膨胀、分散，加之钻井液中的胶体物对地层微裂隙具有一定的封堵作用，从而避免了页岩地层的井壁垮塌。

（2）润滑性好。由于油基钻井液润滑系数极低，可以降低钻进及起下钻柱时的扭矩和摩阻，使得钻井速度较快。

（3）可高效清洁井筒。油基钻井液抗温、抗污染能力强、流变性易调整，合理的流变参数能使钻屑等有害固相及时携带至地面，防止岩屑床形成，有利于长水平段钻井。

（4）油层的伤害小。由于油为外相，在钻开储层时，可以减轻对储层的伤害。

随着经验的积累，及对地层认识程度的加深，加之对环保、成本因素的综合考虑，北美在部分井上也开始采用高性能水基钻井液，例如 2011 年 M-I SWACO 公司在海恩斯维尔页岩地层的 238 口水平井中，14%的井采用水基钻井液。哈里伯顿公司针对马塞卢斯、费耶特维尔和海恩斯维尔页岩已研制出相应的高性能水基钻井液，现场应用取得了良好的效果。高性能水基钻井液，性能接近油基钻井液，具有环保、耐污染、润滑性强、配方简单等优点。

从国外页岩气、致密油钻井情况看，只要钻井液具有良好的封堵性、抑制性和流变性，再辅以合理的钻井液密度和井眼轨迹，无论油基钻井液还是水基钻井液都可以解决长水平段钻井问题。

1.1.3.5 复合钻井技术

复合钻井是实现提速的常规技术，长庆油田针对低渗透油藏开发井提出了"四合一"

"一趟钻"概念。"四合一"钻具就是 PDC 钻头+弯外壳螺杆钻具钻头+短钻铤+稳定器的钻具组合(图 1.15),这种钻具组合在复合钻井时,具有稳斜特性,在螺杆滑动钻进时,利用弯外壳螺杆钻具定向钻进可以实现增斜钻进,从而具备把定向井直井段—造斜段—增斜段等三段作业变为"一趟钻"作业的能力。复合钻井技术在苏里格气田也同样取得了显著效果,水平井钻井周期从 2008 年的 272 天下降到 2012 年的 64.9 天。

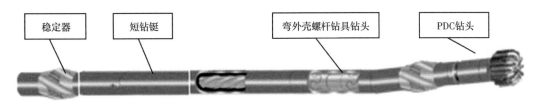

| 稳定器 | 短钻铤 | 弯外壳螺杆钻具钻头 | PDC钻头 |

图 1.15 "四合一"钻具结构

1.1.4 提高工程质量技术

致密油气大规模压裂改造对钻井与完井质量提出了更高要求,裸眼完井时要求井径规则,便于封隔器坐封,并可靠坐封,下套管完井套管外水泥实现完整封固,不出现窜槽,满足分段压裂的要求。

1.1.4.1 提高井眼质量

为了满足水平井分段压裂要求,无论裸眼完井还是套管完井,井眼质量都要求规则、光滑,以便于裸眼封隔器可靠坐封,便于水平井眼更好地固井。提高井眼质量的关键在于采用优质钻井液、合理的密度以避免井壁垮塌,此外还应尽量提高机械钻速,减少井眼浸泡时间。

1)井眼稳定性分析

无论是页岩气还是致密油气水平井,井眼稳定是保证优快钻井的基础。地层应力分布是影响井壁垮塌的主要因素,在地应力影响下,井眼周围会出现应力集中现象,这导致在某一方向更容易产生垮塌。为保证钻井安全,钻井液的液柱压力应始终处于安全密度窗口范围内,实施长水平段水平井必须结合井眼稳定性研究、结合地区经验确定合理的钻井液密度。

井眼稳定性还有时间性问题,随着钻井液浸泡时间的延长,井眼稳定性会变差。如威201-H1 井水平井段仅用 14 天即顺利完钻,但在起钻过程中,井眼发生了严重垮塌。

2)采用优质钻井液体系

地层应力状态是无法改变的,但可以通过调节钻井液密度、改善钻井液化学性能扩大安全密度窗口。扩大安全密度窗口一方面是降低地层坍塌压力,即增强钻井液的抑制性,减少钻井液与井壁相互作用,从而避免产生水化应力。另一方面,需要提高地层的漏失压力。致密油气储层微裂缝一般比较发育,通过提高钻井液与岩石的润湿角或提高钻井液的封堵性能减少钻井液进入地层,从而提高井眼稳定性。

3)提高钻井速度,减少钻井液浸泡时间

随着钻井液浸泡时间的延长,井眼稳定性会变差,加上钻具旋转与起下钻会导致钻具接头对井壁产生切削作用,既影响井眼稳定性,也会产生不规则井眼。提高钻井速度,减少起下钻对于保持井眼稳定同样具有重要意义。

1.1.4.2 提高固井质量

水平井固井的质量目标是确保实现压裂作业效果，关键是套管居中和水泥环质量。

1）下套管技术

保证水平井固井质量的首先要保证套管串顺利下入，关键在于井眼质量控制、钻井液性能调整、通井技术措施和套管扶正器优化设计。对于 5½in 及以下尺寸的完井管柱，要控制井眼全角变化率不超过 20°/30m。同时，钻井过程中通过划眼等措施修整井眼，努力做到井壁光滑，消除台阶、键槽，下套管前必须模拟套管串进行通井。

套管居中是保证固井质量的基础。套管扶正器有多种类型，如螺旋刚性扶正器、滚轮式扶正器、弹性扶正器等（图 1.16）。国外新研发了液压扶正器，如图 1.17 所示，结合使用螺旋刚性扶正器，可以更好地保证套管居中。套管扶正器的安放和数量可通过软件进行模拟，水平井段大多采用每一根套管安放一只扶正器。

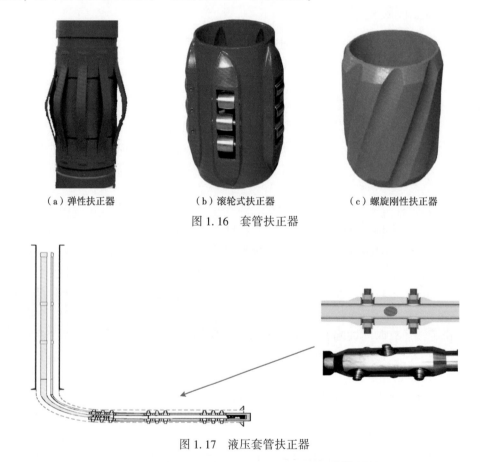

（a）弹性扶正器 　　　　（b）滚轮式扶正器 　　　　（c）螺旋刚性扶正器

图 1.16　套管扶正器

图 1.17　液压套管扶正器

2）注水泥技术

提高水平井固井质量关键之一是要突出水泥浆质量，由于水平井固井会存在大小环空流速差异，存在重力差异，要求封固水平段的水泥浆的游离水为零，同时在现场做到水泥浆混配均匀，流变性要好，有效控制失水量，稠化时间设计要尽量短，避免出现超缓凝。

提高水平井固井质量的另一个关键是提高顶替效率。首先是要保持套管柱尽可能居中，要进行注水泥施工参数模拟，根据井眼情况、钻井液情况优化冲洗液、隔离液，在合理确定水泥浆密度级差的基础上，要求其中至少要有一种流体顶替过程中处于紊流状态以避免产生窜槽。如果采用油基钻井液钻井，冲洗液还应对附着在井壁上的油膜有一定的清洗能力。

1.2 吉木萨尔页岩油勘探开发历程和水平井钻井技术进展

2012 年以来，新疆油田锲而不舍，大力开展陆相页岩油地质认识创新和工程技术攻关，走过了勘探发现、先导试验和开发试验三个阶段，目前已进入扩大试验阶段，历经"认识—实践—再认识—再实践"的过程。以钻井提速和优质储层钻遇率为目标，攻关形成了井身结构优化、优快钻井、环保高性能钻井液和长水平段固完井等配套技术，为储层改造和后期生产提供优质的井筒条件。

1.2.1 勘探开发历程

1.2.1.1 探索发现阶段

2011 年 9 月 25 日，吉木萨尔凹陷吉 25 井在芦草沟组二段 3425~3403m 井段试油，分层加砂压裂（压裂液 436m³，加砂 31m³）、抽汲，获日产油 18.25t，累计产油 264.94t，从而发现了芦草沟组致密油。2011 年新疆油田上交预测储量 6115×10⁴t，含油面积 127km²（图 1.18）。

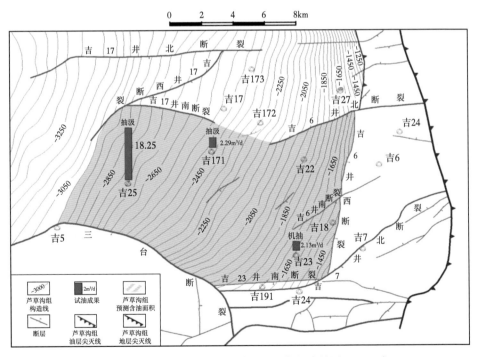

图 1.18　吉木萨尔凹陷二叠系芦草沟组勘探成果图（2011 年）

随后，开展直井分层压裂合层开采、水平井大规模压裂提产试验，期间完钻探井、评价井 22 口，试油 18 井 23 层，获工业油流 15 井 20 层，其中水平井 4 口（上"甜点体"：吉 172_H、吉 32_H。下"甜点体"：吉 251_H、吉 36_H）。

2012 年，吉 172_H 水平井初期最高日产油 78m^3，标志着吉木萨尔页岩油勘探取得重大突破。该井水平段长度为 1233m，裸眼分段体积压裂 15 级，加液量为 16030m^3，加砂量 1798m^3。截至 2019 年 10 月，该井生产 1941 天，累计生产原油 19828.2t，平均日产原油 10.2t。

1.2.1.2 先导试验阶段

2013—2014 年，新疆油田在吉 172_H 井区域内，以水平井+体积压裂的思路开辟先导试验区，开展上"甜点体"10 口水平井钻完井试验（图 1.19），水平井段长度为 1300m 和 1800m。

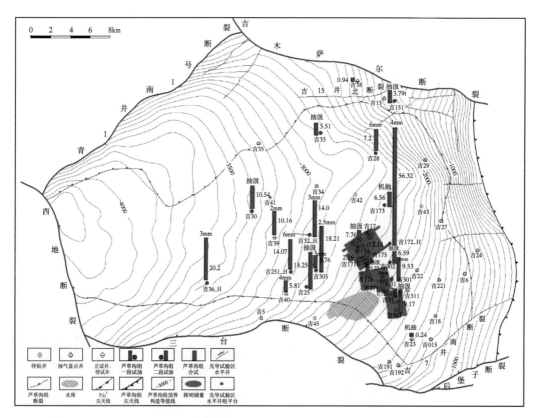

图 1.19 吉木萨尔页岩油先导试验区开发部署图

先导试验区的 10 口开发试验水平井初期日产油为 5.9~40.8t，截至 2018 年 8 月，有 6 口井产量超过 8000t，平均单井累计生产 7560t（表 1.1），取得了一定的效果，但与吉 172_H 相比均未达到预期生产效果。

在明确先导试验井区域与吉 172_H 井 $P_2l_2{}^2$ 地质条件相当的基础上，通过系统分析研究，认为低产原因为：（1）先导试验井在 $P_2l_2{}^2$ 岩屑长石粉细砂岩中的钻遇率较低；（2）先导试验水平井人工裂缝铺砂浓度总体较低，段间距大、压裂排量低。

表 1.1　吉木萨尔页岩油先导试验区水平试采成果表（截至 2018 年 8 月）

井别	序号	井号	射孔井段(m)	压裂水平段长度(m)	压裂数据			初期日数据			目前日数据			累计数据		
					压裂方式	液量(m³)	加砂(m³)	生产方式(mm)	产油(t)	退液(m³)	生产方式(mm)	产油(t)	退液(m³)	产油(t)	生产天数(d)	平均日产油(t)
探井	1	吉172_H	3150.9~4360	1233	15级	16030	1798	5	77.8	23.2	机抽	5.3	1.8	19967.7	1967	10.2
	2	吉32_H	3780~4988	1232	16级	10363	728	3.5	28.4	113.8	机抽	上修关井		8263.4	1401	5.9
	3	吉251_H	4361~4976	615	9级	10098	1120	6	45.3	20.7	机抽	3.6	0.3	8917	1708	5.2
	4	吉36_H	4391~5547	1201	20级	18807	1411	3	28.1	24.5	机抽	故障停机		9399.4	1256	7.5
		小计		1070	15级	13825	1264	4.4	44.9	45.6	机抽	4.5	1.1	11636.9	1583	7.2
开发试验井	1	JHW001	3217~4482	1265	23级	17586	1375	3	28.6	32.9	机抽	4.4	2.3	8372.5	1510	5.54
	2	JHW003	3194~4530	1336	17级	12130	887	4	22.1	89.4	机抽	调关		8939.7	1498	6.0
	3	JHW005	3214.9~4506.2	1291	20级	12280	876	8	29.2	39.3	机抽	调关		6776.3	1447	4.7
	4	JHW007	3242.7~4562.8	1320	17级	10308	760	3	5.9	16.1	机抽	1.4	1.2	1073.2	869	1.3
	5	JHW015	3408~4713.2	1305	18级	16905	1310	4	20.2	68.8	机抽	2.1	11.1	7100.8	1315	5.4
	6	JHW016	3375.6~4684.5	1309	18级	14025	1059	3	9.1	4	机抽	2.2	4.4	4803.5	1427	3.4
	7	JHW017	3427.91~5228.95	1801	23级	25418	1362	6	35.9	202.5	机抽	故障停机		7632.6	1141	6.7
	8	JHW018	3482.63~5289.05	1806	23级	24347	1701	4	40.8	121.1	机抽	9.2	9.2	12718.1	1238	10.3
	9	JHW019	3541.5~4817.0	1275	15级	18521	1164	4	17.0	61.6	机抽	8.5	6	8602.4	1298	6.63
	10	JHW020	3458.2~4763.0	1305	17级	23993	1288	4.5	21.4	82.8	机抽	6.8	6.4	9575.5	1294	7.4
		小计		1401	19级	17551	1178	4.5	23.0	71.9	机抽	5	5.8	7559.5	1303.7	5.7

1.2.1.3　开发试验阶段

2015—2017 年，新疆油田基于强化轨迹控制、有效裂缝支撑和复杂缝网理念，在吉 37 井区上"甜点"体一类区部署实施 2 口水平井（JHW023 井和 JHW025 井），Ⅰ类油层钻遇率达 92% 以上，采用水平井+细分切割体积压裂工艺，产量大幅提升，一年期累计产油突破万吨，平均日产原油 30.9t 和 41.3t（表 1.2）。

表 1.2　JHW023 井与 JHW025 井储层改造参数表（2018 年 8 月 26 日）

井名	水平段长度(m)	Ⅰ类长度(m)	压裂方式	液量(m³)	加砂量(m³)	平均缝间距(m)	加砂强度(m³/m)	初期日产量(t)	生产天数(d)	累计产油量(t)	平均日产量(t)	目前日产量(t)	油压(MPa)	预测产量(10⁴t)
JHW023	1246	1196	27/79	37407.9	2480	15.2	2.06	88.3	386	15942	41.3	25.6	4.4	4.5
JHW025	1248	1149	27/79	38097.4	2475	15.2	2.06	108.5	448	13839	30.9	20.4	3.2	4.2

1.2.1.4　扩大试验阶段

2017 年上"甜点"水平井 JHW023 井与 JHW025 井取得突破，新疆油田按照加快试验与控制的思路开展扩大试验，吉木萨尔页岩油开发进入规模试验建产阶段。

2018 年主体在东南部集中开展上"甜点"开发试验和下"甜点体"提产试验,部署产能 15.75×10⁴t。2018 年底完钻水平井 21 口。2019 年计划实施水平井 54 口,产能 49.9×10⁴t,直井 25 口。截至 2019 年底,吉木萨尔芦草沟组页岩油完钻水平井 84 口,有 34 口井投入生产,日产油 513.5t(表 1.3),直井开井 7 口,日产油 19.6t,全区日产油量 529.6t。

表 1.3　2017 年之后投产井储层改造参数及生产情况(2019 年 11 月)

"甜点体"	井名	改造段长度(m)	I 类长度(m)	液量(m³)	加砂量(m³)	平均缝间距(m)	加砂强度(m³/m)	焖井时间(d)	峰值平均产量(t/d)	生产天数(d)	累计产油量(t)	平均日产油量(t)	油嘴(mm)	目前日产油量(t)	油压(MPa)
上"甜点体"	JHW023	1246	1196	37407.9	2480	15.2	2.06	56	65.1	807	26064	32.3	机抽	28.6	—
	JHW025	1248	1149	38097.4	2475	15.2	2.06	11	89	815	18380	22.6	机抽	29.8	—
	JHW031	1536	994.5	44186.3	2970	14.8	1.93	7	32.4	216	3703.8	17.1	3.5	6.7	2.7
	JHW032	1506	1167	29537.2	2615	15	1.74	7	42.6	318	6579.1	20.7	机抽	8.5	—
	JHW033	1524	1254	45734.7	3050	14.6	2	9	28.9	395	6812.5	17.2	机抽	14.6	—
	JHW034	1367	1080	56642.4	3510	12.3	2.57	43	42.2	402	10417	25.9	机抽	12.5	—
	JHW035	1550	1033	59049.6	3845	18.9	2.48	42	93.5	448	16259	36.3	机抽	28.2	—
	JHW036	1524	1170	70069.8	4550	12.1	2.99	54	65.6	447	15775	35.3	4.5	30.1	1.6
	J10002_H	1535	1102	48238.7	3070	15.6	2.11	25	26.6	391	6720	17.2	3.5	16.8	3.2
	J10064_H	1133	1219	28830.7	1870	14.8	1.65	36	47.2	310	10524	33.9	6.5	20.6	0.7
	J10004_H	1506	1108	52067	3080	14.8	2	16	27	201	5195	25.8	3.5	26.9	6.6
	J10030_H	1051	528.6	37805.8	2110	14.7	2	52		156	706	4.5	4.5	5.1	3.3
	JHW041	1487	1411	42905.6	2680	14.5	2.02	37		105	1135.9	10.8	3.0	13.8	8.8
	JHW042	1519.5	1218	44238.2	2790	13.9	2.07	38		128	1021.5	8.0	4.0	18.9	8.6
	JHW043	1435.9	1398	44341	2790	14.7	2.01	47		131	1428.4	10.9	3.5	20.6	8.9
	JHW044	1542.9	1218	40289.5	2410	7.9	1.89	46		125	791	6.3	3.5	5.9	8.9
	JHW045	1253.3	1019	33156	2200	13.1	1.76	66		301	1446.9	4.8	4.0	0.3	7.9
	J10027_H	1804	837.1	49964.9	3629	15	2.01	23		59	527.3	8.9	3.5	14.7	22.8
下"甜点体"	J10022_H	914	693.6	28894	1760	15.8	1.93	15	18	195	2488.6	12.8	机抽	6.8	—
	J10012_H	1531	698.1	46198	2850	14.9	1.86	48	54	150	5050	33.7	4.5	12.4	6.5
	J10014_H	1490	638	47372.9	2970	15	2.01	61	28	149	2051.4	13.8	3.5	34.9	6.8
	吉 41_H	1365	1014	48299.1	3500	13.6	3.45	43		76	741.9	9.8	4.5	66.7	—

1.2.2　水平井钻井技术进展

吉木萨尔页岩油水平井钻井始终围绕实现地质目标、满足开发需求和提速降本三个方面,持续开展技术攻关和现场试验,不断完善页岩油水平井优快钻完井配套技术,为页岩油效益开发提供技术支撑。如图 1.20 所示为吉木萨尔致密油水平井钻井技术发展历程。

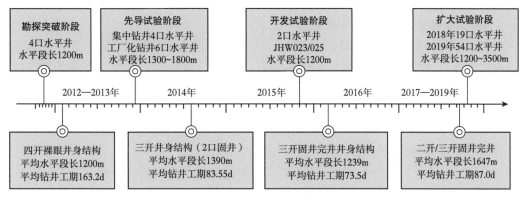

图 1.20 吉木萨尔致密油水平井钻井技术发展历程

吉木萨尔页岩油井身结构不断优化，技术指标稳步提升，长水平段固井及工厂化钻井技术成熟配套。井身结构由四开优化为二开，2018 年完钻 5 口水平井平均井深 4276.2m，机械钻速 9.4m/h，完钻工期 48.1d，钻井工期 60.9d。2019 年完钻 54 口水平井。其中，二开水平井有 22 口，平均水平段长 1538m，在旋转导向工具占比仅 27% 的客观条件下，平均钻井工期为 66.5d。三开水平井有 32 口，平均水平段长 1871m，较 2018 年增加 578m，平均钻井工期为 103d。

1.2.2.1 持续优化井身结构

1）岩石力学特性研究

通过岩心力学测试回归分析得到纵波、横波转换关系。认为储层岩石的动/静泊松比相关性不明显，岩石的抗压强度和杨氏模量均随围压的增大而增大（详见第 3 章）。

2）地层三压力精细刻画

研究认为，梧桐沟组以上地层为正常压力系统，进入二叠系地层压力系数逐渐抬升至 1.32，但梧桐沟组坍塌压力系数高达 1.46，井壁稳定性差，钻井液安全密度窗口窄；芦草沟组坍塌压力偏低，井壁稳定性较好（详见第 3 章）。

3）井身结构不断优化

2018 年，根据垂深不同，吉木萨尔页岩油水水平井井身结构初步定型为二开和三开结构。通过优化表层套管下深、配套高性能钻井液体系等技术措施，在垂深 3000m 以浅区域成功实施二开井身结构，正逐步拓宽使用范围，最大垂深达 3940m。埋深 3000m 以深的三开水平井技套下深由 T_1j 优化至 T_1s 底界。2019 年，随着开发向大平台和长水平段推进，3000 米以浅但水平段超 2000 米的井采用三开井身结构并对技套下深进行了优化。另外，技套下 A 点保障了 3500m 超长水平段安全钻完井（详见第 4 章）。

1.2.2.2 优化设计井眼轨道

1）三维水平井轨道优化设计

吉木萨尔页岩油多采用 3 井和 4 井平台为主的规模钻井，水平井为二开井身结构，最大偏移距达 320m，钻完井难度进一步提高。技术人员开展不同轨道剖面摩阻对比研究，明确适用于页岩油二开水平井的"直—增—稳—扭—增—平"多段制双二维轨道剖面。2019 年，工厂化实施 19 口二开结构水平井，均实现了油套管的顺利下入，其中，

JHW00921 井偏移距达到 320m、水平段长达到 1724m（详见第 4 章）。

2）模拟大偏移距三开水平井摩阻

针对靶前位移为 867m、偏移距为 400m、水平段为 2000m 的复杂三维水平井，通过三维轨迹优化将技术套管下深由水平井靶点 A 优化至双二维剖面的交点（井斜角约 24°），由此节约了 ϕ311.2mm 大井眼造斜进尺和钻井总进尺（详见第 4 章）。

1.2.2.3 强化钻井液性能

1）水基钻井液

开展多种体系的融合研究，优选三种体系中性能优异的主处理剂，融合成一套高性能钾钙基聚胺有机盐钻井液体系，通过实验评价该体系具有良好的流变性和封堵性。该融合体系因利用多元协同的抑制机理强化了封堵性和抑制性，进一步拓宽了直井段安全钻井密度窗口，侏罗系地层完钻密度由 1.55g/cm³ 降至 1.50g/cm³，全年平均复杂井次由 0.79 降至 0.64。该融合体系采用多种润滑剂复配提高润滑性，减少钻具托压，2019 年累计完成水平段长 2000m 以上井 7 口，其中 J10057_H 井完钻井深 6480m，水平段长 2256m，创新疆油田最长水平井和水基钻井液最长水平段两项纪录（详见第 7 章）。

2）油基钻井液

该体系兼顾成本与性能，优选出油水比为 85:15 白油基钻井液体系，现场应用具有良好的流变性和电稳定性。该体系在 NaCl 浓度 12%、CaCl₂ 浓度 7% 条件下破乳电压在 762V 以上，塑性黏度和动切值变化幅度不大，体系具有良好的抗污染能力。该体系有效降低了水敏性地层的水化效应，确保长裸眼段井壁稳定，二开井段平均起下钻时间较水基钻井液的井减少 60.7h，实钻钻井液密度由 1.65g/cm³ 降至 1.55g/cm³，井径更加规则。该体系减摩降阻效果显著。对于技术套管下至 A 靶点的井，裸眼段钻柱摩阻系数仅为 0.20；对于技术套管下至造斜点的井，裸眼段钻柱摩阻系数仅为 0.26，同比水基钻井液的井降低 40%（详见第 7 章）。

1.2.2.4 突破固井技术难题

（1）通井钻具与套管串刚度匹配。

绘制通井钻具刚度匹配等效系数图版，以刚度比等于 1 为约束边界，模拟套管下入摩阻，并反算通井钻具摩阻系数，优选 ϕ212mm、棱长 500mm 的近钻头三扶正器通井钻具进行通井作业。JHW00421 井水平段固井下套管安全顺利，作业用时仅 21h（详见第 8 章）。

（2）提高套管安全下入能力。

通过多项配套技术强化，已具备在水基钻井液 2000m 水平段、油基钻井液 3500m 水平段中的套管安全下入能力。油层套管下入平均井深 5126m，较 2018 年的下套管作业平均时间缩短 9.7%（详见第 8 章）。

（3）固井质量保证技术。

合理优化套管扶正器安放，确保斜井段套管居中度大于 67%，水平段居中度大于 90%；水平段水泥浆顶替效率接近 100%；采用变排量注替水泥浆技术，实现固井中井底 ECD 大于地层压力，确保井筒优质（详见第 8 章）。

1.2.2.5 攻关钻井提速技术

持续开展岩石力学特性和岩石矿物组分研究，针对不同深度区域和不同井段，优选个性化提速工具配合高效 PDC 钻头，同时不断强化钻井参数，2019 年钻井速度稳步提升。形成了二开水平井和三开水平井的钻井提速技术模板（详见第 9 章）。

1）直井段

2019 年，开展 BPM+定制 4 刀翼"犀牛齿"钻头试验，提速效果显著，9 口试验井三开平均机械钻速为 4.57m/h（最高为 15.6m/h），较 2018 年提高 107%。

2）造斜段

鉴于梧桐沟组厚层褐色泥岩可钻性差，采用成熟的旋转导向工具配合 MDI516 型 PDC 钻头进行试验，提速效果不佳，机速仅 1.4m/h。2019 年，试验强攻击性的 SI419 型 PDC 钻头，机械钻速提高至 3.5m/h。由于 SI419 型 PDC 钻头为钢体齿结构，抗冲击性和研磨性较差，保径及切削齿磨损严重，导致单只钻头进尺低于胎体结构钻头，由此，试验 MI419 型胎体结构 PDC 钻头，机械钻速由 3.5m/h 提高至 5.1m/h，钻井提速取得突破。

3）螺杆导向钻具

吉木萨尔页岩油开发期间，有限的旋转导向资源严重制约水平井提速。2019 年，新疆油田推广输出扭矩和功率更高的大功率螺杆钻具，为钻头提供更强的破岩动力。同时，配合水力振荡器降低钻柱摩阻，保障钻头实现足够的钻压。与 2018 年使用的常规螺杆钻具相比，水平井造斜段提速 100%~142%、水平段提速 96%~129%。

4）科学强化钻井参数

开展旋转导向钻井参数（钻压和转速）敏感性试验，明确页岩油地区转速为提高机械钻速的主控因素，将转速提高至 90~110r/min，水平井造斜段提速 19%、水平段提速 54%。

参 考 文 献

李国欣，朱如凯．2020. 中国石油非常规油气发展现状、挑战与关注问题［J］．中国石油勘探，25（2）：1-13.

张福祥，郑新权，李志斌，等．2020. 钻井优化系统在国内非常规油气资源开发中的实践［J］．中国石油勘探，25（2）：96-109.

吴奇，胥云，王晓泉，等．2012. 非常规油气藏体积改造技术-内涵、优化设计与实现［J］．石油勘探与开发，39（3）：352-358.

龚伟安．1996. 斜井空间形态及其实用计算理论［J］．天然气工业，16（4）：35-39.

杜成武．1987. 悬链剖面—定向钻井新技术［J］．石油钻采工艺，9（1）：11-13.

何源远．1992. 水平井套管柱强度设计方法［J］．石油钻探技术．20（1）：7-11.

韩春杰，阎铁．2005. 水平井侧钻过程中钻柱横向振动规律的研究［J］．石油机械，33（1）：8-10.

苏义脑，窦修荣．2003. 大位移井钻井概况、工艺难点和对工具仪器的要求［J］．石油钻采工艺，25（1）：6-10.

陈平．2005. 钻井与完井工程［M］．北京：石油工业出版社．

王晶．2019. 大位移井固井关键技术探讨［J］．西部探矿工程，（10）：107-108.

付连安，陈宝义，宋康．2006. 水平井钻井技术及其在石油开发中的应用［J］．吉林地质，（3）：21-24.

郑汉旋，吴水珍．1990. 定向井丛式井钻采技术［M］．石油勘探开发科学研究院，1-10.

高阳，叶义平，何吉祥，等．2020. 准噶尔盆地吉木萨尔凹陷陆相页岩油开发实践［J］．中国石油勘探，25（2）：133-141.

王小军，杨智峰，郭旭光，等 . 2019. 准噶尔盆地吉木萨尔凹陷页岩油勘探实践与展望［J］. 新疆石油地质，40（4）：402-413.

文乾彬，杨虎，孙维国，等 . 2015. 吉木萨尔凹陷致密油大井丛"工厂化"水平井钻井技术［J］. 新疆石油地质，36（3）：334-337.

文乾彬，杨虎，石建刚，等 . 2014. 昌吉油田致密油长位移丛式水平井钻井技术［J］. 新疆石油地质，35（3）：356-360.

杨睿，张拓铭 . 2019. 吉木萨尔凹陷芦草沟组页岩油水平井钻井技术［J］. 新疆石油天然气，15（3）：402-413.

Mayerhofer M J, Lolon E P, Youngblood J E, et al. 2016. Integration of microseismic fracture mapping results with numerical fracture network production modeling in the Barnett shale［C］∥SPE 102103.

C L Cipolla, E P Lolon, M J Mayerhofer, et al. 2009. Fracture Design Considerations in Horizontal Wells Drilled in Unconventional Gas Reservoirs［C］∥SPE 119366.

C L Cipolla, X Weng, H Onda, et al. 2011. New Algorithms and Integrated Workflow for Tight Gas and Shale Completions［C］∥SPE 146872.

J D Baihly, R Malpani, C Edwards, et al. 2010. Unlocking the Shale Mystery：How Lateral Measurements and Well Placement Impact Completions and Resultant Production［C］∥SPE 138427.

2 准噶尔盆地吉木萨尔页岩油开发地质特征与钻井地质难点

页岩油气资源已引起国内外专家和学者的广泛重视，但目前对其概念及理解上仍存有争议。页岩油最早仅指与油页岩有关的石油，之后，随着非常规油气资源勘探程度的提高与研究的深入，众多机构和学者对页岩油的概念和内涵进行了扩充，并形成以下主流认识：（1）页岩油是指富含于有机质页岩中的石油资源，该岩层不仅是烃源岩，而且还是储层，比砂岩及碳酸盐岩油藏更致密；（2）页岩油的概念不等同于致密油，致密油泛指蕴藏在具有低孔隙度和低渗透率致密含油层系中的石油资源；（3）页岩油是指赋存于页岩油气系统中的油气资源，其不仅包括富有机质的泥岩和页岩，还包括互层和相邻的贫有机质储层中的油气资源。

中国页岩油资源潜力巨大，主要分布在松辽盆地白垩系、渤海湾盆地古近系、鄂尔多斯盆地三叠系、四川盆地侏罗系、准噶尔盆地二叠系等陆相湖盆地层中，其中尤以准噶尔盆地吉木萨尔凹陷二叠系页岩油为典型。

准噶尔盆地二叠系优质烃源岩厚度大，发育油页岩、灰黑色泥岩和灰黑色白云质泥岩，有机质丰度高，平面上广泛分布（图2.1），为页岩油的形成创造了有利的地质条件。

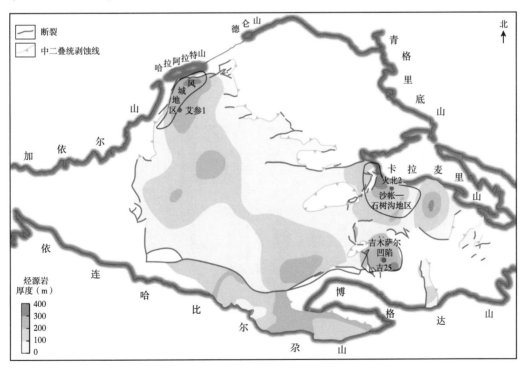

图 2.1 准噶尔盆地二叠系烃源岩分布

准噶尔盆地页岩油勘探始于2010年，2011年在吉木萨尔凹陷、玛湖凹陷西斜坡和准东北部五彩湾—石树沟凹陷的二叠系源内泥页岩薄砂层中获得工业油流，拉开了准噶尔盆地页岩油勘探序幕。本章主要介绍吉木萨尔凹陷地质情况和页岩油开发地质特征，并阐述页岩油开发钻井的地质难点。

2.1 吉木萨尔凹陷构造与地质概况

准噶尔盆地吉木萨尔凹陷距新疆克拉玛依市约450km，距乌鲁木齐市约150km，行政隶属新疆吉木萨尔县、兵团红旗农场和107团共同管理，地表为大面积农田、公益林、水库、村庄。吉木萨尔凹陷页岩油主要发育在二叠系芦草沟组，地层厚度25~300m，埋深800~4800m，分布范围1278km^2（图2.2）。

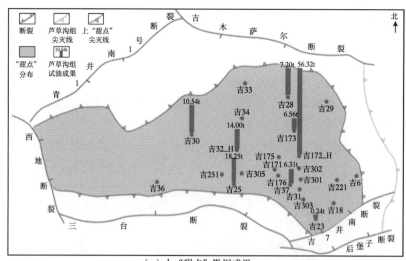

（a）上"甜点"勘探成果

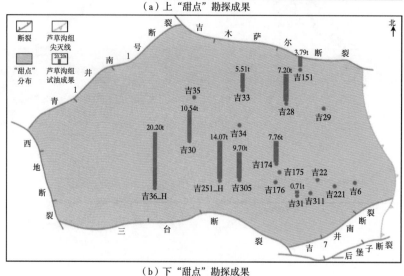

（b）下"甜点"勘探成果

图2.2　准噶尔盆地吉木萨尔凹陷芦草沟组页岩油勘探成果

2.1.1 区域地质条件

2.1.1.1 构造演化

吉木萨尔凹陷为准噶尔盆地东部隆起的二级构造，位于东部隆起的西南部，面积约 1300km²，其边界特征明显，西以西地断裂与北三台凸起相接，北以吉木萨尔断裂与沙奇凸起毗邻，南面则以三台断裂和后堡子断裂与阜康断裂带相接，向东为一个缓慢抬升的斜坡，逐渐过渡到古西凸起上。

吉木萨尔凹陷现今平面构造相对简单，为半环带状单斜，它是在中石炭统褶皱基底上发育的一个西断东超的箕状凹陷（图 2.3），先后经历了海西、印支、燕山、喜马拉雅等多期构造运动。准噶尔盆地形成于海西运动期，早二叠世晚期，盆地南缘残存的博格达海槽开始闭合造山，形成博格达山前中二叠世早期的前陆型箕状凹陷，吉木萨尔凹陷与博格达山前凹陷、阜康凹陷水体相连，沉积了一套南厚北薄的火山—磨拉石构造。中二叠世晚期，吉木萨尔凹陷封闭，并作为一个相对独立的沉积单元接受芦草沟组的湖泊相沉积，成为本区的主力烃源岩层。

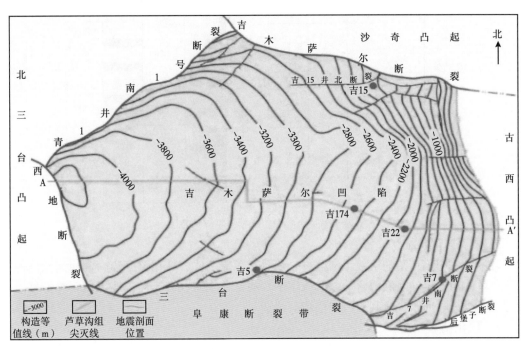

图 2.3　吉木萨尔凹陷过吉 30 井—吉 22 井连井地震地质解释剖面

2.1.1.2 地质分层

吉木萨尔凹陷地层自上而下有第四系，新近系，古近系，白垩系吐谷鲁群，侏罗系齐古组、头屯河组、西山窑组、三工河组、八道湾组，三叠系克拉玛依组、烧房沟组、韭菜园组，二叠系梧桐沟组、芦草沟组、井井子沟组和石炭系。自上而下缺失侏罗系喀拉扎组，三叠系郝家沟组、黄山街组。经多期构造运动，产生四个区域性不整合，即石炭系与上覆地层之间不整合，二叠系梧桐沟组与下伏地层芦草沟组之间不整合，侏罗系八道湾组与下伏地层不整合，古近系与下伏地层不整合（图 2.4）。

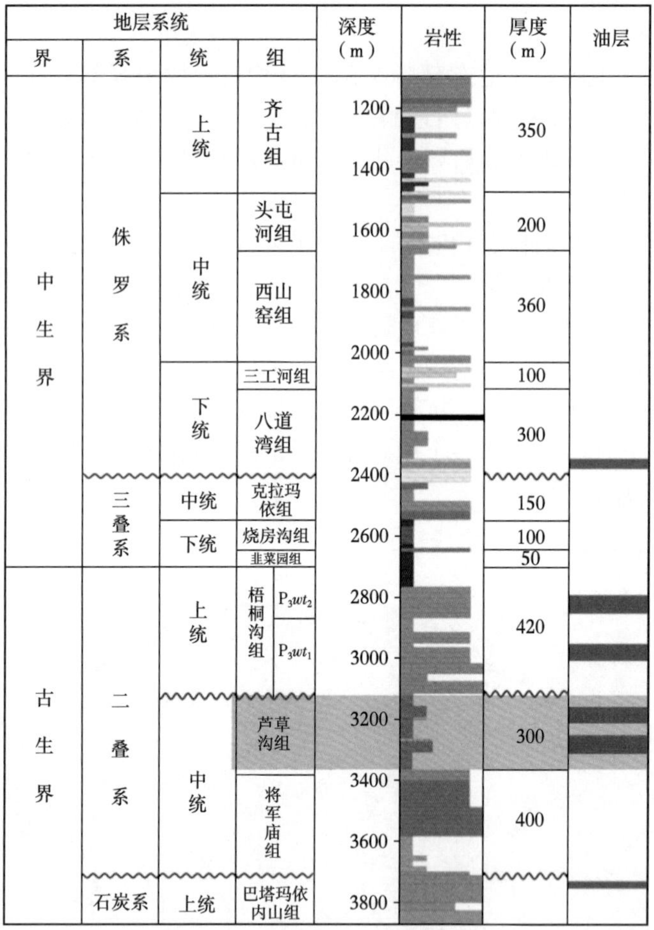

界	系	统	组	深度（m）	岩性	厚度（m）	油层
中生界	侏罗系	上统	齐古组	1200～1400		350	
中生界	侏罗系	中统	头屯河组	1600		200	
中生界	侏罗系	中统	西山窑组	1800～2000		360	
中生界	侏罗系	下统	三工河组			100	
中生界	侏罗系	下统	八道湾组	2200		300	
中生界	三叠系	中统	克拉玛依组	2400		150	
中生界	三叠系	下统	烧房沟组	2600		100	
			韭菜园组			50	
古生界	二叠系	上统	梧桐沟组 P_3wt_2 / P_3wt_1	2800～3000		420	
古生界	二叠系	中统	芦草沟组	3200		300	
古生界	二叠系	中统	将军庙组	3400～3600		400	
	石炭系	上统	巴塔玛依内山组	3800			

图 2.4　吉木萨尔凹陷地质分层柱状图

2.1.1.3　页岩油特征

吉木萨尔凹陷芦草沟组咸化湖盆页岩油具有源储一体、高孔隙度和高含油饱和度的特征。芦草沟组页岩油呈满凹含油、两段集中和南部富集的分布格局，地层岩石脆性好、水敏程度弱、无边底水，有利于大规模压裂改造。

1）咸化湖盆

吉木萨尔凹陷中二叠统芦草沟组形成于大面积持续沉降的咸化湖盆沉积环境。储层粒级普遍较细，受盆地周围河流、波浪、沿岸流等作用，发育浅湖—半深湖沉积，局部为滨浅湖或滩坝，中下部有少量的三角洲前缘远砂坝或席状砂。利用岩石中的微量元素指标可有效判识和恢复古环境，通常淡水沉积物中锶钡比小于1.0，而盐湖（海相）沉积物中锶钡比大于1.0；盐湖（海相）沉积物中硼镓比一般大于4.5；钍铀比0~2.0指示缺氧还原环境。芦草沟组微量元素分析结果显示，锶钡比为0.24~6.26，平均为1.43；硼镓比为1.53~18.79，平均为7.75；钍铀比为0.21~4.76，平均为1.61，说明中二叠世吉木萨尔凹陷湖水盐度较高，为缺氧的咸化湖盆还原环境。大量岩心与岩石薄片观察表明，芦草沟组中石膏假晶、黄铁矿、古鳕鱼化石等咸化湖盆还原标志广泛分布。吉 173 井芦草沟组发育含石膏假晶的泥晶白云岩，后期石膏被硅质交代，残留石膏假晶。芦草沟组白云质岩中黄铁矿较常见，多呈斑块状、条带状和斑点状，岩石薄片下可见针状黄铁矿，扫描电镜下见有草莓状黄铁矿。

2）多源混积

吉木萨尔凹陷芦草沟组储层为典型的咸化湖盆沉积背景下的细粒混积岩，其成因受控于机械沉积、化学沉积、生物沉积等多种作用。由于吉木萨尔凹陷芦草沟组矿物成分及岩石组分的复杂性和特殊性，引入新的四组分三端元分类方案，对细粒岩储层岩石类型进行划分（图 2.5a）。结果表明，芦草沟组除陆源矿物、碎屑、内碎屑及少量火山灰外，还发育多种自生矿物，如碳酸盐类、硫酸盐类、硅酸盐类、黄铁矿、绿/蒙混层等。此外，在

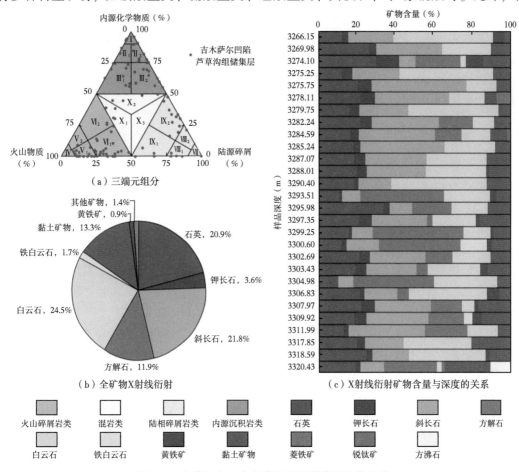

（a）三端元组分

（b）全矿物 X 射线衍射

（c）X 射线衍射矿物含量与深度的关系

图 2.5 准噶尔盆地吉木萨尔凹陷芦草组矿物组分

Ⅰ—内源沉积岩；Ⅱ₁—含凝灰内源沉积岩；Ⅱ₂—含（粉）/泥内源沉积岩；Ⅲ₁—凝灰质内源沉积岩；Ⅲ₂—（粉）砂质/泥质内源沉积岩；Ⅳ—凝灰岩；Ⅴ₁—含（粉）砂/泥沉凝灰岩；Ⅴ₂—含内源沉积凝灰岩；Ⅵ₁—（粉）砂/泥质凝灰岩；Ⅵ₂—内源沉积质凝灰岩；Ⅶ—（粉）砂岩/泥岩；Ⅷ₁—含凝灰（粉）砂岩/泥岩；Ⅷ₂—含内源沉积（粉）砂岩/泥岩；Ⅸ₁—凝灰质（粉）砂岩/泥岩；Ⅸ₂—内源沉积质（粉）砂岩/泥岩；X₁—火山碎屑型混积岩；X₂—碳酸盐型混积岩；X₃—陆源碎屑型混积岩

芦草沟组致密储层中发现多种热液矿物，如方沸石、硅质和树枝状黄铁矿。芦草沟组储层粒度普遍较细，碎屑颗粒粒径多小于 0.5mm。储层多为过渡岩类，粉细砂岩、泥岩和碳酸盐岩富集层呈厘米级互层状分布，通过岩石薄片镜下观察，常见矿物约有 50 多种（图2.5b、c）。

3）源储一体

吉木萨尔凹陷二叠系芦草沟组页岩油具有源储一体的地质特征，烃源岩厚度大，满凹连续分布。粉砂岩类和白云岩类储层中发育大量的显微有机组分，证实"甜点"体自身具备一定的生烃能力，既是储层也是烃源层。低成熟度粉砂岩样品模拟实验的成烃转化率和实测总有机碳含量生烃量的计算结果也表明，约占总烃量 1/3 的液态烃来自"甜点"体。芦草沟组岩性纵向上变化快，呈薄互层状，平均单层厚度 25cm。岩心与微电阻率扫描成像结果显示，不同岩性呈薄互层状间互分布，单层厚度多为厘米级，最小厚度为 0.05m，最大厚度为 4.52m。地层岩性多为白云岩和碎屑岩的过渡岩类，存在粉砂岩类与泥岩类和白云岩类与泥岩类两类源储岩性组合类型。芦二段主要为粉砂岩、白云岩与泥岩互层组合，泥地比接近 80.0%，发育大套优质烃源岩，具有砂泥频繁互层沉积、岩性复杂多样与单层厚度变化较大的特征；芦一段主要为粉砂岩与泥岩组合类型，泥地比接近 90.3%。

2.1.2 储层地质特征

2.1.2.1 "甜点"分布与物性

吉木萨尔凹陷二叠系芦草沟组（P_2l），自下而上分为芦一段（P_2l_1）和芦二段（P_2l_2）。将芦草沟组含油性和物性相对较好的储层作为"甜点"，"甜点"相对集中发育段作为一个"甜点"体。

"甜点"分布具有整体分散、局部相对集中的特征，纵向上黑色页岩沉积体系内发育上、下 2 套相对集中的"甜点"体，"甜点"体厚度大且全区分布稳定，其内部发育多套薄层"甜点"。其中，芦二段自上而下分为 P_2l_1 两层和 P_2l_2 两层，发育上"甜点"体（图2.6a）；芦一段自上而下分为 P_2l_1 一层和 P_2l_2 一层，发育下"甜点"体（图2.6b）。

上"甜点"体自上而下划分为 4 个小层，下"甜点"体自上而下划分为 6 个小层。储层上"甜点"体主要为滨浅湖滩坝，下"甜点"体主要为三角洲前缘远砂坝或席状砂。上"甜点"体储层的平均孔隙度为 10.84%，平均覆压渗透率为 0.014 mD；下"甜点"体储层的平均孔隙度为 11.20%，平均覆压渗透率为 0.009mD（图2.6c~f）。多数"甜点"岩心样品含油级别为油斑及以上，岩心出筒后普遍见原油外渗现象，储层含油饱和度多高于 60%，最高可达 95%。

2.1.2.2 油层构造与岩性

芦草沟组构造为东高西低的西倾单斜，主体部位地层倾角 3°~5°，断裂不发育（图2.7）。

上、下"甜点体"内部发育多个薄油层，纵、横向油层品质变化较大。咸化湖相与三角洲相沉积背景产生了复杂的岩矿组分和岩石类型。芦草沟组从岩性变化、C—O 同位素及稀土元素变化规律均表现为两个旋回变化。页岩油上下"甜点"对应着两个咸化高峰，上"甜点"体水体更浅，盐度更高。

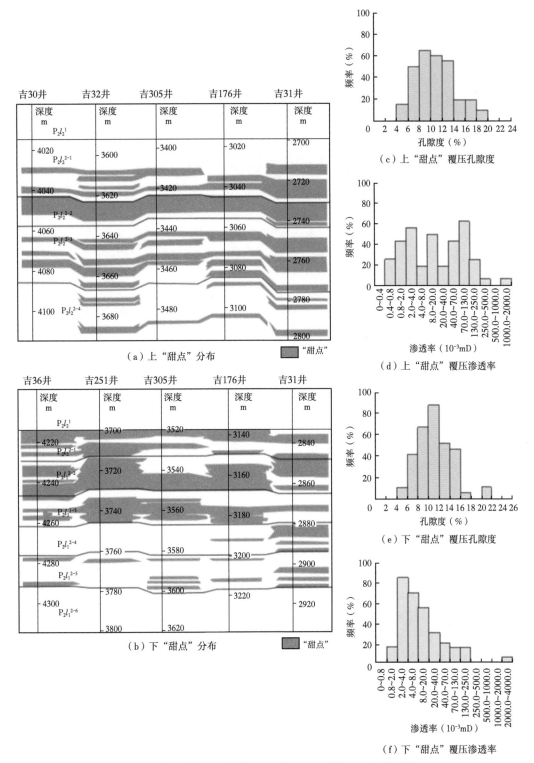

图 2.6 吉木萨尔凹陷页岩油"甜点"空间分布与物性特征

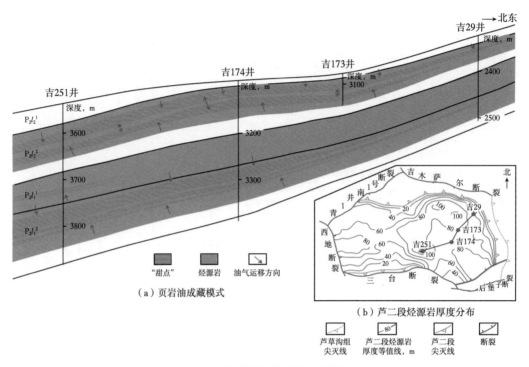

（a）页岩油成藏模式　　　　（b）芦二段烃源岩厚度分布

图 2.7　芦草沟组构造分布特征

储层岩石矿物成分多样，多为过渡性岩类，纵向上与泥岩呈薄互层状。矿物成分达 12 种，以白云石、石英和斜长石为主，含量均在 20%~25%，成分成熟度低（图 2.8）。

芦草沟组优势岩性可分为两大类：碳酸盐岩类、碎屑岩类。上"甜点"体优势岩性 $P_2l_2^{2-1}$ 为砂屑白云岩、$P_2l_2^{2-2}$ 为岩屑长石粉细砂岩、$P_2l_2^{2-3}$ 为白云质砂岩。下"甜点"体优势岩性为含白云质极细粒粉砂岩、粉砂质白云岩（图 2.8）。

2.1.2.3 "甜点"孔隙与流体

芦草沟组页岩油储层储集空间类型多样，各类孔隙与裂缝并存。据吉 174 井芦草沟组储层岩心及薄片观察分析可知，储集空间以溶孔为主，代表岩性为白云岩、粉细砂岩和白云质粉细砂岩。溶孔主要由颗粒内部的砂屑、砾屑、鲕粒、长石碎屑、生物体腔等溶蚀形成，在上、下"甜点"段均较为发育。其次为剩余粒间孔、晶间孔，代表岩性为粉细砂岩、云屑粉细砂岩和泥粉晶白云岩，主要发育在上"甜点"段中，下"甜点"段中，剩余粒间孔、晶间孔明显较上"甜点"段减少。局部层段发育裂缝，上"甜点"段以层间缝为主，下"甜点"段主要在泥岩层段发育微细裂缝。根据压汞资料分析，储层所需排驱压力较大，多在 0.1MPa 以上，压汞曲线基本无平台，类型多为偏右上方的中细歪度型。上"甜点"段孔喉半径分布较散，孔隙结构相对复杂；而下"甜点"段孔喉半径分布较集中，孔隙结构相对均质，但由于埋深增大，最大进汞饱和度普遍低于上"甜点"段。总体上，该区页岩油非常规孔喉占储集空间的 65% 以上，以微细孔喉为主，具典型的页岩油孔喉特征。孔隙类型以溶孔、粒内溶孔为主，其次是剩余粒间孔（图 2.9）。

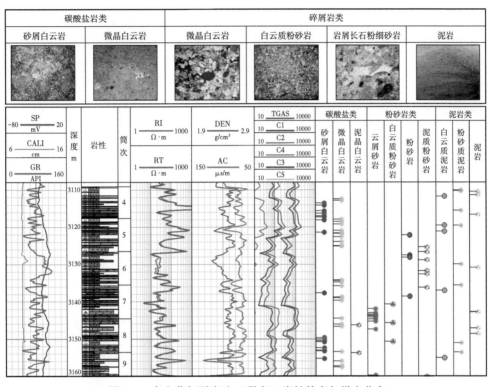

图 2.8 吉木萨尔页岩油"甜点"岩性特点与纵向分布

（a）长石碎屑溶孔
吉174井3114.86m 泥晶砂屑云岩

（b）白云石溶孔
吉17井3137.80m 含粉砂质微晶云岩

（c）粒间溶孔、剩余粒间孔
吉174井3264.65m 云质粉砂岩

（d）晶间孔、铸膜孔
吉174井3273.25m 泥质陆屑泥晶云岩

图 2.9 吉木萨尔页岩油芦草沟微观孔隙结构

流体性质方面，上、下"甜点"原油性质相差较大。上"甜点"地面原油密度平均为 0.888g/cm³，50℃原油黏度为 45.65~133.2mPa·s，平均为 50.27mPa·s，凝固点平均为 23.5℃；下"甜点"地面原油密度平均为 0.908g/cm³，50℃原油黏度 94.20~407.08mPa·s，平均为 204.6mPa·s，凝固点平均为 5.4℃，属中质、较高凝固点的高含蜡原油。原油物性分析结果显示原油溶解气油比较低，为 17m³/m³，饱和压力为 3.95MPa。"甜点"中原油性质从凹陷中部向边缘变差，下"甜点"黏度普遍大于上"甜点"（图 2.10 和图 2.11）。

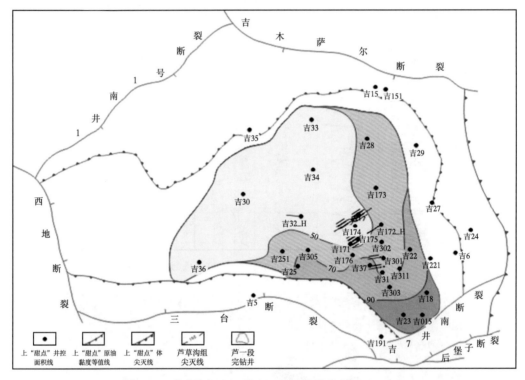

图 2.10 芦草沟组上"甜点"原油黏度分布图（50℃）

2.1.2.4 岩石力学特征

根据实测岩石力学参数及测井资料解释，芦草沟组储层岩石泊松比较低，一般不超过 0.26，弹性模量多大于 2.5×10⁴MPa，脆性指数介于 40%~50%。采用诱导缝走向判断最大水平主应力方向、椭圆井眼长轴方向判断最小水平主应力方向、快横波方位判断最大水平主应力方向等多种方法确定主应力方向，预测结果基本一致，即吉木萨尔凹陷芦草沟组最大水平主应力方向为 130°~150°，最大水平主应力为 65~75MPa，最小水平主应力为 57~63MPa，平均应力差 4~12MPa，且凹陷东南向深部增大。同时，直井测井解释裂缝密度小于 0.5 条/m。岩心观察裂缝不发育，5 块全直径尺度岩心 CT 扫描，仅有 1 块发现裂缝（表 2.1）。通过分析岩心岩石力学试验数据和观察岩石破裂形态，进行脆性评价与分类（表 2.2）。

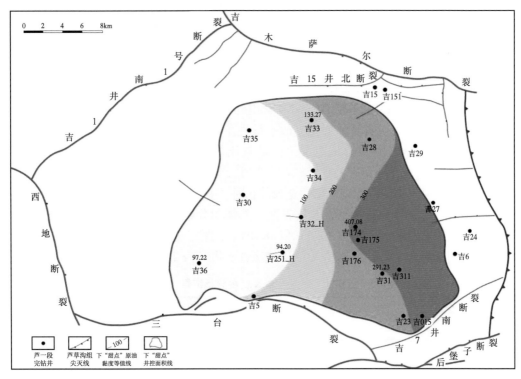

图 2.11 芦草沟组下"甜点"原油黏度分布图（50℃）

表 2.1 成像测井识别芦草沟组裂缝发育情况统计表

井号	厚度（m）	裂缝条数（条）	裂缝密度（条/m）
吉 251	36.92	6	0.1625
吉 174	38.2	6	0.1571
吉 172	37.82	6	0.1586
吉 37	42.58	4	0.0939
吉 33	50.18	14	0.2790
吉 32	36.52	2	0.0548
吉 34	39.81	4	0.1005
吉 36	33	30	0.9091
吉 31	41.6	4	0.0962

表 2.2 芦草沟组岩石脆性评价结果

岩性	岩石力学参数范围	脆性分类
砂屑白云岩、白云质砂岩、微晶白云岩	$E_s \geq 15000\text{MPa}$，$\nu_s \leq 0.2$	较好脆性
粉细砂岩、泥晶白云岩	$E_s \geq 15000\text{MPa}$，$0.2 < \nu_s \leq 0.23$	中等脆性
	$10000 \leq E_s < 15000\text{MPa}$，$\nu_s \leq 0.2$	
泥岩、碳泥	$E_s < 10000\text{MPa}$ 或者 $\nu_s > 0.23$	较差脆性

综上所述，芦草沟组储层岩石泊松比较低，脆性指数中等，水平地应力差值较大，且局部裂缝不发育，故压裂改造时不易形成转向和复杂裂缝。

2.1.2.5 储层矿物敏感性

根据吉174井芦草沟组岩石薄片和X衍射资料分析，储层中黏土矿物以绿/蒙混层为主，其次为绿泥石、蒙皂石和无序伊/蒙混层矿物。上"甜点"段黏土矿物相对较少，绝对体积分数一般小于5%，仅在粉细砂岩和含内碎屑极细粒砂岩中含量较高。岩样在饱和水前后孔隙结构并未发生明显的变化，故水敏性不强。但该层段普遍含铁白云石，其与HCl发生反应后会释放出大量阳离子，在富氧流体中，当液体pH值升高时，会生成 $Fe(OH)_3$ 沉淀，造成储层伤害。且上"甜点"中下段岩石中分布绿泥石、绿/蒙混层，故还应注意酸敏反应产生的沉淀物对储层造成的伤害。下"甜点"段岩石中黏土矿物含量比上"甜点"段多，黏土矿物在绝大多数岩性中的体积分数均高于5%，在白云质粉砂岩、石灰质含粉砂质泥岩中甚至高达19.5%和18.4%，故黏土矿物总体上对下"甜点"段储层影响较大，特别是绿泥石、绿/蒙混层等酸敏性矿物（表2.3）。

表2.3　吉174井岩心全岩X衍射分析结果（提取法）

"甜点体"	样品深度（m）	层位	岩性	黏土矿物总量	石英	钾长石	斜长石	方解石	铁白云石
上"甜点"	3146.54	$P_2l_2{}^2$	砂质砂屑白云岩	1.79	10.34	0	26.88	5.17	55.82
下"甜点"	3264.65	$P_2l_1{}^2$	白云质砂屑砂岩	0.91	10.32	0	17.55	0	71.22
	3267.19		泥质粉砂岩	1.91	14.77	12.66	42.19	21.09	7.38
	3300.17		白云质粉砂岩	3.22	13.35	11.12	38.93	3.34	30.04
平均值				2.01	12.81	7.93	32.89	8.14	36.21

此外，黏土矿物总含量不高，储层水敏性不强，但部分泥质类岩石、凝灰物质含量高的岩石具一定的水敏性，局部沉火山尘凝灰岩中蒙皂石含量较高，应注意防止膨胀。将清水和压裂液浸泡过的岩心前后重量比较，岩石稳定率基本都在99%以上，水敏性不强（表2.4）。

表2.4　芦草沟组岩心浸泡前后重量比对表

井号	井段（m）	液体	原始质量（g）	实验后质量（g）	岩性稳定率（%）
吉174	3268~3276	清水	32.76	32.45	99.05
		压裂液	33.06	32.97	99.72
	3286~3294	清水	32.52	32.27	99.23
		压裂液	32.1	31.99	99.65
吉31	2712~2727	清水	32.32	31.87	98.61
		压裂液	33.25	33.05	99.39
	2893~2898	清水	32	31.54	98.56
		压裂液	32.2	32.1	99.38

2.1.2.6 储层温度和压力

吉木萨尔页岩油开发区芦草沟组地层压力系数为 1.31，属异常高压压力系统。吉 171 井测量静压为 39.32MPa，压力系数为 1.27；吉 37 井拟合地层压力为 36.77MPa，压力系数为 1.32。储层饱和压力为 3.87MPa，地饱压差为 33.26MPa。

通过多口井地层温度实测统计，吉木萨尔页岩油开发区芦草沟组地层温度梯度为 2.34℃/100m，上"甜点"地层温度为 82.73℃，下"甜点"地层温度为 91.05℃。

2.2 吉木萨尔页岩油钻井地质难点

分析前期探井，结合吉木萨尔页岩油开发对钻井工程技术要求，认为主要有以下几个方面的钻井工程难点。

2.2.1 油层性质与埋深变化

（1）吉木萨尔页岩油储层埋深变化大，地层压力、岩性及完钻井深差距较大。整个开发区域，上"甜点"油层顶部埋深为 1600~4200m，下"甜点"油层顶部埋深为 800~4800m，"甜点"体跨度达 200m，"甜点"体间跨度平均为 110m。

（2）储层岩性变化大。吉 174 井 P_2l 地层 246.21m 发育了 968 层 54 种岩性，单层厚度平均 0.25m（0.01~2.25m），以粉砂质泥岩和泥岩为主。吉木萨尔 P_2l 岩性归纳总体为碳酸盐岩类、碎屑岩类两大类六小类。

（3）非目的层的地层压力变化大。吉木萨尔凹陷侏罗系中部以上为正常压力系统，自西向东地层逐渐抬升，异常高压的三叠系—二叠系地层压力逐渐降低。

（4）完钻井深差距大。吉木萨尔前期已钻井水平段长 1200~1600m，完钻井深小于 5000m。2019 年部署水平井目的层埋深增加至 3000m 以上，水平段长 2500m 以下，最大完钻井深预计超过 6000m。

2.2.2 复杂地层井筒风险

近些年，统计发现已钻井存在井漏、溢流及卡钻等复杂事故，影响钻井时效及工期。一方面，裸眼井段长，井壁稳定差，井身结构优化困难。侏罗系以上地层泥岩较发育，水敏性强，容易造成井眼缩径、垮塌；二叠系韭菜园子组至梧桐沟组井壁稳定性差，井眼缩径和垮塌较严重（表 2.5）。

表 2.5 吉木萨尔页岩油部分井井壁失稳情况

井号	钻井液体系	钻井液密度（g/cm³）	描述
JHW031	反渗透	1.42~1.68	钻进至 2722m 时垮塌掉块严重，根据振动筛返出的 1~2cm 深灰色掉块，在密度由 1.58 g/cm³ 上提至 1.62g/cm³ 后恢复正常
JHW033	有机盐	1.51~1.62	本井韭菜园组易塌，钻进过程中提前将密度提至设计最高点，有掉块，申请将密度提至 1.62g/cm³
JHW036	反渗透	1.50~1.64	单扶钻具组合通井，顺利下钻到底，循环时井口返出大量煤块
JHW045	反渗透	1.58~1.63	划眼至 2780m（井斜 27.28°，方位 299.80°），井下掉块较多

另一方面，韭菜园子组和梧桐沟组有裂缝发育，易发生井漏，井下复杂时率高。部分区域纵向上 J_1b 存在漏层，漏失密度为 $1.43 \sim 1.51 g/cm^3$；T-P 地层微裂缝发育易漏，漏失密度为 $1.55 \sim 1.62 g/cm^3$（表 2.6）。

表 2.6　吉木萨尔页岩油部分井钻井液漏失情况

井号	时间	井深（m）	工况	复杂类型	地层	钻井液密度（g/cm³）	漏斗黏度（s）	漏失量（m³）	损失时间（h）	复杂原因
J10002H	2018.5.17	2771	钻进	井漏	P_1j	1.62	51	26	8	裂缝发育，造成井漏，井口失返
J10003H	2018.6.1	1786	钻进	井漏	J_1b	1.51	46		9	八道湾煤层发育裂缝，易漏失
	2018.6.5	2120	钻进	井漏	T_1j	1.55	46	32.5	13	地层发育裂缝井漏
	2018.8.15	4172	划眼	井漏	P_2l	1.63	65	91.7	73	划眼憋漏上部薄弱地层
J10064H	2018.8.13	2638	钻进	井漏	P_2l	1.55	48	84.5	24	裂缝发育，承压能力较差，井漏
JHW043	2018.9.13	2009	钻进	井漏	J_1b	1.43	62	30	16	三工河到八道湾断层发生井漏
JHW045	2018.5.10	2410	钻进	井漏	T_1j	1.58	55		29	钻井液密度过高压漏地层
	2018.5.15	2562	划眼	井漏	P_3wt	1.58	54	7	45	钻井液密度不均压漏地层
	2018.5.30	2736	钻进	井漏	P_2l	1.62	56	4		钻井液密度不均压漏地层
	2018.6.9	4181	钻进	井漏	P_2l	1.61	57		92	套管鞋处薄弱地层漏失

2.2.3　地层破岩效率偏低

吉木萨尔凹陷地层岩石均质性差，夹层多，岩石力学参数波动大，且中下部地层岩石抗压强度高，可钻性大。通过近些年的钻井试验，全井机械钻速偏低，钻头选型困难。尤其是三叠系韭菜园子组至二叠系梧桐沟组地层，岩性差异大，砂砾夹层多，PDC 地层适应性差，钻头选型困难，导致机械钻速低。

2.2.4　地质导向与轨迹控制

三维长水平段水平井钻井难度大，风险高。该区部署水平井多为三维水平井，水平段长 $1300 \sim 3000m$，井口偏移距大，井眼轨迹控制难度大，摩阻扭矩大，水平段延伸能力受限。页岩油储层为湖相暗色细粒沉积，且岩矿成分复杂，常规岩屑录井技术无法识别，"甜点"与非"甜点"薄互层发育，局部地层产状变化快，轨迹易偏出目的层，偏出方向难以确定，造成"甜点"钻遇率低。国外先进随钻测井技术对该区页岩油储层响应精度差，无法准确识别岩性，且成本高。

参　考　文　献

匡立春，王霞田，郭旭光，等 .2015. 吉木萨尔凹陷芦草沟组致密油地质特征与勘探实践 [J]. 新疆石油地质，36（6）：629-634.

吴奇，胥云，王晓泉，等 .2012. 非常规油气藏体积改造技术-内涵、优化设计与实现 [J]. 石油勘探与开发，39（3）：352-358.

王小军，杨智峰，郭旭光，等．2019．准噶尔盆地吉木萨尔凹陷页岩油勘探实践与展望［J］．新疆石油地质，40（4）：402-413．

许琳，常秋生，杨成克，等．2019．吉木萨尔凹陷二叠系芦草沟组页岩油储层特征及含油性［J］．石油与天然气地质，40（3）：535-549．

宋永，周路，郭旭光，等．2017．准噶尔盆地吉木萨尔凹陷芦草沟组湖相云质致密油储层特征与分布规律［J］．岩石学报，33（4）：1159-1170．

李红南，毛新军，胡广文，等．2014．准噶尔盆地吉木萨尔凹陷芦草沟组致密油储层特征及产能预测研究［J］．石油天然气学报，36（10）：40-44．

蔥克莱，操应长，朱如凯，等．2015．吉木萨尔凹陷二叠系芦草沟组致密油储层岩石类型及特征［J］．石油学报，36（12）：1496-1507．

王伟明，李勇，汪正江，等．2016．致密砂岩储层岩石脆性评价及相关因素分析［J］．中国石油勘探，21（6）：50-57．

龚伟安．1986．定向井中采用曲线井眼轴线的理论研究［J］．石油钻采工艺，8（1）：23-26．

杜成武．1987．悬链剖面—定向钻井新技术［J］．石油钻采工艺，9（1）：11-13．

何源远．1992．水平井套管柱强度设计方法［J］．石油钻探技术．20（1）：7-10．

韩春杰，阎铁．2005．水平井侧钻过程中钻柱横向振动规律的研究［J］．石油机械，33（1）：8-10．

苏义脑，窦修荣．2003．大位移井钻井概况、工艺难点和对工具仪器的要求［J］．石油钻采工艺，25（1）：8-12．

陈平．2005．钻井与完井工程［M］．北京：石油工业出版社．

王均良，王万庆，张建卿，等．2008．油井水平井钻井工艺配套技术研究与应用［J］．长庆石油勘探局钻井工程总公司，（2）：12-14．

郑汉旋，吴水珍．1990．定向井丛式井钻采技术［M］．石油勘探开发科学研究院：1-10．

Mayerhofer M J, Lolon E P, Youngblood J E, et al. 2008. Integration of microseismic fracture mapping results with numerical fracture network production modeling in the Barnett shale［C］//SPE 102103.

C L Cipolla, E P Lolon, M J Mayerhofer, et al. 2009. Fracture Design Considerations in Horizontal Wells Drilled in Unconventional Gas Reservoirs［C］//SPE 119366.

C L Cipolla, X Weng, H Onda, et al. 2011. New Algorithms and Integrated Workflow for Tight Gas and Shale Completions［C］//SPE 146872.

J D Baihly, R Malpani, C Edwards, et al. 2010. Unlocking the Shale Mystery：How Lateral Measurements and Well Placement Impact Completions and Resultant Production［C］//SPE 138427.

3 吉木萨尔页岩油钻井地质力学研究与认识

地质力学运用力学原理研究地壳构造和地壳运动规律及其起因，是地质学和力学结合的交叉学科。钻井地质力学主要研究与钻完井工程有关的地质力学问题，包括岩石的力学特征、地应力、地层孔隙压力、井壁稳定规律等。吉木萨尔芦草沟组页岩油勘探前期阶段，由于对地质力学方面的研究不深、认识不够，影响了钻井工程技术措施的针对性和有效性。针对吉木萨尔页岩油开展钻井地质力学研究，对于保障钻井工程安全、提高钻井效率和降低成本等方面具有重要意义。

3.1 页岩油储层岩石力学特征

岩石的力学性质包括岩石的变形特性和强度特征。反映岩石力学属性的参数称为弹性参数，包括杨氏模量、体积模量、剪切模量、泊松比，其中杨氏模量和泊松比应用较为广泛。弹性参数又分为动态弹性参数和静态弹性参数。动态弹性参数是指岩石在各种动载荷或周期变化载荷（如声波、冲击、震动等）作用下所表现出来的性质参数，一般通过测井或地震数据来获取。静态弹性参数是在静载荷作用下岩石表现出来的性质参数，只能通过从室内岩心测试获得。石油工程应用中宜采用静态弹性参数。反映岩石强度特性的参数称为岩石强度参数，包括抗压强度（单轴抗压强度和三轴抗压强度）、抗拉强度、抗剪强度（用内聚力和内摩擦角描述），其中抗剪强度和抗压强度是衡量岩石稳定性的主要因素。

3.1.1 岩石力学实验

根据新疆油田岩心库现有岩心情况，选取吉 174 井上"甜点"泥岩盖层 1 个深度点全直径岩心 1 块，吉 176 井上"甜点" 3020～3065m 范围内 6 个深度点全直径岩心若干块。在不同深度点的全直径岩心上垂直取样（取样方向垂直于地层）2～3 块，水平取样（取样方向平行于地层）1 块，共钻取试样 37 块，其中 25 块用于"声波测试+三轴（单轴）抗压测试"，9 块用于抗张测试。抗压测试在 100psi（6.895MPa）、1600（11.032MPa）、3200psi（22.064MPa）三种围压下进行。对同一深度点 2～3 组试样的围压与抗压强度数据进行莫尔—库仑（Mohr-Coulomb）分析，即可得到岩石的内摩擦角和内聚力。另外 3 块试样用于应力敏感测试，试样用途见表 3.1。

3.1.1.1 静态测试结果

对吉 174 上"甜点"泥岩盖层和吉 176 上"甜点"共 7 个深度点 25 个样品表开展静态力学测试，结果见表 3.2。

表 3.1　岩心试样用途统计表

井号	岩心命名	岩性	取样深度（m）	单轴+声波测试	三轴+声波测试	巴西劈裂测试	应力敏感实验	合计
吉 174	CAPROCK	泥岩	3112.14~3112.24	1	3			4
吉 176	RESERVOIR 1	白云质砂岩	3030.14~3030.19	1	2	3	1（失败）	7
	BARRIER 1	泥岩	3033.91~3033.96	1	3			4
	RESERVOIR 2	泥质粉砂岩	3036.15~3036.20	1	2	3	1	7
	BARRIER 2	泥岩	3041.2~3041.30	1	3			4
	RESERVOIR 3	石灰质砂岩	3048.79~3048.85	1	2	3	1	7
	BARRIER 3	粉砂质泥岩	3053.16~3053.17	1	3			4
合计								37

表 3.2　静态力学属性三轴测试数据表

井号	岩心命名	试样命名	取样深度（m）	围压（psi）	抗压强度（psi）	杨氏模量（10^6psi）	PR_1	PR_2	PR^*	内摩擦角（°）	内聚力（psi）
吉 174	CAPROCK	吉 174_CAP_1V1.A	3112.14	100	22595	2.49			0.29	29.82	6474
		吉 174_CAP_1V2.A	3112.14	1600	25406	2.52			0.23		
		吉 174_CAP_1V3.A	3112.14	3200	28722	2.57			0.26		
		吉 174_CAP_2H1.A	3112.24	1600	29892	3.46	0.31	0.34	0.32		
吉 176	RESERVOIR 1	吉 176_RES1_1V1.A	3030.14	100	25451	3.53			0.33		
		吉 176_RES1_1V2.A	3030.14	1600	33020	3.80			0.29		
		吉 176_RES1_2H1.A	3030.16	1600	30126	4.11	0.23	0.29	0.26		
	BARRIER 1	吉 176_BAR1_1V1.A	3033.91	100	33716	4.35			0.27	36.18	8576
		吉 176_BAR1_1V2.A	3033.91	1600	39252	4.64			0.27		
		吉 176_BAR1_1V3.A	3033.91	3200	42535	4.75			0.23		
		吉 176_BAR1_2H1.A	3033.96	1600	38020	5.38	0.28	0.39	0.33		
	RESERVOIR 2	吉 176_RES2_1V1.A	3036.15	100	19889	2.01			0.18		
		吉 176_RES2_1V2.A	3036.15	1600	23473	2.08			0.18		
		吉 176_RES2_2H1.A	3036.17	1600	25722	2.87	0.16	0.22	0.19		
	BARRIER 2	吉 176_BAR2_2V1.A	3041.20	100	22148	2.24			0.31	29.18	6429
		吉 176_BAR2_2V2.A	3041.20	1600	24857	2.32			0.27		
		吉 176_BAR2_2V3.A	3041.20	3200	28041	2.34			0.25		
		吉 176_BAR2_1H1.A	3041.30	1600	33898	3.51	0.28	0.34	0.31		
	RESERVOIR 3	吉 176_RES3_1V1.A	3048.79	100	26428	2.93			0.27		
		吉 176_RES3_1V2.A	3048.79	1600	32452	3.04			0.23		
		吉 176_RES3_3H1.A	3048.85	1600	31970	3.66	0.28	0.30	0.29		

续表

井号	岩心命名	试样命名	取样深度 （m）	围压 （psi）	抗压 强度 （psi）	杨氏 模量 （10^6psi）	PR_1	PR_2	PR^*	内摩 擦角 （°）	内聚力 （psi）
吉 176	BARRIER 3	吉 176_BAR3_2V1.A	3053.17	100	28796	2.85			0.23	39.02	6900
		吉 176_BAR3_2V3.A	3053.17	1600	35608	2.99			0.23		
		吉 176_BAR3_2V2.A	3053.17	3200	39106	2.99			0.23		
		吉 176_BAR3_1H1.A	3053.16	1600	32211	3.81	0.17	0.27	0.22		

注：PR_1 为平行于层理方向的泊松比；PR_2 为垂直于层理方向的泊松比；PR^* =平均径向应变/平均轴向应变。

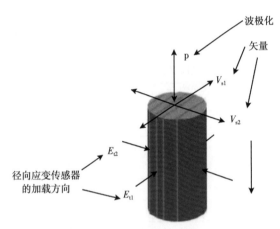

图 3.1　剪切波传播方向及偏振方向传感器示意图

在 100psi、1600psi、3200psi 三种围压下，岩石的抗压强度为 137.1～293.3MPa，平均值为 207.8 MPa；杨氏模量 13.84～37.09GPa，平均值为 22.41 GPa；泊松比 0.18～0.39，平均值为 0.27。

3.1.1.2　动态测试结果

在三轴压缩测试期间，以 500psi 采样间隔采集声波数据。如图 3.1 所示为采集偏振声波的示意图，v_{s1} 为平行于层理的横波速度，v_{s2} 为垂直于层理的横波速度，分别引起快慢剪切速度；E_{t1} 为平行于层理方向的径向载荷，E_{t2} 为垂直于层理方向的径向载荷。表 3.3 和表 3.4 总结了声波速度测试基本情况和所计算的动态力学参数。

表 3.3　试样声波速度数据表

井号	岩心命名	岩性	试样命名	围压 （psi）	v_p （ft/s）	v_{s1} （ft/s）	v_{s2} （ft/s）	v_{savg} （ft/s）	v_p/v_{savg}
吉 176	Reservoir 1	白云质 砂岩	吉 176_RES1_1V1.A	100	15340	8861	8845	8853	1.73
			吉 176_RES1_1V2.A	1600	15636	9056	8988	9022	1.73
			吉 176_RES1_2H1.A	1600	16423	9399	9287	9343	1.76
	Barrier 1	页岩	吉 176_BAR1_1V1.A	100	16228	9121	9082	9102	1.78
			吉 176_BAR1_1V2.A	1600	16406	9387	9372	9380	1.75
			吉 176_BAR1_1V3.A	3200	16549	9688	9624	9656	1.71
			吉 176_BAR1_2H1.A	1600	16831	9574	9442	9508	1.77
	Reservoir 2	泥质粉 砂岩	吉 176_RES2_1V1.A	100	12779	7396	7382	7389	1.73
			吉 176_RES2_1V2.A	1600	13192	7591	7531	7561	1.74
			吉 176_RES2_2H1.A	1600	14478	8376	7993	8185	1.77

续表

井号	岩心命名	岩性	试样命名	围压 (psi)	V_p (ft/s)	V_{s1} (ft/s)	V_{s2} (ft/s)	V_{savg} (ft/s)	V_p/V_{savg}
吉176	Barrier 2	页岩	吉176_BAR2_2V1.A	100	13122	7556	7286	7421	1.77
			吉176_BAR2_2V2.A	1600	13319	7645	7384	7514	1.77
			吉176_BAR2_2V3.A	3200	13475	7761	7518	7639	1.76
			吉176_BAR2_1H1.A	1600	15526	8907	8139	8523	1.83
	Reservoir 3	石灰质砂岩	吉176_REΣ3_1V1.A	100	13264	8462	8473	8468	1.57
			吉176_REΣ3_1V2.A	1600	13664	8585	8584	8585	1.59
			吉176_REΣ3_3H1.A	1600	14703	9088	8732	8910	1.65
	Barrier 3	粉质页岩	吉176_BAR3_2V1.A	100	13024	8395	8345	8370	1.56
			吉176_BAR3_2V3.A	1600	13166	8494	8439	8466	1.56
			吉176_BAR3_2V2.A	3200	13346	8549	8514	8531	1.56
			吉176_BAR3_1H1.A	1600	14057	9010	8860	8935	1.57
吉174	Caprock	页岩	吉174_CAP_1V1.A	100	12701	7578	7572	7575	1.68
			吉174_CAP_1V2.A	1600	12952	7721	7684	7702	1.68
			吉174_CAP_1V3.A	3200	13121	7818	7785	7802	1.68
			吉174_CAP_2H1.A	1600	14308	8419	8072	8246	1.74

注：v_p 为纵波速度；v_{savg} 为平均横波速度 $[v_{savg}=(v_{s1}+v_{s2})/2]$；$v_p/v_{savg}$ 为纵横波速度之比。

表3.4 岩心样品动态测试数据

井号	岩心命名	岩性	试样命名	围压 (psi)	E_{d1} (GPa)	E_{d2} (GPa)	E_{davg} (GPa)	PR_{d1}	PR_{d2}	PR_{davg}
吉176	Reservoir 1	白云质砂岩	吉176_RES1_1V1.A	100	45.51	45.44	45.47	0.25	0.25	0.25
			吉176_RES1_1V2.A	1600	28.13	28.06	28.10	0.25	0.25	0.25
			吉176_RES1_2H1.A	1600	24.58	29.23	29.41	0.26	0.26	0.26
	Barrier 1	页岩	吉176_BAR1_1V1.A	100	30.41	30.34	30.37	0.27	0.27	0.27
			吉176_BAR1_1V2.A	1600	30.61	29.10	29.86	0.26	0.26	0.26
			吉176_BAR1_1V3.A	3200	31.58	29.99	30.79	0.24	0.24	0.24
			吉176_BAR1_2H1.A	1600	31.58	31.37	31.48	0.26	0.27	0.27
	Reservoir 2	泥质粉砂岩	吉176_RES2_1V1.A	100	32.48	31.03	37.75	0.25	0.25	0.25
			吉176_RES2_1V2.A	1600	32.61	32.41	32.51	0.25	0.26	0.26
			吉176_RES2_2H1.A	1600	36.27	36.06	36.16	0.25	0.28	0.26
	Barrier 2	页岩	吉176_BAR2_2V1.A	100	36.34	33.92	35.13	0.25	0.28	0.26
			吉176_BAR2_2V2.A	1600	37.10	36.82	36.96	0.25	0.28	0.27
			吉176_BAR2_2V3.A	3200	37.44	35.30	36.37	0.25	0.27	0.26
			吉176_BAR2_1H1.A	1600	38.34	38.20	38.27	0.25	0.31	0.28

井号	岩心命名	岩性	试样命名	围压 （psi）	E_{d1} （GPa）	E_{d2} （GPa）	E_{davg} （GPa）	PR_{d1}	PR_{d2}	PR_{davg}
吉176	Reservoir 3	石灰质砂岩	吉176_REΣ3_1V1. A	100	38.41	38.41	38.41	0.16	0.16	0.16
			吉176_REΣ3_1V2. A	1600	40.06	40.06	40.06	0.17	0.17	0.17
			吉176_REΣ3_3H1. A	1600	42.89	42.13	42.51	0.19	0.23	0.21
	Barrier 3	粉质页岩	吉176_BAR3_2V1. A	100	43.85	38.27	41.06	0.14	0.15	0.15
			吉176_BAR3_2V3. A	1600	46.40	44.13	45.27	0.14	0.15	0.15
			吉176_BAR3_2V2. A	3200	47.71	47.16	47.44	0.15	0.16	0.15
			吉176_BAR3_1H1. A	1600	50.89	50.54	50.71	0.15	0.17	0.16
吉174	Caprock	页岩	吉174_CAP_1V1. A	100	51.30	50.40	50.85	0.22	0.22	0.22
			吉174_CAP_1V2. A	1600	53.64	53.51	53.57	0.22	0.23	0.23
			吉174_CAP_1V3. A	3200	55.23	54.13	54.68	0.22	0.23	0.23
			吉174_CAP_2H1. A	1600	56.33	55.85	56.09	0.24	0.27	0.25

在 100psi、1600 psi、3200 psi 三种围压下，岩石的纵波速度为 12701～16831ft/s；横波速度为 7286～9688ft/s；纵横波之比为 1.56～1.83；动态杨氏模量为 28.06～56.33GPa，平均值为 39.73GPa；动态泊松比为 0.14～0.31，平均值为 0.23。

（3）巴西张性测试结果

通过对 9 块样品的测试，得到岩石的抗拉强度为 12.25～19.24MPa，平均值为 15.44MPa；抗拉强度为抗压强度的 1/8～1/12，见表 3.5。

表 3.5 抗拉强度测试结果数据表

岩心命名	试样命名	取样深度 （m）	抗拉强度 （psi）	单轴抗压强度 （psi）
Reservoir 1	吉176_RES1_1V1. B	3030.14	2420.00	25451
Reservoir 1	吉176_RES1_3H1. B1	3030.19	1777.00	25451
Reservoir 1	吉176_RES1_3H1. B2	3030.19	1995.00	25451
Reservoir 2	吉176_RES2_1V1. B	3036.15	2290.06	19889
Reservoir 2	吉176_RES2_3H1. B1	3036.20	1818.19	19889
Reservoir 2	吉176_RES2_3H1. B2	3036.20	1925.69	19889
Reservoir 3	吉176_RES3_1V1. B	3048.79	2646.97	26428
Reservoir 3	吉176_RES3_3H1. B1	3048.85	2487.06	26428
Reservoir 3	吉176_RES3_3H1. B2	3048.85	2791.11	26428

3.1.2 岩石力学特性分析

为了更好地分析岩石的力学特性，将声波测试结果与三轴压缩测试结果联合分析，见表 3.6。

表 3.6 上"甜点"储层岩石力学实验结果

岩心命名	岩性	取样方向	取样深度（m）	围压（psi）	纵波速度（km/s）	横波速度（km/s）	动态杨氏模量（GPa）	静态杨氏模量（GPa）	动态泊松比	静态泊松比	抗压强度（MPa）	内摩擦角（°）	内聚力（MPa）
CAPROCK	泥岩	垂直	3112.14	100	3.87	2.31	30.37	17.16	0.22	0.29	155.8	29.82	44.64
		垂直	3112.14	1600	3.95	2.35	31.49	17.39	0.23	0.23	175.18		
		垂直	3112.14	3200	4	2.38	32.49	17.75	0.23	0.26	198.04		
		水平	3112.24	1600	4.36	2.51	36.38	23.87	0.25	0.32	206.11		
RESERVOIR 1	云质砂岩	垂直	3030.14	100	4.68	2.7	45.47	24.37	0.25	0.33	175.49		
		垂直	3030.14	1600	4.77	2.75	47.44	26.21	0.25	0.29	227.67		
		水平	3030.16	1600	5.01	2.85	50.87	28.36	0.26	0.26	207.72		
BARRIER 1	泥岩	垂直	3033.91	100	4.95	2.77	50.7	29.98	0.27	0.27	232.47	36.18	59.13
		垂直	3033.91	1600	5	2.86	53.57	31.97	0.26	0.27	270.64		
		垂直	3033.91	3200	5.04	2.94	56.07	32.73	0.24	0.23	293.28		
		水平	3033.96	1600	5.13	2.9	54.67	37.09	0.27	0.33	262.14		
RESERVOIR 2	泥质粉砂岩	垂直	3036.15	100	3.9	2.25	28.1	13.84	0.25	0.18	137.14		
		垂直	3036.15	1600	4.02	2.3	29.39	14.37	0.25	0.18	161.84		
		水平	3036.17	1600	4.41	2.49	35.13	19.77	0.26	0.19	177.36		
BARRIER 2	泥岩	垂直	3041.2	100	4	2.26	29.85	15.43	0.26	0.31	152.71	29.18	44.33
		垂直	3041.2	1600	4.06	2.29	30.77	16.01	0.27	0.27	171.39		
		垂直	3041.2	3200	4.11	2.33	31.76	16.16	0.25	0.25	193.35		
		水平	3041.3	1600	4.73	2.6	41.05	24.21	0.28	0.31	233.72		
RESERVOIR 3	石灰质砂岩	垂直	3048.79	100	4.04	2.58	38.41	20.18	0.16	0.27	182.22		
		垂直	3048.79	1600	4.16	2.62	40.09	20.99	0.17	0.23	223.76		
		水平	3048.85	1600	4.48	2.72	45.28	25.24	0.21	0.29	220.43		
BARRIER 3	粉砂质泥岩	垂直	3053.17	100	3.97	2.55	36.16	19.67	0.15	0.23	198.55	39.02	47.58
		垂直	3053.17	1600	4.01	2.58	36.96	20.04	0.15	0.15	245.52		
		垂直	3053.17	3200	4.07	2.6	38.26	20.64	0.15	0.23	269.64		
		水平	3053.16	1600	4.28	2.72	42.49	26.28	0.16	0.22	222.09		

3.1.2.1 纵、横波速度关系

纵、横波速度是计算杨氏模量、泊松比等弹性参数的关键数据。实测纵、横波速度具有良好的相关关系（图 3.2），通过回归分析得到纵、横波速度的转换关系式为：

$$v_s = 1.9498 \ln v_p - 0.2938 \qquad (3.1)$$

式中 v_s、v_p——横波速度、纵波速度，km/s。

3.1.2.2 动、静态弹性参数的关系

通过总结动静态弹性参数之间的相关关系，就可将从利用测井等手段得到的动态弹性参

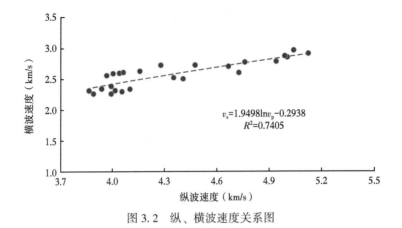

图 3.2　纵、横波速度关系图

数转化为静态值，从而避免高昂的静态实验费用，并且得到连续的静态弹性参数。对实验结果进行分析发现，动、静态杨氏模量具有良好的相关关系（图 3.3），其转换关系式为：

$$E_s = 0.2443E_d^{1.2251} \qquad\qquad (3.2)$$

式中　E_d、E_s——动、静态杨氏模量，GPa。

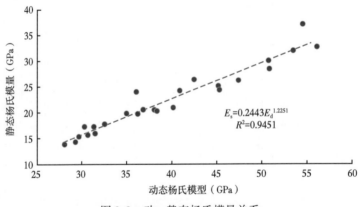

图 3.3　动、静态杨氏模量关系

　　与大多数区块和地层一样，吉木萨尔凹陷芦草沟组页岩油储层岩石动、静态泊松比相关性不明显（图 3.4）。在工程应用中可以近似认为动、静态泊松比相等。

3.1.2.3　各向异性特点

　　岩石在形成过程中就会有层理、片理等特征，导致岩石的力学性质在垂直层理方向和平行层理方向具有差异；沉积岩由于海、河水的流动都具有较强的方向性，使得不规则的岩石颗粒在沉积过程中排列与分布亦具有一定的方向性，岩石的力学性质在沉积平面上也应该具有差异。多数情况下，石油工程所涉及的沉积岩石在垂直层理方向和平行层理方向差异明显，而在沉积层理平面内各个方向的差异很小，故大都把岩石简化为正交各向异性、横观各向同性材料。由于地应力方向不确定性、岩心归位难度大、时间长、理论假设多等因素的影响，本次实验未考虑沉积平面内岩石力学性质的各向异性。

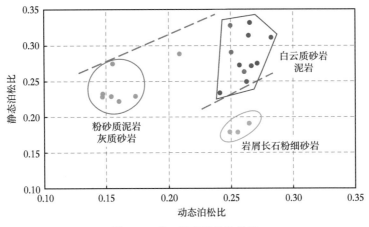

图 3.4 动、静态泊松比关系

在相同围压（1600psi）条件下，对比分析水平试样与垂直试样的杨氏模量、泊松比、抗压强度等，得到力学参数的各向异性程度（水平试样测试值与垂直试样测试值之比）。

（1）如图 3.5 所示，水平方向的静态杨氏模量记为 E_{s_H}、垂直方向静态杨氏模量记为 E_{s_V}，测试结果见表 3.7。

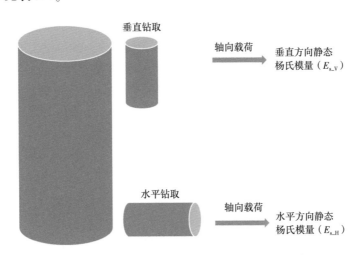

图 3.5 垂直方向、水平方向岩石静态杨氏模量示意图

表 3.7 水平方向与垂直方向的静态杨氏模量差异数据表

井号	试样命名	取样深度 （m）	围压 （psi）	E_s （GPa）	E_{s_H}／E_{s_V}
吉 174	吉 174_CAP_1V2.A	3112.14	1600	17.39	1.373
	吉 174_CAP_2H1.A	3112.24	1600	23.87*	
吉 176	吉 176_RES1_1V2.A	3030.14	1600	26.21	1.082
	吉 176_RES1_2H1.A	3030.16	1600	28.36*	

井号	试样命名	取样深度 （m）	围压 （psi）	E_s （GPa）	E_{s_H}/E_{s_V}
吉 176	吉 176_BAR1_1V2. A	3033.91	1600	31.97	1.160
	吉 176_BAR1_2H1. A	3033.96	1600	37.09*	
	吉 176_RES2_1V2. A	3036.15	1600	14.37	1.376
	吉 176_RES2_2H1. A	3036.17	1600	19.77*	
	吉 176_BAR2_2V2. A	3041.20	1600	16.01	1.513
	吉 176_BAR2_1H1. A	3041.30	1600	24.21*	
	吉 176_RES3_1V2. A	3048.79	1600	20.99	1.203
	吉 176_RES3_3H1. A	3048.85	1600	25.24*	
	吉 176_BAR3_2V3. A	3053.17	1600	20.64	1.273
	吉 176_BAR3_1H1. A	3053.16	1600	26.28*	
平均					1.283

注：* 为水平方向静态杨氏模量。

水平方向与垂直方向的静态杨氏模量存在明显的差异：水平方向静态杨氏模量（E_{s_H}）均大于垂直方向静态杨氏模量（E_{s_V}）。静态杨氏模量的各向异性程度（E_{s_H}/E_{s_V}）最小值为 1.082，最大值为 1.513，平均值为 1.283。

（2）平行于层理方向的泊松比记为 P_{R_1}，垂直于层理方向的泊松比记为 P_{R_2}，如图 3.6 所示。测试结果表明，平行于层理方向的泊松比小于垂直于层理方向的泊松比（表 3.8）。该结果表明，在相同的轴向压力条件下，平行于层理方向的应变量更小。泊松比的各向异性程度（P_{R_2}/P_{R_1}）最小值为 1.086，最大值，为 1.622，平均值为 1.269。

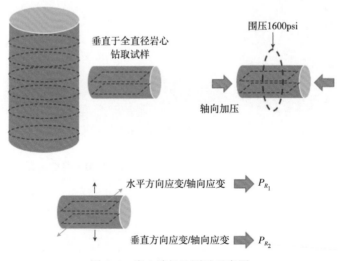

图 3.6 岩心泊松比测试示意图

表 3.8 不同方向静态泊松比的差异

井号	试样命名	取样深度 （m）	围压 （psi）	P_{R_1}	P_{R_2}	P_{R_2}/P_{R_1}
吉 174	吉 174_CAP_2H1. A	3112. 24	1600	0. 306	0. 341	1. 115
吉 176	吉 176_RES1_2H1. A	3030. 16	1600	0. 232	0. 295	1. 271
	吉 176_BAR1_2H1. A	3033. 96	1600	0. 278	0. 385	1. 385
	吉 176_RES2_2H1. A	3036. 17	1600	0. 159	0. 224	1. 407
	吉 176_BAR2_1H1. A	3041. 30	1600	0. 284	0. 338	1. 188
	吉 176_REΣ3_3H1. A	3048. 85	1600	0. 276	0. 300	1. 086
	吉 176_BAR3_1H1. A	3053. 16	1600	0. 169	0. 275	1. 622
平均				0. 244	0. 308	1. 296

（3）如表 3.9 所示，水平方向的纵波速度大于垂直方向的纵波速度。纵波时差存在明显的各向异性，水平方向纵波时差（v_{p_H}）均大于垂直方向纵波时差（v_{p_V}）。纵波时差的各向异性程度（v_{p_H}/v_{p_V}）最小值为 1. 026，最大值为 1. 166，平均值为 1. 084。

表 3.9 不同方向纵波速度的差异

井号	试样命名	取样深度 （m）	围压 （psi）	v_p （ft/s）	v_{p_H}/v_{p_V}
吉 174	吉 174_CAP_1V2. A	3112. 14	1600	12952	1. 105
	吉 174_CAP_2H1. A	3112. 24	1600	14308	
吉 176	吉 176_RES1_1V2. A	3030. 14	1600	15636	1. 050
	吉 176_RES1_2H1. A	3030. 16	1600	16423	
	176_BAR1_1V2. A	3033. 91	1600	16406	1. 026
	176_BAR1_2H1. A	3033. 96	1600	16831	
	吉 176_RES2_1V2. A	3036. 15	1600	13192	1. 098
	吉 176_RES2_2H1. A	3036. 17	1600	14478	
	176_BAR2_2V2. A	3041. 20	1600	13319	1. 166
	吉 176_BAR2_1H1. A	3041. 30	1600	15526	
	吉 176_REΣ3_1V2. A	3048. 79	1600	13664	1. 076
	吉 176_REΣ3_3H1. A	3048. 85	1600	14703	
	吉 176_BAR3_2V3. A	3053. 17	1600	13166	1. 068
	吉 176_BAR3_1H1. A	3053. 16	1600	14057	
平均					1. 084

受层理的影响，在轴向应力作用下垂直试样中层理面的孔隙、微裂隙最先压缩，然后才是岩石骨架压缩，所以产生了较大的轴向应变和较小的径向应变；而水平试样受层理面的影响小，相同轴向应力条件下轴向应变小，径向应变（主要是垂直于层理方向的径向应变）大。因此，水平试样的杨氏模量、泊松比均要大于垂直试样。

3.1.2.4 岩石破裂特征

围压对试样的破坏形态具有显著影响。单轴压缩时（围压为100psi），当轴向应力达到峰值强度后，伴随着能量的突然释放，会产生多个宏观裂缝迅速贯穿试样，试样失去继续承载能力，形成多个破裂面，破坏形态为破碎（图3.7a）。中等围压时（1600psi）以共轭剪切破坏为主，试样破坏后有两个以上的剪切破裂面，且大致形成两组相互平行的剪切面交叉贯穿将试样分为较多的块体（图3.7b）。高围压时（3200psi）以单剪切面破坏为主，破坏的试样均有一宏观主剪切面，且该剪切面基本都贯穿试样两端面（图3.7c）。

（a）围压100psi　　　　　　　　（b）围压1600psi　　　　　　　　（c）围压3200psi

图 3.7　不同围压下试样的破坏形态

总体而言，测试围压越高，试样破坏以剪切式破坏为主，产生的微裂纹数量越少；围压越低，试样破坏效果越明显，以共轭剪切破坏或破碎为主，产生更多的裂纹，脆性特征也更明显。

3.1.2.5 其他特征

（1）上"甜点"纵向上不同岩性的岩石力学性质差异不明显，没有明确的大小关系。

（2）抗拉强度为抗压强度的1/8~1/12。

（3）莫尔—库仑分析表明，吉176井上"甜点"具有较高的内聚力，推断上"甜点"可能具有较高破裂压力。内聚力最小值为44.3MPa，最大值为59.1MPa，平均为48.9MPa。

对芦草沟组上"甜点"储层岩心进行了垂直地层方向和平行地层方向的岩石力学参数测试，通过对实验数据的分析，总结了上"甜点"储层岩石力学特性规律。因受岩心数量所限，某些规律并未明确，有待进一步研究。

3.1.2.6 渗透率应力敏感实验结果及认识

对吉176井上"甜点"内物性相对较好的3个储层岩样开展了应力敏感测试，其中一个岩样测试失败，测试结果见表3.10。

表 3.10　渗透性测试结果数据表

试样命名	取样深度（m）	孔隙度（%）	不同围压下的渗透率（10^{-3}mD）					卸载后渗透率（围压1600psi）（10^{-3}mD）	渗透率损失（%）
			1000psi	1600psi	3000psi	4000psi	5000psi		
吉176_RES1_2H1.C	3030.16	9.71	0.08	—	—	—	—	—	—
吉176_RES2_2H1.C	3036.17	8.16	409	347	258	213	185	223	36
吉176_RES3_2H1.C	3048.81	3.95	30.0	21	13	10	8	11	46

岩样渗透率随有效应力的变化如图 3.8 与图 3.9 所示。测试结果表明，储层存在较强的应力敏感性。随着有效应力的增加，岩样渗透率下降；有效应力增加到最大时，渗透率降低到最小；应力卸载后，岩样渗透率不能恢复到初始状态，两块岩样渗透率损失分别为36%、46%。

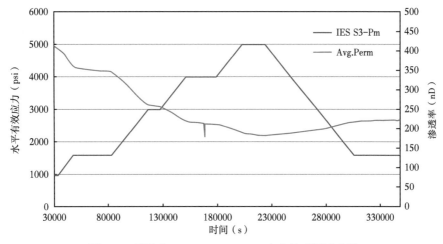

图 3.8　岩样吉 176_RES2_2H1.C 应力敏感测试曲线

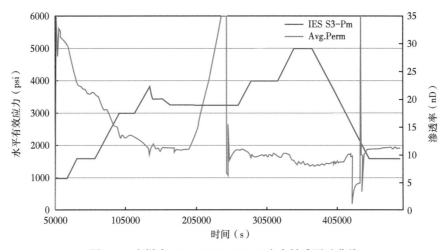

图 3.9　岩样吉 176_RES3_2H1.C 应力敏感测试曲线

针对低渗透页岩储层的应力敏感问题，国内外学者开展了大量研究，多数研究结果表明，页岩储层存在较强的应力敏感性，渗透率随着压力的亏损呈指数降低（图 3.10）。主要原因在于页岩储层均不同程度发育微裂缝，一旦有效应力增加，这些微裂缝就会优先闭合，从而造成渗透率大幅度降低；一旦裂缝闭合，继续增加有效应力，该阶段则主要是压缩喉道，所以此后的渗透率损失比值幅度就较小。

根据实验结果，拟合出页岩油储层渗透率 K 随地层孔隙压力下降的关系式：

$$K = K_0 e^{-0.46\Delta p_p} \tag{3.3}$$

式中　K_0——原始渗透率，取值 0.3mD；

　　　Δp_p——孔隙压力降低值，MPa。

致密页岩储层渗透率随地层孔隙压力下降的变化规律如图 3.10 所示。低渗透页岩油藏开发过程中，为了提高油藏单井产能，一般都降低井底流压，这样会使油井附近的压降漏斗不断扩大，使得应力敏感伤害不断增加。因此，对于低渗透页岩油，必须使井底流压控制在合理范围内，尽可能使油藏压力保持较高水平，从而保持油井产能。

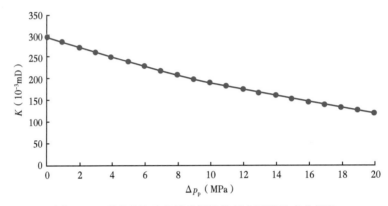

图 3.10　页岩油渗透率随地层孔隙压力下降的变化规律

3.1.2.7　岩石脆性评价

"体积压裂"技术是页岩油储层开发有效技术手段，其增产效果与储层岩石脆性密切相关。脆性较好储层在压裂过程中随主裂缝不断扩张产生剪切滑移，在主裂缝的侧向形成次生裂缝，更容易形成裂缝网络系统，因此对储层脆性研究至关重要。

"脆性"一般指物体受拉力或冲击时，容易破碎的性质。表征物体力学特性的脆性既是一种变形特性又是一种材料特性。从变形方面来看，脆性表示没有明显变形就发生破裂；从材料特性方面来看，脆性是构件破裂，材料失去连续性。岩石脆性是指岩石受力后，变形很小时就发生破裂的性质。

岩石脆性是用来表征岩石力学特性的。统计发现，现有的脆性衡量方法有 20 多种，Honda 和 Sanada（1956）提出以硬度和坚固性差异表征脆性；Hucka 和 Das（1974）建议采用试样抗压强度和抗拉强度的差异表示脆性；Bishop（1967）则认为应从标准试样的应变破坏试验入手，分析应力释放的速度进而表征脆性。这些方法大多针对具体问题提出，适用于不同学科，无统一的说法，尚未建立标准测试方法，同时无法进行连续的计算。

弹性参数法（Grieser 和 Bray，2007）是目前比较常用的计算连续的岩石脆性的方法，该方法认为杨氏模量越高，泊松比越低的岩石脆性更强。具体计算方法如下：

$$YM_{BRIT} = \frac{YM_C - YM_{min}}{YM_{max} - YM_{min}} \times 100\% \tag{3.4}$$

$$PR_{BRIT} = \frac{PR_C - PR_{max}}{PR_{min} - PR_{max}} \times 100\% \tag{3.5}$$

$$BRIT_{avg} = \frac{YM_{BRIT} + PR_{BRIT}}{2}$$

式中　YM_C，PR_C——计算的杨氏模量和泊松比；

　　　YM_{max}，YM_{min}——杨氏模量最大、最小值；

　　　PR_{max}，PR_{min}——泊松比最大、最小值；

　　　YM_{BRIT}，PR_{BRIT}——归一化杨氏模量和归一化泊松比；

　　　$BRIT_{avg}$——岩石脆性指数。

根据岩石的破裂特点，不加载围压或较低围压（100psi）条件下进行岩石压缩试验时，试样对非固有裂缝极为敏感，从而产生很大的随机性，且在不加载围压情况下，绝大多数岩石表现出良好的脆性。因此，不加载围压或较低围压条件岩石脆性分类效果差。

较高围压（3200psi）条件下，岩石加载过程的力学特征曲线不能真实反映岩心开始破裂及固有裂缝发育情况，绝大多数岩石表现出的脆性较差。因此不能在加载较高围压情况下进行岩石的脆性分类。

加载围压为1600psi情况下，不但消除了岩石中非固有裂隙的影响，最大限度地反映了试样固有的裂缝发育程度，而且应力—应变与岩石破裂形态特征一致性较好，可以进行岩石脆性分类。

观察围压为1600psi的岩石破裂形态，并计算出与之对应的脆性指数进行统计分析，结果见表3.11。

表3.11　岩石破裂形态与对应的脆性指数

井号	岩性	样品名称	深度（m）	$BRIT_{avg}$（%）	脆性评价
吉176	白云质砂岩	J176_RES1_1V2. A	3030.14	50.4	好
		J176_RES1_2H1. A	3030.16		好
	页岩	J176_BAR1_1V2. A	3033.91	50.8	好
		J176_BAR1_2H1. A	3033.96		好
	泥质粉砂岩	J176_RES2_1V2. A	3036.15	35.0	差
		J176_RES2_2H1. A	3036.17		差
吉176	页岩	J176_BAR2_2V2. A	3041.20	44.5	中
		J176_BAR2_1H1. A	3041.30		好
	灰质砂岩	J176_REΣ3_1V2. A	3048.79	49.5	好
		J176_REΣ3_3H1. A	3048.85		好
	粉细页岩	J176_BAR3_2V3. A	3053.17	45.9	好
		J176_BAR3_1H1. A	3053.16		好
吉174	页岩	J174_CAP_1V2. A	3112.14	51.2	好
		J174_CAP_2H1. A	3112.24		好

根据表3.11的统计结果，利用脆性指数确定了芦草沟组岩石脆性划分标准：

BRIT≤35%　脆性差

35%<*BRIT*<45%　　脆性中等

45%<*BRIT*　　脆性好

3.1.3　岩石力学参数剖面

地层岩石力学参数包括岩石泊松比、杨氏模量、抗压强度、内聚力等。这些参数可以通过两种方法确定：一种是用岩心在实验室内模拟岩石所处的环境（温度、围压、孔隙压力）进行实测；另一种方法是利用测井曲线进行反演。地层岩石力学参数的直接测量方法直观，理论简单，但大量耗费人力、物力，而且现场取心代价高昂，无法得到整个井身剖面内连续的岩石力学参数，应用受到限制。测井曲线反演岩石力学参数则具有明显的优点，如不需要取心，资料充足，可取得整个井身剖面内连续的岩石力学参数，测试周期短，能节省大量的人力物力。

根据实验结果，建立了岩石力学参数的测井评价模型，对吉176井、吉174井和吉172井芦草沟组岩石力学参数及脆性指数进行计算，结果如图3.11—图3.13所示。

3.1.3.1　吉176井岩石力学参数

从图3.11可以看出，吉176井上"甜点"（3026～3050m）内岩石抗压强度为139.5～219.2MPa，平均值为178.9MPa；静态杨氏模量为5.1～33.7GPa，平均值为20.3GPa；泊松比为0.18～0.28，平均值为0.24；脆性指数为12%～81%，平均值为56.7%。

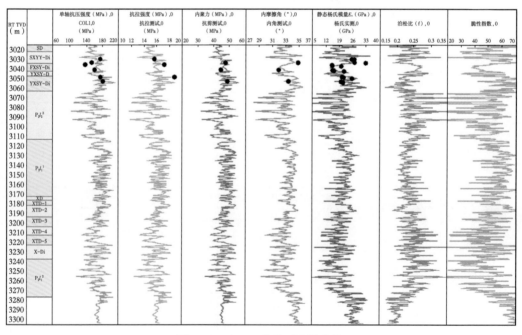

图3.11　吉176井岩石力学参数

吉176井下"甜点"（3168～3194m）内岩石抗压强度为160.7～215.4MPa，平均值为179.9MPa；静态杨氏模量为8.2～28.8GPa，平均值为21.2GPa；泊松比为0.19～0.31，平均值为0.267；脆性指数为20%～72%，平均值为54.4%。

3.1.3.2 吉174井岩石力学参数

从图3.12可以看出，吉174井上"甜点"（3116~3155m）内岩石抗压强度为136.1~219.7MPa，平均值为172.2MPa；静态杨氏模量为5.0~32.5GPa，平均值为21.4GPa；泊松比为0.17~0.3，平均值为0.23；脆性指数为21%~82%，平均值为55.8%。

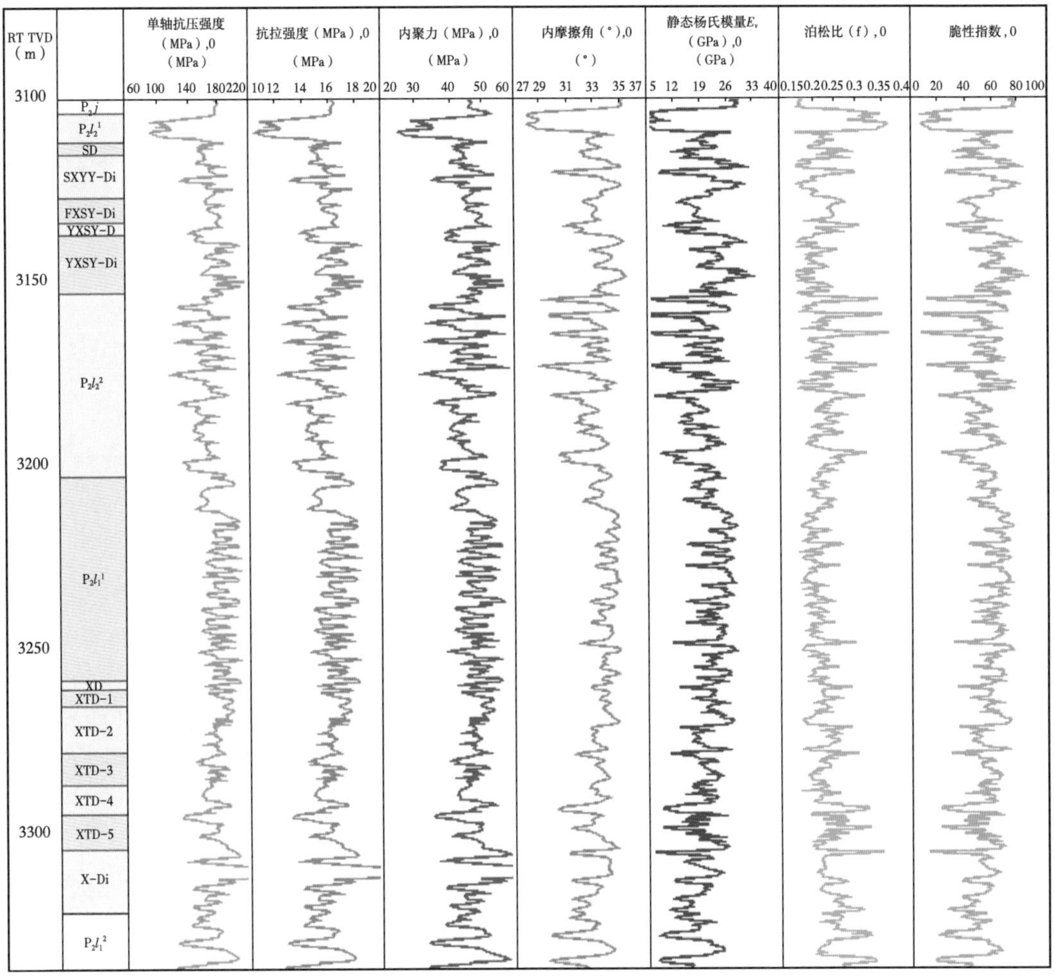

图3.12 吉174井岩石力学参数

吉174井下"甜点"（3260~3290m）内岩石抗压强度为161.3~210.6MPa，平均值为182.3MPa；静态杨氏模量为8.7~26.5GPa，平均值为21.9GPa；泊松比为0.17~0.3，平均值为0.238；脆性指数为30%~70%，平均值为54.8%。

3.1.3.3 吉172井岩石力学参数

从图3.13可以看出，吉172井芦草沟组（2904~3000m）内岩石抗压强度为100~220MPa，平均值为167.4MPa；静态杨氏模量为3.4~35.6GPa，平均值为18.8GPa；泊松比为0.17~0.37，平均值为0.252；脆性指数为5%~86%，平均值为49.2%。

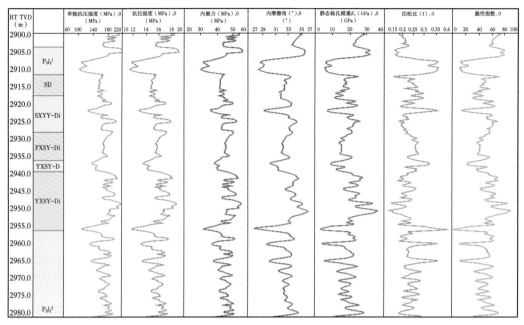

图 3.13　吉 172 井芦草沟组岩石力学参数

3.2　地层孔隙压力评价与认识

3.2.1　孔隙压力计算方法

由于孔隙压力在油气田勘探开发中的重要性，20 世纪 60 年代初国外就已开始探索预测方法，至今已提出了许多预测方法，有钻前的地质分析法、地震资料法、钻井过程中的钻井参数法，以及钻后的测井检测法等，其中以测井检测法最为准确。地层孔隙压力预、检测方法都是以以下三个理论作为基础。

（1）压实理论：在沉积岩中，正常沉积条件下，随着上覆岩层压力的增加，泥岩的孔隙度必然减小，孔隙度的减小量与上覆岩层压力的增量及孔隙尺寸有关，即正常压实地层中泥岩孔隙度是深度的函数。在正常压实地层中，随着井深的增加，岩石孔隙度减小。如果随着井深增加，岩石孔隙度增大，则说明该层段地层压力异常。压实理论是支持声波时差法的理论基础之一。

（2）有效应力理论：上覆岩层压力 σ_v 是由岩石颗粒之间相互接触的骨架应力 σ_s 和孔隙压力 p_p 来支撑的，三者之间的关系为：

$$\sigma_v = \sigma_s + \alpha p_p \tag{3.6}$$

式中　α——有效应力系数。

当岩石正常压实时，σ_s 和 p_p 为正常值；当岩石压实受到阻碍（欠压实）时，则孔隙度增大，骨架应力减小，孔隙压力增大。有效应力理论是支持 d_c 指数、声波时差、电阻率测井、补偿密度测井等地层孔隙压力测井计算方法的理论基础。

（3）均衡理论：在压实与排泄过程平衡时，泥页岩地层与相邻的砂岩地层间的孔隙压力近似相等。之所以使用均衡理论，是因为地层孔隙压力的计算是从泥页岩的压实分析出发的，计算中首先得到的是泥岩地层的孔隙压力，而砂岩地层由于其孔隙度更多地受岩石骨架颗粒和沉积环境的影响，不能很好地反映地层的压实状况，但其孔隙连通性较好，不会出现压力突变，使其相邻的砂泥岩层间的地层具有近似相等的孔隙压力。在同一套砂岩层中不同深度点的孔隙压力差别就只是静液柱压力的大小，故其孔隙压力值也就为上覆泥岩层孔隙压力与由深度差引起的静水柱压力之和。

采用基于压实理论的声波时差测井计算地层孔隙压力的方法。声波测井相对于密度测井、电阻率测井而言，受井眼、地层条件等因素影响较小，而且资料齐全容易收集，选用声波时差资料计算地层孔隙压力具有代表性、普遍性和可比性。声波测井测量的是弹性波在地层中的传播时间，主要反映岩性、压实程度和孔隙度。除了含气层的声波时差显示高值或出现周波跳跃外，它受井径、温度及地层水矿化度变化的影响比其他测井方法小，所以用它评价和计算地层孔隙压力具有较强的适用性。

对岩性已知、地层水性质变化不大的地层剖面，声波时差与孔隙度之间成正比关系。在正常压实的地层中可导出相似公式：

$$\Delta t = \Delta t_0 e^{CH} \tag{3.7}$$

将式（3.7）变换可得：

$$\ln \Delta t = AH + B \tag{3.8}$$

式中　Δt——深度为 H 处的地层声波时差，$\mu s/ft$；

　　　Δt_0——深度为 H_0 处的地层声波时差，$\mu s/ft$；

　　　A，B，C——系数，其中 $A<0$，$C<0$。

式（3.8）即为压实地层声波时差正常趋势线公式，可以直观地看出：$\ln \Delta t$ 与 H 呈线性关系，斜率是 A（$A<0$）。在半对数曲线上，正常压实地层的 Δt 对数值随深度呈线性减少。如出现异常高压，Δt 散点会明显偏离正常趋势线。

声波时差法评价地层孔隙压力精度取决于所收集的原始声波资料的质量。声波时差的读值首先要选取较纯的泥页岩层段，既不要选取缩径段的泥页岩声波时差数据，也不要选取井径过大处的泥页岩声波时差值。因为在缩径井段，声波时差值偏高，井径过大段处，声波时差值失真。在确定声波时差正常趋势线过程中，可以根据井径测井资料及伽马测井资料对泥页岩井段的声波时差数据进行遴选。

有了声波时差正常趋势方程，就可以求出地层孔隙压力。孔隙压力计算方法可以分为 Eaton 法和比率法。

（1）Eaton 法。

Eaton 法是国内外油田公司普遍采用的地层孔隙压力计算方法，它具有计算精度高、使用范围广等特点，具体公式为：

$$p_p = \sigma_v - (\sigma_v - p_w) \left(\frac{\Delta t_n}{\Delta t_0} \right)^3 \tag{3.9}$$

式中　p_p——预测的孔隙压力，MPa；

　　　σ_v——上覆岩层压力，MPa；

p_w——正常的静水压力，MPa；

Δt_n——正常泥岩中的声波时差，μs/ft；

Δt_0——实测泥岩地层中的声波时差，μs/ft。

（2）比率法。

比率法计算孔隙压力公式为：

$$p_p = p_w = \frac{\Delta t_0}{\Delta t_n} \tag{3.10}$$

3.2.2　孔隙压力分布特点

利用测井数据，对吉172井、吉174井和吉176井三口井孔隙压力进行计算，结果如图3.14至图3.16所示。可以看出，T_2k及以上地层为正常压力，自T_1s中部地层压力略微

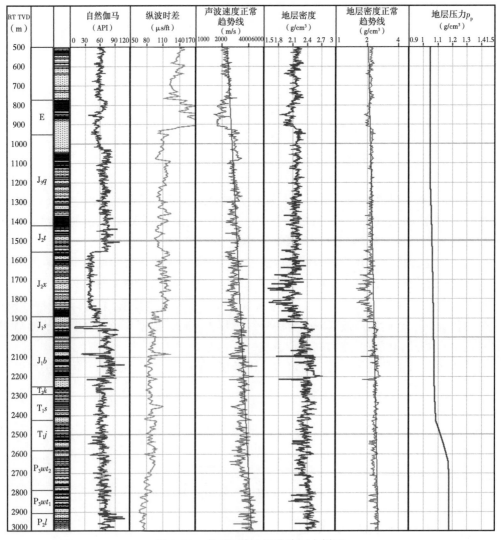

图3.14　吉172井地层孔隙压力剖面

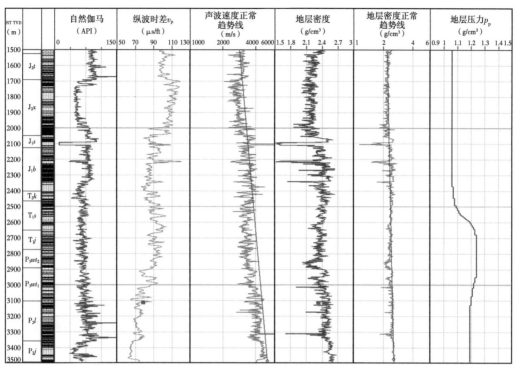

图 3.15 吉 174 井地层孔隙压力剖面

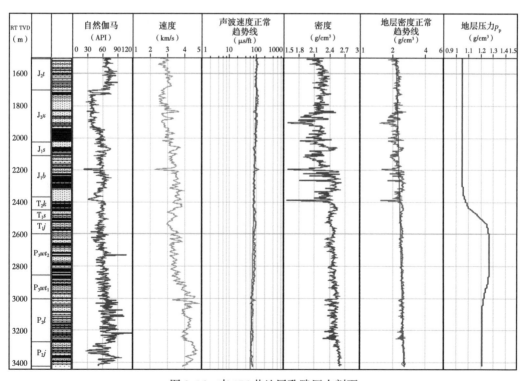

图 3.16 吉 176 井地层孔隙压力剖面

增加；芦草沟组地层压力为1.18~1.23，略微存在异常；单口井之间地层压力存在一定差异。计算结果与钻井、试油实际情况吻合良好。

得到各单井孔隙压力剖面之后，利用Surfer 8.0软件按步骤绘制了孔隙压力分层平面分布图。

（1）提取孔隙压力数据和地质分层数据：单井孔隙压力数据整理为格式统一、文件命名一致的数据表文件；找到各对应已算单井的地质分层数据，整理不整合的层位，逐一校核各已算井重点层位的顶界深度和底界深度。

（2）求取孔隙压力数据分层平均值：编制程序逐一读取单井孔隙压力和地质分层数据表文件，分别截取重点层位的孔隙压力数据；将每个层位按深度分为五个层段，按0.1、0.2、0.4、0.2、0.1的权值分别取孔隙压力散点数据，计算整个层位的孔隙压力加权平均值，作为该井在本层的孔隙压力值。这样取加权平均值，减小了层段顶底界对本层孔隙压力平均值的影响，能用一个点值代表本层的孔隙压力平均值并更多地反映层位中部的孔隙压力大小。

（3）孔隙压力合理性校核：由于原始测井数据存在失真情况，或者计算模型存在偏差，由单井孔隙压力剖面获取的压力数据有少量不合理点，需参照邻井孔隙压力计算值、钻井液密度、试油资料等对筛选出的压力数据进行复查，去掉少数明显假异常高值点和假异常低值点，无法判定则保留原始数据。

（4）整理标准文本格式数据文件：找到各井的井位坐标（横坐标X，纵坐标Y），分别建立重点层位的孔隙压力标准格式DAT文本文件，数据格式为（横坐标X，纵坐标Y，层内平均孔隙压力$\bar{p}_p$）。利用Surfer 8.0软件的"网格"功能模块，采用克里格网格化方法，将孔隙压力数值文件插值处理为GRD格式数据文件。

（5）绘制孔隙压力等值线图：利用Surfer 8.0软件的"等值线图"功能模块生成三个层位的孔隙压力等值线图，调整填充色色标、曲线疏密程度、曲线标注格式。

（6）插入井位坐标和井位代号：找出重点单井的井位坐标和井名，设置为（横坐标X，纵坐标Y，井名）格式的文本文件，利用Surfer 8.0软件的"张贴图"功能模块绘制井位分布图，调整井名标注格式，叠加到等值线图中。对叠加的两个图层统一设置边界坐标范围和图形大小。

（7）生成地层压力平面分布图：将"等值线图"和"张贴图"（井位图）及相关标注叠加组合后导出图片，分别得到研究区重点层位的地层孔隙压力分布图。

利用吉木萨尔凹陷15口井的孔隙压力测井检测结果绘制了西山窑组、八道湾组、韭菜园子组和梧桐沟组四个层位的孔隙压力等值线图（图3.17）。

整体上，西山窑组孔隙压力系数范围为1.02~1.26，八道湾组压力系数范围为1.02~1.09，均为正常压力地层。韭菜园子组与梧桐沟组压力系数范围为1.03~1.31，均值不超过1.20，为正常压力，局部比上部西山窑组和八道湾组孔隙压力略高。

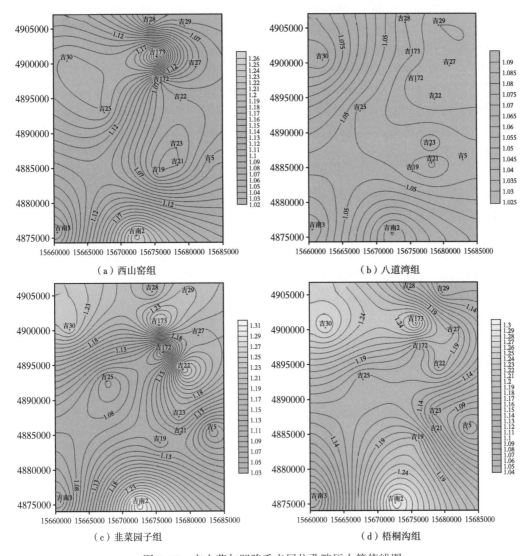

（a）西山窑组 （b）八道湾组

（c）韭菜园子组 （d）梧桐沟组

图 3.17 吉木萨尔凹陷重点层位孔隙压力等值线图

3.3 地应力与破裂压力

3.3.1 计算模型

垂向应力 σ_v 可通过对密度测井曲线的积分来求取，相对容易获取。最大水平主应力 σ_H、最小水平地应力 σ_h 的计算相对困难。水平方向地应力主要来自于两方面，一是由上覆岩层压力产生的应力，二是由构造挤压作用产生的应力。由上覆岩层压力产生的应力可根据弹性力学理论推导获得，理论依据充分，计算简单；构造挤压作用在水平方向产生的应力，因挤压力的大小无法预知，只能先建立经验关系然后进行反算。

水平方向主应力的计算，国内外学者提出了许多模型，但没有一个模型能适用于所有地层和区块。主要计算模型有：Mattens & Kelly 模型、Terzaghi 模型、Anderson 模型、New-berry 模型、黄荣樽六五模式、七五模式、葛洪魁经验公式等。目前国内外学者发表了多个水平方向地应力的计算模型，这些模型大多认为水平方向地应力由上覆岩层压力和构造应力共同产生，对其他因素则较少考虑或忽略不计。模型中由上覆岩层压力产生的应力，以有效应力理论为基础，根据弹性力学推导获得，理论依据充分；但是由构造作用产生的应力，均未查阅到各模型的理论推导过程。前人研究表明，没有一个模型能适用于所有地层和区块，均需要结合各区块或地层的实际情况来构建地应力模型。

对比分析现有的计算模型之后，确定了研究工区水平方向主应力计算模型的思路与原则：

（1）建立的模型要具有一定的理论依据；

（2）模型的意义明确，易于理解；

（3）模型中参数不宜过多，避免误差累积效应；

（4）计算结果与芦草沟组页岩油储层表现出来的地质力学特点吻合。

芦草沟组页岩油储层水平方向地应力计算模型构建过程如下。

（1）构建由上覆岩层压力在水平方向产生的应力。

有效应力计算公式为：

$$\sigma' = \sigma - \alpha p_{\mathrm{p}} \tag{3.11}$$

根据式（3.11），地层中某点的三个正交方向的有效应力为：

$$\begin{cases} \sigma'_{\mathrm{H}} = \sigma_{\mathrm{H}} - \alpha p_{\mathrm{p}} \\ \sigma'_{\mathrm{h}} = \sigma_{\mathrm{h}} - \alpha p_{\mathrm{p}} \\ \sigma'_{\mathrm{v}} = \sigma_{\mathrm{v}} - \alpha p_{\mathrm{p}} \end{cases} \tag{3.12}$$

岩石在弹性变形过程中，有效应力（σ'）与应变（ε）满足 Hooke 定律：

$$\sigma' = E\varepsilon \tag{3.13}$$

式（3.13）的三维形式为：

$$\begin{cases} \varepsilon_{\mathrm{H}} = [\sigma'_{\mathrm{H}} - \upsilon(\sigma'_{\mathrm{h}} + \sigma'_{\mathrm{z}})]/E \\ \varepsilon_{\mathrm{h}} = [\sigma'_{\mathrm{h}} - \upsilon(\sigma'_{\mathrm{H}} + \sigma'_{\mathrm{z}})]/E \\ \varepsilon_{\mathrm{v}} = [\sigma'_{\mathrm{v}} - \upsilon(\sigma'_{\mathrm{H}} + \sigma'_{\mathrm{h}})]/E \end{cases} \tag{3.14}$$

式中　υ——泊松比。

地层在沉积过程中，由于盆地边缘的限制，只在垂向上产生应变，水平方向应变为 0，即：

$$\begin{cases} \varepsilon_{\mathrm{H}} = 0 \\ \varepsilon_{\mathrm{h}} = 0 \end{cases} \tag{3.15}$$

联立式（3.12）~式（3.14）三式可解得：

$$\sigma_{\mathrm{H}} = \sigma_{\mathrm{h}} = \frac{\upsilon}{1-\upsilon}(\sigma_{\mathrm{v}} - \alpha p_{\mathrm{p}}) + \alpha p_{\mathrm{p}} \tag{3.16}$$

式（3.16）即为上覆岩层压力在水平方向产生的应力。

（2）构建构造作用产生的应力。

参考黄荣樽六五模式，假定水平方向的构造应力与上覆岩层的有效应力成正比，即：

$$\begin{cases} \sigma_H^\varepsilon = \xi_H \ (\sigma_v - \alpha p_p) \\ \sigma_h^\varepsilon = \xi_h \ (\sigma_v - \alpha p_p) \end{cases} \tag{3.17}$$

式中　ξ_H、ξ_h——最大、最小水平主应力方向的构造应力系数。

（3）构建水平方向的总应力。

由式（3.14）、式（3.15）可得水平方向的总应力为：

$$\begin{cases} \sigma_h = \left(\dfrac{v}{1-v} + \xi_h \right) (\sigma_v - \alpha p_p) + \alpha p_p \\[3mm] \sigma_H = \left(\dfrac{v}{1-v} + \xi_H \right) (\sigma_v - \alpha p_p) + \alpha p_p \end{cases} \tag{3.18}$$

式（3.18）中的垂向应力、孔隙压力、泊松比相对容易求取，其中构造应力系数由反算获取。

井眼形成后井内受力情况如图3.18所示，井周某点的切向应力为 σ_θ。

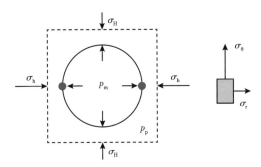

图 3.18　钻井井眼形成后的受力情况

根据弹性力学理论，井眼形成后，井周某点的切向有效应力为：

$$\sigma_\theta = \frac{\sigma_H + \sigma_h}{2}\left(1 + \frac{r_w^2}{r^2}\right) - \frac{\sigma_H - \sigma_h}{2}\left(1 + \frac{r_w^4}{r^4}\right)\cos 2\theta - \frac{r_w^2}{r^2}p_m - \alpha p_p \tag{3.19}$$

式中　r_w——井眼半径，m；

　　　r——井周某点与井轴的距离，m；

　　　θ——井周某点至井眼轴线的连线与最大水平主应力之间的夹角，(°)。

根据式（3.19），在井壁表面（$r = r_w$）的切向有效应力为：

$$\sigma_\theta = \sigma_H + \sigma_h - 2(\sigma_H - \sigma_h)\cos 2\theta - p_m - \alpha p_p \tag{3.20}$$

根据式（3.20），当 $\theta = 0/180°$（即最大水平主应力方向）时，切向有效应力最小：

$$\sigma_{\theta min} = 3\sigma_h - \sigma_H - p_m - \alpha p_p \tag{3.21}$$

井壁要破裂，必须克服岩石的抗拉强度 σ_f：

$$\sigma_{\theta min} = -\sigma_f \qquad (3.22)$$

联立式（3.21）、式（3.22）两式，可得破裂压力计算公式：

$$p_m = 3\sigma_h - \sigma_h - \alpha p_p + \sigma_f \qquad (3.23)$$

3.3.2 计算结果分析

根据上述计算模型，对吉 176 井、吉 174 井地应力及破裂压力进行了计算，结果如图 3.19—图 3.22 所示。

3.3.2.1 吉 176 井上、下"甜点"计算结果

从图 3.19 可以看出，上"甜点"最小水平主应力为 55.1~57.8MPa，最大水平主应力为 73~82MPa，破裂压力为 73~87MPa，水平方向应力差为 18.2~19.4MPa。

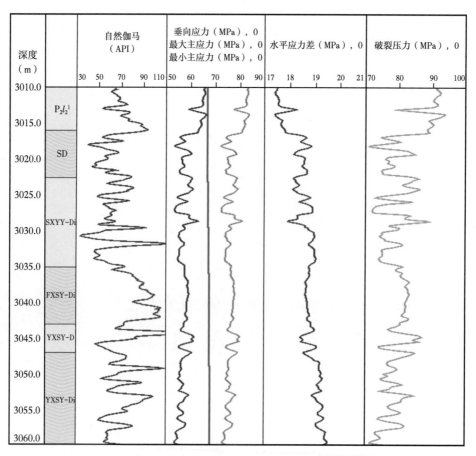

图 3.19 吉 176 井上"甜点"地应力剖面

从图 3.20 可以看出，下"甜点"最小水平主应力为 57~64.2MPa，最大水平主应力为 77.8~81.9MPa，破裂压力为 76~90MPa，水平方向应力差为 19.3~20.2MPa。

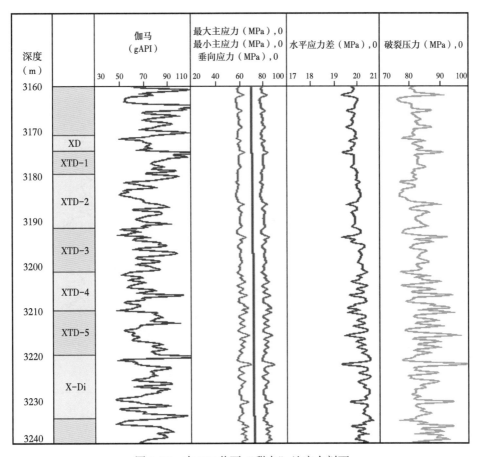

图 3.20 吉 176 井下"甜点"地应力剖面

3.3.2.2 吉 174 井上、下"甜点"计算结果

从图 3.21 可以看出，上"甜点"最小水平主应力为 55.1~65.7MPa，最大水平主应力为 75~82MPa，破裂压力为 71~85MPa，水平方向应力差为 19.5~20.5MPa。

从图 3.22 可以看出，下"甜点"最小水平主应力为 55.1~65.7MPa，最大水平主应力为 76~86MPa，破裂压力为 72~91MPa，水平方向应力差为 20.9~21.2MPa。

3.3.3 地应力计算验证

3.3.3.1 工区天然地震情况

据中国地震台网中心监测，自 1980 年至 2012 年 6 月吉木萨尔附近共发生 19 次 3.0 级以上的地震（图 3.23）。距研究工区最近的三次地震，分别为 2012 年 5 月 13 日的 4.2 级、2009 年 12 月 10 日的 3.7 级和 2008 年 9 月 3 日的 3.1 级（图 3.24），地震活动频繁间接证明了研究工区处于较强的走滑挤压应力机制。

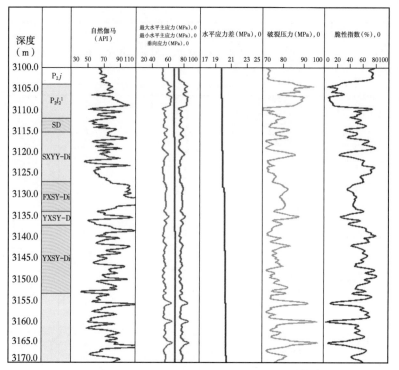

图 3.21　吉 174 井上"甜点"地应力剖面

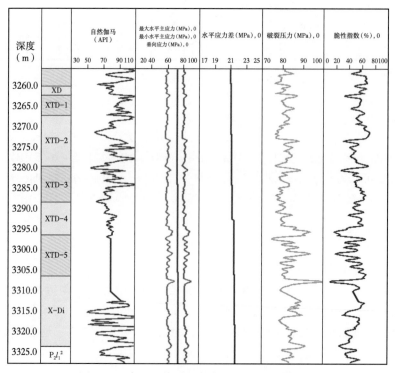

图 3.22　吉 174 井下"甜点"地应力计算结果

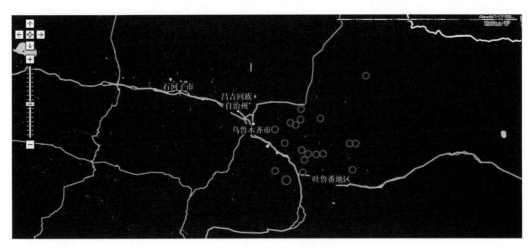

图 3.23　吉木萨尔地区附近地震监测图

查询结果:					显示在地图上
首 页					共搜索到19条符合条件的地震信息，共1页，正显示第1页
发震时刻	震级(M)	纬度(°)	经度(°)	深度(千米)	参考位置
2012-05-13 07:05:23	4.2	43.8	88.5	8	新疆维吾尔自治区乌鲁木齐市、昌吉回族自治州阜康市、吉木萨尔县交界
2011-11-27 11:45:32	3.2	43.4	88.9	9	新疆维吾尔自治区吐鲁番地区吐鲁番市、乌鲁木齐市交界
2011-06-08 09:53:27	5.3	43.0	88.3	5	新疆维吾尔自治区吐鲁番地区托克逊县
2009-12-10 07:48:25	3.7	43.9	88.6	4	新疆维吾尔自治区昌吉回族自治州阜康市、吉木萨尔县交界
2009-08-16 09:23:08	3.0	43.1	88.6	8	新疆维吾尔自治区吐鲁番地区吐鲁番市、托克逊县交界
2009-06-21 08:01:13	3.0	43.8	88.4	16	新疆维吾尔自治区昌吉回族自治州阜康市、乌鲁木齐市交界
2009-05-04 10:14:03	3.2	43.7	88.1	15	新疆维吾尔自治区乌鲁木齐市
2008-09-03 17:04:32	3.1	43.9	89.0	1	新疆维吾尔自治区昌吉回族自治州吉木萨尔县
2004-12-09 01:35:23	3.6	44.5	89.9	12	中国新疆维吾尔自治区北部
2004-10-26 14:39:52	4.7	43.5	89.6	6	中国新疆维吾尔自治区北部
2002-10-02 09:50:54	3.9	43.4	88.8	28	中国新疆维吾尔自治区北部
2002-01-13 05:27:16	4.0	43.4	89.0	30	中国新疆维吾尔自治区北部
1997-12-10 21:08:17	4.1	43.5	89.7	12	中国新疆维吾尔自治区北部
1995-12-31 12:42:04	3.9	43.3	88.7	21	中国新疆维吾尔自治区北部
1992-06-08 09:20:55	4.3	43.5	88.3	30	中国新疆维吾尔自治区北部
1991-09-17 18:53:22	4.4	43.1	88.1	24	中国新疆维吾尔自治区北部
1990-07-06 17:22:50	4.4	43.2	89.7	9	中国新疆维吾尔自治区北部
1987-10-06 13:06:20	4.4	43.4	88.6	32	中国新疆维吾尔自治区北部
1983-06-01 11:17:38	4.7	44.0	88.6	21	中国新疆维吾尔自治区北部

图 3.24　吉木萨尔附件地震信息表

3.3.3.2　构造位置

构造上吉木萨尔区块位于天山山脉博格达峰东段北麓，准噶尔盆地东南缘，距天山最高峰博格达峰 80km，距最近的雪峰只有 60km，紧邻山前构造带。一般山前构造带地应力强烈，其紧邻地带地应力也较强。

3.3.3.3　裂缝监测情况

若芦草沟组水平应力差在 5MPa 左右，分级压裂时将形成网状缝；而吉 174 井微地震监测为长条状的压裂缝（图 3.25），说明可能存在较大的水平应力差。

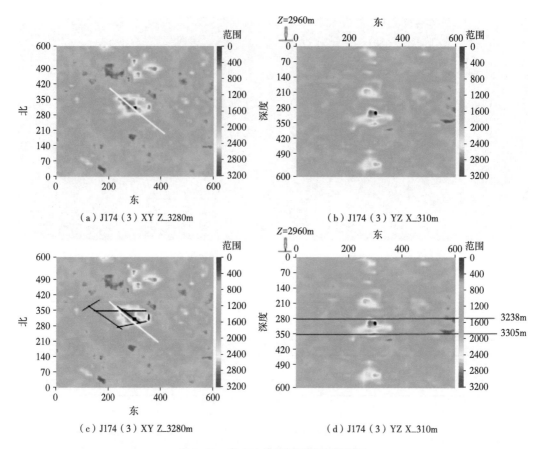

（a）J174（3）XY Z_3280m　　　　　　（b）J174（3）YZ X_310m

（c）J174（3）XY Z_3280m　　　　　　（d）J174（3）YZ X_310m

图 3.25　吉 174 井压裂裂缝检测情况

3.3.3.4　水平方向应力差异大小分析

吉 176 井芦草沟组水平方向主应力之比（σ_H/σ_h）为 1.31~1.35（图 3.26），水平方向应力差异属于中等程度。3000~3200m 深度范围内，垂向应力与最小主应力之差为 10~

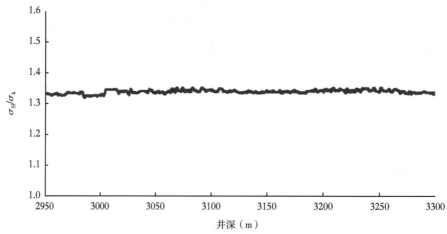

图 3.26　吉 176 井芦草沟组水平方向主应力之比

12MPa；而最大主应力大于垂向应力，水平应力差 18~20.5MPa，结果应该是合理的。

3.3.3.5 差应变实验

新疆油田对吉 176 井芦草沟组 3029.72~3174.97m 范围内 4 个深度点 8 块岩样（每个深度点取样 2 个）开展了差应变实验，结果见表 3.12。差应变实验结果表明，现今地应力状态为：水平最小主应力<垂向应力<水平最大主应力，水平方向应力差为 25.8~52.4 MPa，平均为 37MPa。

表 3.12　差应变实验结果（据新疆油田公司实验检测研究院，2014.3）

地区	昌吉油田页岩油			井号：吉 176					
序号	样品编号	层位	深度 （m）	垂向应力 （MPa）	水平最大 主应力 （MPa）	水平最小 主应力 （MPa）	水平最小主应力梯度 （MPa/100m）		
							测量值	平均值	
1	2013-13431-7a	p₂l₂	3029.72	69.68	85.27	49.8	1.64	1.69	
2	2013-13431-7b				95.15	52.84	1.74		
3	2013-13460-6a		3035.45	69.82	79.77	53.93	1.78	1.77	
4	2013-13460-6b				87.37	53.19	1.75		
5	2013-13511-7a		3072.64	70.67	77.34	49.7	1.62	1.5	
6	2013-13511-7b				89.15	41.96	1.37		
7	2013-13520-7a		3174.97	73.02	79.1	47.88	1.51	1.58	
8	2013-13520-7b				104.73	52.31	1.65		

3.4　井壁力学稳定规律评价

3.4.1　直井井壁稳定规律

选取吉 31 井区和吉 37 井区的吉 303 井、吉 311 井和吉 37 井为代表井，利用综合测井资料并结合实钻情况，开展了井壁稳定性进分析，并与实钻情况进行对比（图 3.27—图 3.29）。

坍塌压力、破裂压力预测值与实测值吻合良好（表 3.13 和表 3.14）。

表 3.13　地层破裂压力当量密度实测值与预测值对比

井号	地层	井深 （m）	当量密度实测值 （g/cm³）	当量密度预测值 （g/cm³）
吉 37	P₂l	2830~2849	2.07	1.98~2.07
吉 303	P₂l	2580~2604	1.99~2.02	1.96~2.03
吉 311	P₃wt	2493~2500	1.98（试油压裂）	2.01

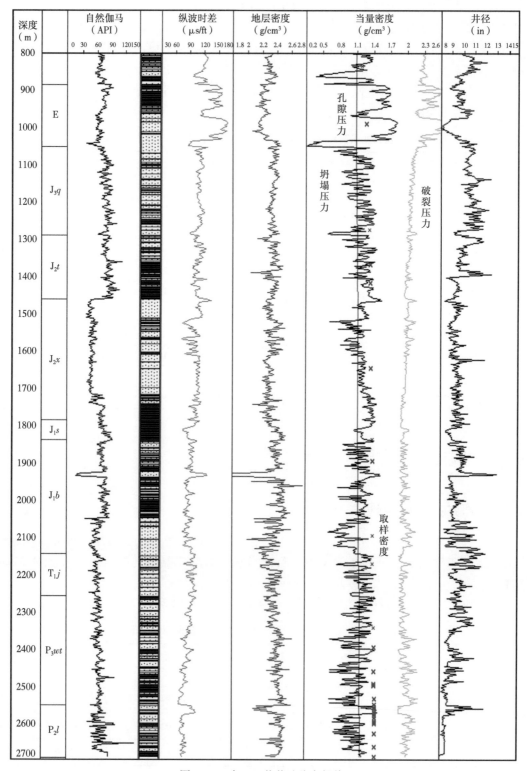

图 3.27　吉 303 井井壁稳定规律

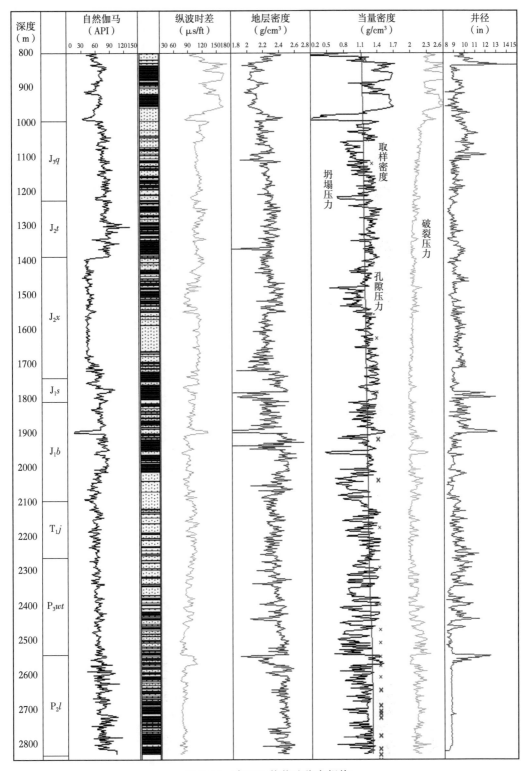

图 3.28 吉 311 井井壁稳定规律

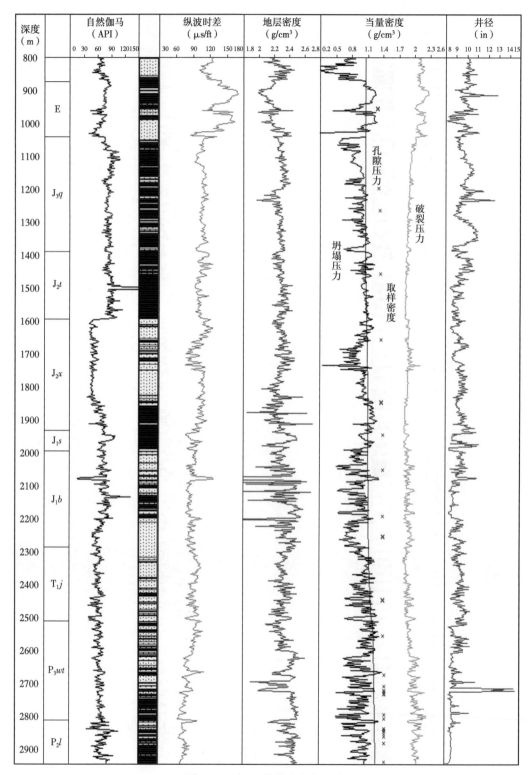

图 3.29 吉 37 井井壁稳定规律

表 3.14 地层坍塌压力当量密度实测值与预测值对比

井号	地层	井深（m）	当量密度实测值（g/cm³）	当量密度预测值（g/cm³）	井径扩大率（%）
吉 37	P_2l	2830~2895	1.15	1.45	0.6
吉 303	P_2l	2570~2575	1.45	1.40~1.53	8.5~10
吉 311	P_2l	2550~2570	1.39	1.40~1.42	9.5~13

从图 3.27—图 3.29 可以看出，3 口井地层压力剖面数值上基本相当，纵向上变化规律基本相同；芦草沟组以上为正常地层压力；芦草沟组压力系数 1.15~1.28；3 口井射孔后不能自喷，未能测试出具体大小，其中吉 37 井试油拟合压力系数 1.32，与计算结果一致。芦草沟组孔隙压力，略微大于正常压力，但渗透率极低，呈微弱高压低渗透特点。

齐古组中部及以上地层，具有一定的塑性，破裂压裂较高；齐古组下部—韭菜园子组，破裂压裂当量密度略微下降，在 1.78~2.0g/cm³ 范围；梧桐沟组—芦草沟组破裂压裂当量密度 1.95~2.2g/cm³。

古近系及以上地层坍塌压力较高，齐古组、韭菜园子组次之。芦草沟组坍塌压力较低，井径规则。总体上看，坍塌压力与钻井液密度、井径特点总体吻合良好。

从地层三压力剖面来看，工区内中下部地层不存在压力必封点，安全压力窗口明显，不易发生井漏。通过适当提高钻井液密度和抑制性，实现二开井身结构。

3.4.2 水平井井壁稳定规律

2017—2019 年，吉木萨尔凹陷页岩油层富集区吉 303—吉 305 井区部署数 10 口水平井。以 J10002_H 井为例，设计井深 4206.63m（垂深 2633.2m），水平段长 1503.27，水平位移 1800m，设计方位角 260°，水平段井斜角 86.03°~86.7°，J10002_H 设计参数与实钻参数见表 3.15。

表 3.15 J10002_H 井工程设计与实钻参数

序号	名称	设计数据	实钻数据
1	井深（m）	4204.63	4233
	垂深（m）	2633.2	2624.43
	造斜井深（m）	2230	2170
	水平位移（m）	1800	1830.55
	水平段长（m）	1503.27	1534.33
	最大井斜（°）	86.7	90.02
	平均造斜率 [（°）/30m]	5.83	4.74
	闭合方位（°）	260	260.06

序号	名称		设计数据	实钻数据
2	A 点	井深（m）	2701.36	2698.0
		垂深（m）	2534.4	2533.44
		井斜	86.03°	83.65°
		方位	260.0°	256.82°
		位移（m）	300	299.34
	G 点	井深（m）	4204.63	4233
		垂深（m）	2633.2	2624.43
		井斜	86.7°	85°
		方位	260°	263°
		位移（m）	1800	1830.55

由于钻井方位已经确定，对水平井井壁稳定分析时，根据轨迹剖面设计，重点要考察若干关键深度点处不同井斜角对应的坍塌压力。因此，选取垂深2462m（轨迹剖面设计井斜角约50°）及垂深2642m（轨迹剖面设计井斜角约87°）这两个关键深度点进行考察，对水平井的井壁稳定开展细致分析。

工区最大水平主应力方向为北西—南东向（与水平段设计方位260°相当）。将垂深2462m、2624m深度点处的岩石力学参数、地层孔隙压力、地应力大小和方向数据代入莫尔—库仑强度准则中，即可计算出地层坍塌压力（图3.30，图3.31）。

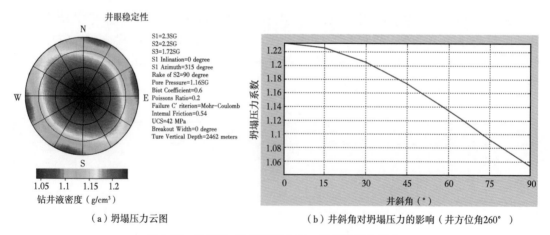

（a）坍塌压力云图　　　　　　　　（b）井斜角对坍塌压力的影响（井方位角260°）

图3.30　J10002_H井垂深2462m处坍塌压力特点

垂深2462m处，井斜角约为50°，方位角约为260°，从图3.30可以看出，对应的坍塌压力系数为1.15左右；垂深2624m处，井斜角约为87°，方位角约为260°，从图3.31可以看出，对应的坍塌压力系数为0.97左右。

芦草沟组顶部以及"甜点"上下泥岩夹层发育，井壁稳定性较差，所处井段为大斜度定向段或水平井段。因此，应尽量提高井眼轨迹在"甜点"中的钻遇率，减少穿越泥岩夹

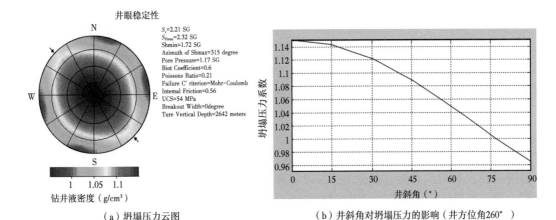

（a）坍塌压力云图　　　　　　　　（b）井斜角对坍塌压力的影响（井方位角260°）

图3.31　J10002_H井垂深2624m处坍塌压力特点

层、出现不规则井眼的概率，依据泥岩段坍塌压力适当提高钻井液密度 $0.1\sim0.2\text{g}/\text{cm}^3$。

从图3.31、图3.32可以看出，若固定垂深和方位角，随着井斜角的增大，坍塌压力系数降低，井眼的力学稳定性变好。坍塌压力仅是从力学角度上进行的计算，坍塌压力并不能完全代表井壁稳定。水平井的井壁稳定，在考虑坍塌压力的同时，也要考虑上部井段的浸泡时间，以及失稳后的处理难度比直井更高，还要考虑钻具对水平段及斜井段的撞击与破坏更严重等因素。因此，尽管水平段坍塌压力不高，钻井液密度要兼顾整个井段，钻井液密度的提高仍有必要。

参 考 文 献

吴承美，郭智能，唐伏平，等.2014.吉木萨尔凹陷二叠系芦草沟组页岩油初期开采特征［J］.新疆石油地质，35（5）：570-573.

章敬，李佳琦，史晓川，等.2013.吉木萨尔凹陷页岩油层压裂工艺探索与实践［J］.新疆石油地质，34（6）：710-712.

文乾彬，杨虎，孙维国，等.2015.吉木萨尔凹陷页岩油大井丛"工厂化"水平井钻井技术［J］.新疆石油地质，36（3）：334-337.

陈勉，金衍，张广清.2008.石油工程岩石力学［M］.北京：科学出版社.

边会媛，王飞，张永浩，等.2015.储层条件下致密砂岩动静态弹性力学参数实验研究［J］.岩石力学与工程学报，34（增1）：3045-3053.

陈颙，黄庭芳，刘恩儒.2009.岩石物理学［M］.合肥：中国科学技术大学出版社.

马克D.左白科，著.石林，陈朝伟，刘玉石，等译.2012.储层地质力学［M］.北京：石油工业出版社.

刘斌，席道瑛，葛宁洁，等.2002.不同围压下岩石中泊松比的各向异性［J］.地球物理学报，45（6）：880-890.

李传亮，孔祥言，徐献芝，等.1999.多孔介质的双重有效应力［J］.自然杂志，21（5）：288-291.

李传亮，孔祥言.2001.岩石强度条件的理论研究［J］.应用科学学报，19（2）：103-106.

李传亮，孔祥言.2002.油井压力过程中岩石破裂压力计算公式的理论研究［J］.石油钻采工艺，22（2）：54-56.

李传亮. 2004. 地层异常压力原因分析［J］. 新疆石油地质, 25（4）: 443-445.

王江涛, 李育. 2014. 沉积盆地异常高压形成机制综述［J］. 石油化工应用, 33（1）: 5-9.

高岗, 黄志龙, 王兆峰, 等. 2005. 地层异常高压形成机理的研究［J］. 西安石油大学学报（自然科学版）, 20（1）: 1-5.

刘向君, 罗平亚. 1999. 石油测井与井壁稳定［M］. 北京: 石油工业出版社.

王从乐, 周鹏高, 杨虎, 等. 2012. 由井壁崩落宽度反演地层水平主应力的数学模型［J］. 新疆石油地质, 33（2）: 233-235.

Zoback M D, D Moos, L Mastin. 1985. Well bore breakouts and in situ stress［J］. Journal of Geophysical Research, 1985, 90（B7）: 5523-5530.

Moos D, M D Zoback. 1990. Utilization of observations of wellbore failure to constrain the orientation and magnitude of crustal stresses: Application to continental, Deep Sea Drilling Project, and Ocean Drilling Program boreholes［J］. J. Geophys. Res., 95, 9305-9325.

Moos D, S M Willson and C A Barton. 2007. Impact of rock properties on the relationship between wellbore breakout width and depth［C］//Proceedings of the 1st Canada-U.S. Rock Mechanics Symposium, Vancouver, Canada, 27-31 May 2007, ed E. Eberhardt, D. Stead, and T. Morrison, 1677-1683.

Zhou S. 1994. A program to model initial shape and extent of borehole breakout［J］. Computers and Geosciences, 20（7/8）: 1143-1160.

4 吉木萨尔页岩油水平井钻井工程设计

自 2013 年吉木萨尔页岩油进入开发阶段，水平井钻井技术持续攻关，井身结构不断优化，技术指标稳步提升，长水平段固井及工厂化钻井技术成熟配套。本章重点介绍吉木萨尔页岩油水平井开发期间，钻井技术方案的演变思路和工程设计的具体要点，包括：水平井井身结构演变历程、水平井典型井眼轨迹设计、水平井钻具组合与水力学设计、水平井钻井液工艺设计和水平井固井工艺设计等方面。

围绕"钻井提速，降本增效"为中心，钻井方案总体思路从以下几个方面重点考虑：（1）优化井身结构，实现井身结构由三开逐步转变为二开；（2）推广应用旋转导向工具，实现造斜段和水平段同打；（3）推广应用成熟钻头系列，并不断强化钻井参数，提高钻井速度。

4.1 水平井井身结构演变历程

2013—2019 年，吉木萨尔页岩油水平井井身结构经历三个阶段的演变：2013—2014 年，页岩油先导试验区采用水平段小井眼的三开井身结构方案；2015—2016 年，页岩油吉 37 井区采用常规井眼水平段固井的三开井身结构方案；2017—2019 年，页岩油埋深低于 3000m 的井区采用常规固井的二开井身结构方案。

4.1.1 水平井井身结构设计影响因素

4.1.1.1 地层压力影响

根据地层压力测井评价方法，选取典型井吉 174 井开展地层压力系统研究，建立地层三压力剖面（图 4.1），为井身结构优化提供依据。由图 4.1 可知，该地区中上部地层压力属于正常压力系统，二叠系地层压力系数逐渐由 1.05 上升至 1.38，梧桐沟组地层泥岩较发育，坍塌压力较高，井壁稳定性差，钻井安全密度窗口较窄。芦草沟组地层以致密砂泥岩、白云质砂岩为主，坍塌压力低，井壁稳定性较好，钻井安全密度窗口较宽。

通过前面对该地区地层压力系统分析，吉木萨尔凹陷地层压力属于正常压力系统，目的层芦草沟组地层压力系数为 1.27，没有压力必封点，这给优化井身结构创造了比较有利的条件。

4.1.1.2 井壁稳定性影响

地应力分析和邻井钻井资料表明（图 4.2），侏罗系以上地层泥岩较发育，水敏性强，容易造成井眼缩径、垮塌。韭菜园子组至梧桐沟组井壁稳定性差，井眼缩径和垮塌较严重，韭菜园子组和梧桐沟组裂缝发育，易发生井漏，钻井液安全密度窄，钻井风险高。芦

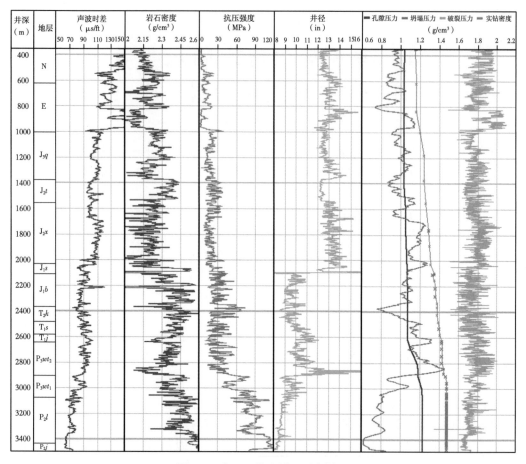

图 4.1　吉 174 井地层三压力剖面

草沟地层岩性致密，井壁稳定性好。

　　由此可见，上部地层泥岩发育，黏土矿物含量高，下部地层岩石均质性差，夹层多，有微裂缝发育，是造成该地区井壁不稳定和井下复杂的主要因素。从常规井身结构设计来说，井壁不稳定点和井下复杂点必须用套管封隔，为下部安全钻井提供条件，而井身结构优化要求简化套管程序。由此可见，长裸眼井壁稳定成为优化井身结构的瓶颈问题。

4.1.2　页岩油先导试验区井身结构

　　2013 年，吉木萨尔页岩开发初期，设立了先导试验区，部署 10 口水平井，并开展工厂化钻井试验。针对井身结构优化难点，提出了以下方案。

　　（1）采用三开复合井眼井身结构完井（图 4.3）。一开采用 φ444.5mm 钻至 500m，封固封隔地面疏松地层。二开首先采用 φ241.3mm 钻头钻至造斜点，然后用 φ215.9mm 钻头钻至芦草沟组顶部，下 177.8mm 技术套管，封固目的层以上不稳定地层和可能油气层，为页岩油专打创造条件。三开采用 φ152.4mm 钻头钻至完钻井深，裸眼完井。二开采用复合井眼方式，既延缓了上部地层泥岩水化膨胀导致井眼缩径，同时又为处理井下复杂事故

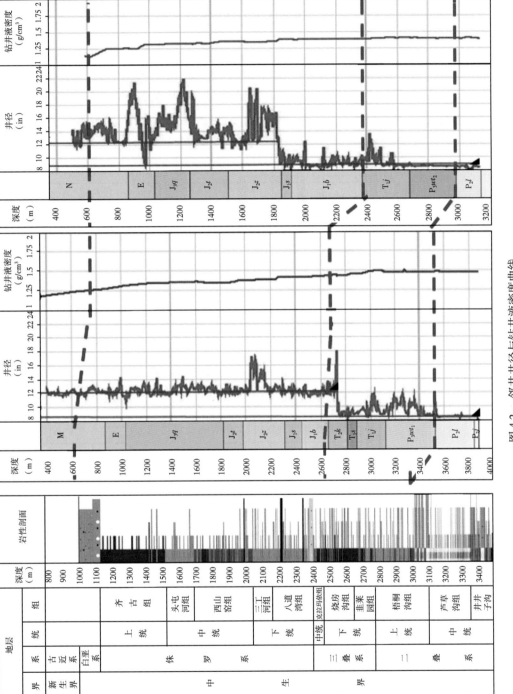

图 4.2　邻井井径与钻井液密度曲线

留有余地，降低了钻井风险。

（2）全井段钻井液基本体系采用钾钙基聚磺水基钻井液，直井段加入有机盐、胺盐和沥青类处理剂，强化体系抑制性和封堵性，保证了长裸眼井段井壁稳定；定向段和水平段加入 10%～15% 白油，降低摩阻，提高长位移水平井眼延伸能力，降低钻井风险。该钻井液体系便于维护，不仅能满足长裸眼安全钻井要求，而且有利于"工厂化"钻井作业时钻井液重复利用。

（3）根据岩石力学特性，优选 PDC 钻头，直井段开展螺杆+PDC 提速工具试验，提高机械钻速，缩短钻井工期，减少钻井液对泥岩浸泡时间。

（4）根据地层三压力剖面和邻井实钻资料，设计合理的钻井液密度，提高裸眼井段井壁稳定性，为长裸眼安全钻井创造条件。

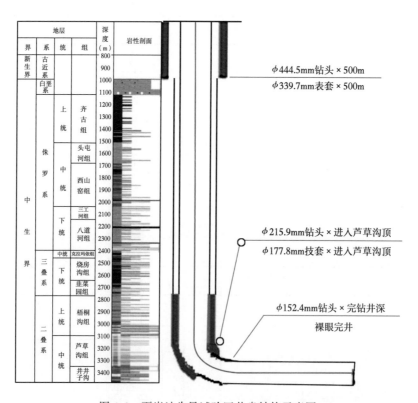

图 4.3　页岩油先导试验区井身结构示意图

4.1.3　页岩油吉 37 试验区井身结构

2016 年，吉木萨尔页岩开发进入第二阶段，设立了吉 37 开发试验区，部署 2 口水平井，并开展钻井提速降本试验。针对井身结构优化难点，提出了以下方案。

（1）技术套管下至芦草沟组顶界，进入芦草沟组地层 15m，封固梧桐沟组以上不稳定地层，为水平段安全钻井创造条件。

（2）造斜段和水平段推广应用低油水比水包油钻井液体系，强化体系抑制性和润滑性，确保造斜段和水平段井壁稳定，提高水平段井眼延伸能力。利用胶凝剂与随钻堵漏剂协同作用，提高侏罗系及其以上地层的承压能力，防止三叠系与二叠系地层发生漏失。

（3）推广应用先导试验区高效 PDC 钻头，配合旋转导向工具，提高造斜段和水平段机械钻速。

具体井身结构方案如下。

（1）一开：采用 ϕ444.5mm 钻头一开，ϕ339.7mm 表层套管下深 500m。采用内管注水泥工艺固井，水泥浆返至地面，封隔地面疏松地层。

（2）二开：采用 ϕ311.2mm 钻头钻揭芦草沟组 15m 后中完，下入 ϕ244.5mm 技术套管，水泥返至 2100m 左右，封固梧桐沟组可能油气水层及其上部不稳定地层，为下部水平段安全快速钻进创造条件。

（3）三开：采用 ϕ215.9mm 钻头钻至完钻井深，下入 ϕ139.7mm 油层套管，固井水泥浆返至 2550m 左右（图 4.4）。

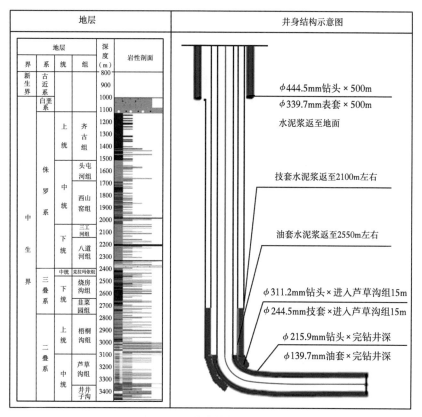

图 4.4　井身结构示意图

4.1.4　页岩油扩大试验区井身结构

2017 年，吉木萨尔页岩开发进入第三阶段，吉木萨尔东南部部署为扩大开发试验区。开展长位移水平井、三维轨迹设计控制、钻井提速、固井井筒完整性等试验。针对井身结构优化难点，页岩油埋深低于 3000m 的水平井设计采用二开复合井身结构；页岩油埋深超 3000m 的水平井设计采用三开常规井身结构。

4.1.4.1 二开复合井身结构

（1）表层套管下入 1200m 左右，封固古近系以上胶结差、疏松的泥岩地层，为下部安全钻井创造有利条件。

（2）二开采用 φ241.3mm+φ215.9mm 复合井眼，降低造斜点以上不稳定地层钻井风险。为确保长裸眼地层井壁稳定性，以及造斜段和水平段钻具延伸及井眼净化，二开试验油基钻井液体系。

（3）推广应用高效 PDC 钻头，配合旋转导向工具，提高造斜段和水平段机械钻速。

具体井身结构方案如下。

（1）一开：采用 φ381.0mm 钻头钻至 1200m，下入 φ273.1mm 表层套管，采用内管注水泥工艺固井，水泥浆返至地面，封隔地面疏松地层。

（2）二开：首先采用 φ241.3mm 钻头钻至造斜点，然后采用 φ215.9mm 钻头钻至完钻井深，下入 φ139.7mm 油层套管，固井水泥浆返至 1000m 左右（图 4.5）。

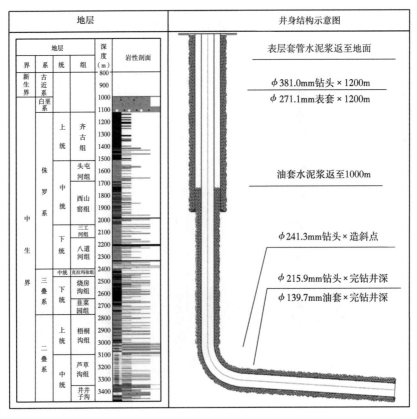

图 4.5 井身结构示意图

4.1.4.2 三开常规井身结构

具体井身结构方案如下。

（1）一开：采用 φ444.5mm 钻头一开，φ339.7mm 表层套管下深 500m。采用内管注水泥工艺固井，水泥浆返至地面，封隔地面疏松地层。

（2）二开：采用 φ311.2mm 钻头钻至烧房沟组底界中完，下入 φ244.5mm 技术套管，水泥返至 1500m 左右，封固梧桐沟组可能油气水层及其上部不稳定地层，为下部水平段安全快速钻进创造条件。

（3）三开：采用 ϕ215.9mm 钻头钻至完钻井深，下入 ϕ139.7mm 油层套管，固井水泥浆返至 2550m 左右（图 4.6）。

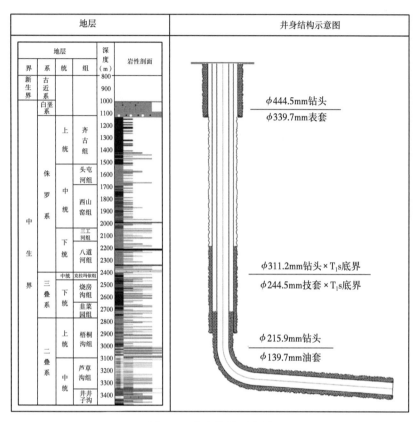

图 4.6　井身结构示意图

2017—2019 年，吉木萨尔页岩油开发不断推进，持续开展钻井配套技术攻关，井身结构初步定型。通过优化表层套管下深、二开井段采用复合井眼、制定各层位钻井液标准化技术措施，页岩油埋深小于 3000m 的区域水平井定型为二开井身结构；页岩油埋深大于 3000m 的区域水平井初步定型为三开井身结构，但技术套管下深由芦草沟组顶界优化为烧房沟组底界（直井段）。

4.2　页岩油水平井多靶点井眼轨道设计

水平井轨道设计是在已知几何参数（井深、井斜、方位、北坐标、东坐标、垂深）和靶点井身参数（井深、井斜、方位、北坐标、东坐标、垂深）的情况下，设计出合理剖面参数，保证设计出的剖面既能满足地质目标的要求，又能满足施工工艺技术的要求。对于需要扭方位的三维水平井轨道设计，由于起点和靶点不在同一个铅垂面内，采用常规二维平面设计的方法已经不能满足水平井轨迹设计的需要，必须研究满足三维空间位置和方向约束的水平井轨迹三维剖面设计方法。对于吉木萨尔页岩油开发地质要求，水平井轨道类型包括三类：二维水平井、工厂化平台三维水平井和双二维水平井。三维或双二维水平井设计不仅要满足三维轨道剖面要求，还要尽可能实现轨迹控制难度低，便于施工，利于降低定向服务成本。本节在介绍三维水平井轨道设计模型的基础上，重点阐述吉木萨尔页岩油三种类型轨道设计的典型案例。

4.2.1　三维水平井轨道设计模型

对于三维水平井井轨道设计而言，造斜点后的轨迹一般不能用常规的二维轨迹设计方法来达到设计的要求。因为造斜点与靶点的方向不一定在一个二维剖面上，同时轨迹的方向（即井斜角和方位）与井下工具的特性、造斜工艺及控制方法等密切相关。而目前现场上施工多采用滑动钻进方式下的导向钻具组合来进行作业，由于其造斜特性比较稳定，钻出的井眼轨道接近于空间圆弧，因此，可采用空间圆弧轨迹设计模型。

这种空间圆弧曲线能同时改变井斜角和方位角，而且在圆弧井段曲率恒定，能使得设计出的井眼轨迹简单化。同时，在钻井施工过程中，如果实钻轨道与设计轨道之间的偏差超出了允许范围，或在地质导向钻井中，如果预计的储层构造和位置与实际不符而需要适时调整目标点，就需要进行修正轨道设计。这种空间圆弧方法也可以用来设计修正轨道设计。

已知起点坐标、井斜角和方位角（x_A，y_A，z_A，α_A，ϕ_A），造斜率（K_1，K_2），终点坐标、井斜角和方位角（x_E，y_E，z_E，α_E，φ_E）以及最后的稳斜段长度 DE，可采用四段制，即空间圆弧段+稳斜段+空间圆弧段+稳斜段。两段圆弧井段用于井斜和方位的同时调整，第一稳斜井段用于第一圆弧段和第二圆弧段的过渡，可以修正第一圆弧段造斜时由于地层、工具造斜率变化等因素造成的偏差。考虑到目标点变化的可能性，在目标点之前可留出一段稳斜段，便于实际钻进中有一定的调整空间。

根据空间圆弧轨道设计方法，建立空间坐标 O—xyz（图 4.7），由于终点坐标、井斜角和方位角（x_T，y_T，z_T，α_T，ϕ_T）以及最后的稳斜段长度 Δl_t 都是预先给定的，所以根

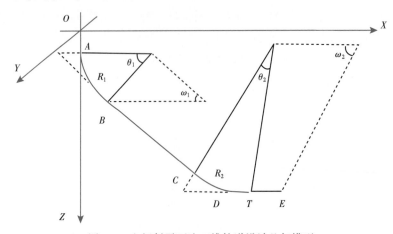

图 4.7　空间斜平面法三维轨道设计几何模型

据给定的井眼方向，过 T 点可以作出井眼轨道的切线。在井眼的反向延长线上，取长度初值 u_0 确定出 D 点的位置，其坐标为：

$$\begin{cases} X_D = X_T - (\Delta l_t + u_0)\sin\alpha_T\cos\varphi_T \\ Y_D = Y_T - (\Delta l_t + u_0)\sin\alpha_T\sin\varphi_T \\ Z_D = Z_T - (\Delta l_t + u_0)\cos\alpha_T \end{cases} \quad (4.1)$$

$$\begin{cases} X_D = X_T - (\Delta l_t + u_0)\sin\alpha_T\cos\varphi_T \\ Y_D = Y_T - (\Delta l_t + u_0)\sin\alpha_T\sin\varphi_T \\ Z_D = Z_T - (\Delta l_t + u_0)\cos\alpha_T \end{cases} \quad (4.2)$$

确定了 D 点的坐标之后，它与起始点 A 的井眼切线构成了一个空间斜平面，也就是坐标系 $A\text{-}\xi\eta\zeta$ 的 $\xi\eta$ 坐标面。在这个斜平面上设计井眼轨道，就将三维问题转化成了二维问题（图 4.8）。

从而由坐标转换可得 D 点在局部坐标系 $A\text{-}\xi\eta\zeta$ 中的坐标：

$$\begin{bmatrix} \xi_D \\ \eta_D \\ \zeta_D \end{bmatrix} = \begin{bmatrix} a_X & a_Y & a_Z \\ b_X & b_Y & b_Z \\ c_X & c_Y & c_Z \end{bmatrix} \begin{bmatrix} X_D - X_A \\ Y_D - Y_A \\ Z_D - Z_A \end{bmatrix}$$

$$(4.3)$$

根据如图 4.8 所示的几何关系可得以下式子：

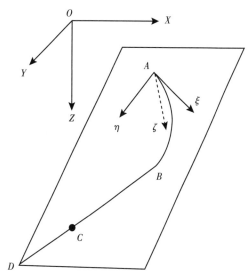

图 4.8　空间斜平面

$$\xi_D = R_1\arctan\frac{\theta_1}{2}\eta_D/\arctan\theta_1 \quad (4.4)$$

由此可求得出：

$$\tan\frac{\theta_1}{2} = \begin{cases} \dfrac{\xi_D - \sqrt{\xi_D^2 + \eta_D^2 - 2R_1\eta_D}}{2R_1 - \eta_D}, & \text{当 } \eta_D \neq 2R_1 \\[3mm] \dfrac{\eta_D}{2\xi_D}, & \text{当 } \eta_D = 2R_1 \end{cases} \quad (4.5)$$

式（4.5）满足 $\xi_D^2 + \eta_D^2 - 2R_1\eta_D \geqslant 0$。如果出现小于零的情况，则说明该剖面不存在。

这样求出 θ_1 后，就可以确定稳斜段在坐标系 $A\text{—}\xi\eta\zeta$ 中的方向矢量 $\vec{w}$ 为：

$$\vec{w} = \cos\theta_1\vec{a} + \sin\theta_1\vec{b} \quad (4.6)$$

而

$$\vec{a} = \sin\alpha_A\cos\phi_A\vec{i} + \sin\alpha_A\sin\phi_A\vec{j} + \cos\alpha_A\vec{k} \quad (4.7)$$

$$\vec{b} = b_X \vec{i} + b_Y \vec{j} + b_Z \vec{k} \tag{4.8}$$

将式 (4.7) 与式 (4.8) 代入可得：

$$\vec{w} = (\cos\theta_1 a_X + \sin\theta_1 b_X)\vec{i} + (\cos\theta_1 a_Y + \sin\theta_1 b_Y)\vec{j} + (\cos\theta_1 a_Z + \sin\theta_1 b_Z)\vec{k} \tag{4.9}$$

进而得到以下两式求出 α_W 和 φ_W。

$$\cos\alpha_w = \cos\theta_1 a_Z + \sin\theta_1 b_Z \tag{4.10}$$

$$\arctan\varphi_w = \frac{a_Y + b_Y\arctan\theta_1}{a_X + b_x\arctan\theta_1} \tag{4.11}$$

由于 C 点在稳斜段上，所以它的井斜角和方位角分别就是 α_W 和 φ_W。

由最小曲率法计算狗腿角的公式可得：

$$\cos\theta_2 = \cos\alpha_w\cos\alpha_T + \sin\alpha_w\sin\alpha_T\cos(\varphi_T - \varphi_w) \tag{4.12}$$

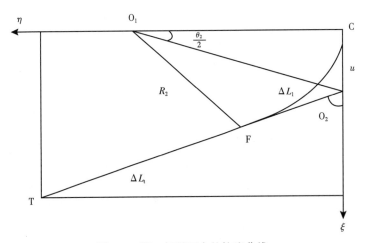

图 4.9　第二斜平面内的轨迹曲线

这样求出 θ_2 后，可在第二个局部坐标系中根据图 4.9 的几何关系得出第二圆弧段新的切线段长度：

$$u = R_2\tan\frac{\theta_2}{2} \tag{4.13}$$

上述过程是用 u_0 确定 D 点位置的条件下进行的，因此这种方法是一个迭代求解过程。对于预先给定的计算精度 ε，若满足 $|u - u_0| < \varepsilon$，则迭代计算结束。否则，令 $u_0 = u$，重复上述计算，直到满足精度要求为止。

迭代计算完成，第二圆弧段的新切线长也就确定了，然后就可根据如图 4.9 所示几何关系法求出第一圆弧段长和稳斜段长度：

$$\Delta L_1 = \theta_1 R_1 \tag{4.14}$$

$$\Delta L_w = \sqrt{\xi_D^2 + \eta_D^2 - 2R_1\eta_D} - u \tag{4.15}$$

根据如图 4.9 所示几何关系求出第二圆弧段长：

$$\Delta L_2 = \theta_2 R_2 \tag{4.16}$$

其中 θ 的单位为弧度。

4.2.2 双二维水平井轨道设计模型

近年来，吉木萨尔页岩油水平井段长度不断增加，长段水平井钻井主要面临井眼轨迹控制困难、邻井碰撞风险高、钻柱摩阻扭矩大等诸多难题。因此，页岩油水平井钻井需要解决的关键技术是采用最优化、最经济的井眼轨迹设计与控制方法，确定合理的井身剖面参数。在二维井眼轨迹的基础上，开展了双二维井眼轨迹优化设计研究，对页岩气安全高效钻井具有重要指导意义。

与三维水平井不同的是，双二维水平井的井眼轨迹设计在 2 个相交的铅垂面中，每个铅垂面中分别为一段二维轨迹。首先在空间直角坐标系 O–XYZ 中建立 2 个相交的铅垂面 ABCD 和 BDEF，其中 ABCD 称为第 1 铅垂面，BDEF 称第 2 铅垂面（图 4.10）。图 4.10 中，O 为坐标原点，X 为北坐标，Y 为东坐标，Z 为垂深，φ 为 2 个平面之间的夹角，I 为井口，J 和 K 分别为入靶点和出靶点，M 为钻井轨迹与第 1、第 2 铅垂面的交点。

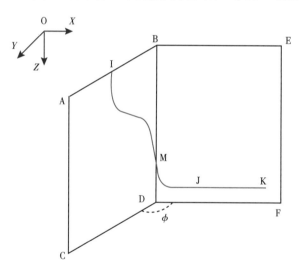

图 4.10　双二维井眼轨迹设计示意图

先在第 1 铅垂面内设计第 1 段二维轨迹，采用"直—增—稳—降—稳"的井眼剖面。为降低邻井相碰的风险，在设计一段直井段后轨迹开始在第 1 铅垂面中朝着第 2 铅垂面的方向进行增斜，增斜后的井斜角不超过 20°。待增斜到设计井斜角时开始稳斜，稳斜一定长度后开始降斜，降斜段井眼曲率较小，降斜后的井斜角控制在 5°以内。待降斜到设计井斜角后再开始稳斜作业，直到钻至 2 个铅垂面的交汇位置 M，该位置为第 2 铅垂面内造斜段起点。由于 M 点处的井斜角较小，其方位角可以不考虑，在第 2 铅垂面内可直接按二维水平井设计，唯一的约束就是 M 点在水平面的投影在水平段的反向延长线上（图 4.11）。

双二维井眼轨迹设计的关键是要确定第 1 段轨迹的水平位移，即水平面投影中 M 点到

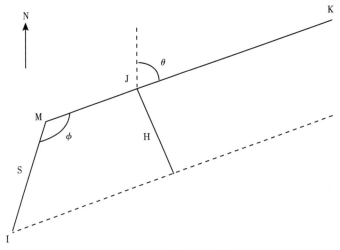

图 4.11　水平投影示意图

I 点的距离 S。图 4.11 中，井口 I、入靶点 J 和出靶点 K 的坐标已知，水平段 JK 相对于正北方向的方位角为 θ，则有：

$$\cot\theta = \frac{N_K - N_J}{E_K - E_J} \tag{4.17}$$

式中　θ——水平段 JK 相对于正北方向的方位角，rad；

　　　N_K——K 点的北坐标，m；

　　　N_J——J 点的北坐标，m；

　　　E_K——K 点的东坐标，m；

　　　E_J——J 点的东坐标，m。

　　水平段的偏移距 H 为：

$$H = \left| \frac{(E_J - E_I)\cos\theta - (N_J - N_I)}{\sqrt{\cot^2\theta + 1}} \right| \tag{4.18}$$

式中　H——轨迹水平段的偏移距，m；

　　　E_I——I 点的东坐标，m；

　　　N_I——I 点的北坐标，m。

　　M 点到 I 点的距离 S 为：

$$S = \frac{H}{\sin\phi} = \frac{\left| \dfrac{(E_J - E_I)\cos\theta - (N_J - N_I)}{\sqrt{\cot^2\theta + 1}} \right|}{\sin\phi} \tag{4.19}$$

式中　S——M 点到 I 点的距离，m；

　　　ϕ——2 个平面之间的夹角，rad。

　　求得第 1 段轨迹的水平位移 S 后，便可以根据五段式井眼轨迹设计方法设计第 1 段井眼轨迹，再以 M 为起点设计第 2 段井眼轨迹。

相对于三维水平井，双二维水平井在第 1 铅垂面内造斜点深度较浅，一般为 50～170m，从而在直井段增大了邻井间距，降低了碰撞风险；在每个铅垂面内，轨迹只有井斜变化而几乎没有方位变化，井眼轨迹控制难度大大减小；进入第 2 铅垂面时，轨迹的井斜角很小，近似于直井，可以直接调整方位开始造斜，避免了常规三维水平井的大幅度扭方位作业。

4.2.3 多靶点水平井轨道设计案例

4.2.3.1 二维水平井——JHW037 井

（1）水平井靶点设计。

JHW037 井属于吉木萨尔凹陷页岩油富集区吉 37 井区。如表 4.1 所示，该井设计 4 个靶点，设计井深为 4066.17m（斜深）/2731.03m（垂深），固井完井方式。

表 4.1　JHW037 井靶点设计表

入靶点（A）					
垂深 （m）	井斜 （°）	方位 （°）	位移 （m）	靶窗尺寸（m）	
				高度	宽度
2670.03	86	260	346.37	2	20
控制点（C）					
垂深 （m）	井斜 （°）	方位 （°）	位移 （m）	靶窗尺寸（m）	
				高度	宽度
2691.03	86	260	646.36	2	30
控制点（D）					
垂深 （m）	井斜 （°）	方位 （°）	位移 （m）	靶窗尺寸（m）	
				高度	宽度
2707.03	86.96	260	946.35	2	30
终靶点（B）					
垂深 （m）	井斜 （°）	方位 （°）	位移 （m）	靶窗尺寸（m）	
				高度	宽度
2731.03	87.71	260	1546.33	2	30

注：水平段 A 点、C 点、D 点、B 点满足地质设计海拔高度、方位角和靶窗设计要求；水平段平均井径扩大率不宜大于 25%。

（2）井眼轨迹设计原则。

根据试验区靶点控制要求，确立了 JHW037 井井眼轨道计原则：①采用"直—增—稳—增—水平"五段制轨迹剖面；②为了满足旋转地质导向工具施工要求，设计造斜率小于 5°/30m，降低轨迹控制难度，提高中靶精度；③造斜段和水平段采用高造斜率旋转地质导向工具，提高轨迹控制精度；④井身质量必须满足《石油钻井井身质量控制规范》要求。

（3）井眼轨道设计结果。

设计水平段长度为 1200m，靶前位移为 350m，井眼曲率小于 5°/30m，方位 260°，井眼轨道剖面见表 4.2。

表 4.2　JHW037 井井眼轨道设计表

斜深 （m）	段长 （m）	井斜 （°）	方位 （°）	垂深 （m）	水平位移 （m）	井眼曲率 [（°）/30m]	备注
2320	2320	0	0	2320	0	0	造斜点
2797.38	477.38	79.01	262.07	2659.84	280.08	4.965	
2821.27	23.88	79.01	262.07	2664.39	303.51	0	
2864.53	43.26	86	260	2670.03	346.37	5.05	靶点 A
2871.4	6.88	85.88	260	2670.52	353.23	0.5	
3101.31	229.9	85.88	260	2687.03	582.53	0	
3165.26	63.96	86.95	260	2691.03	646.36	0.5	靶点 C
3169.44	4.18	86.88	260	2691.25	650.53	0.5	
3415.77	246.33	86.88	260	2704.67	896.49	0	
3465.69	49.92	87.71	260	2707.03	946.35	0.5	靶点 D
4066.17	600.49	87.71	260	2731.03	1546.33	0	靶点 B

注：以上分层数据暂按补心海拔 640.03m（地面海拔 629.83m+补心高 10.2m）计算，现场施工时应根据实测钻机补心海拔高度和主力油层位置及时调整，以满足地质要求为原则。

4.2.3.2　三维水平井——先导试验区 3 号平台

（1）水平井靶点设计。

2013 年，吉木萨尔页岩油开展先导试验，在吉 174 井区部署 3 个平台进行工厂化水平井钻井技术攻关。3 号平台部署 6 口井，其中，两口井设计二维水平井轨道，4 口井设计大偏移距的三维轨道。表 4.3 为 3 号平台 6 口井的靶点设计参数。为了确保井眼轨迹在优质储层中穿行，设计了控制靶点。

（2）三维井眼轨道设计原则。

根据上述方法，结合该地区油藏地质条件和工程技术要求，平台三维井眼轨迹优化设计原则为：

①靶点垂深为 3000~3300m，水平段间距为 300m，水平段长 1300m 和 1800m，靶前位移为 350m，为了更好地控制井眼轨迹，减少井眼绕障井段，采用三维圆柱面轨迹分段设计方法，设计小井斜扭方位，降低井眼轨迹控制难度；

②由于水平段长，井口偏移距大，为了保证安全钻进和完井管柱顺利下入，设计狗腿度小于 7°/30m；

③造斜点选择在梧桐沟组中下部较稳定地层，同时考虑丛式井组相邻井防碰问题，相邻井造斜点深度应错开距离不小于 30m；

④尽可能留足稳斜井段长度，以便于采用常规定向工具进行轨迹控制时，提高定向段复合钻进进尺。

表 4.3　先导试验区 3 号平台 6 口水平井靶点设计表

井名	入靶点（A）					控制点（C）					终靶点（B）					水平段长（m）	井斜角（°）	方位角（°）
	模型补心海拔（m）	（地面投影）坐标	靶点垂深（m）	横向误差（m）	纵向误差（m）	模型补心海拔（m）	（地面投影）坐标	靶点垂深（m）	横向误差（m）	纵向误差（m）	模型补心海拔（m）	（地面投影）坐标	靶点垂深（m）	横向误差（m）	纵向误差（m）			
JHW015	608.5	4897083.3 15672910.7	3168	左15 右15	上3 下3	609.3	4896744.8 15672389.4	3202	左15 右15	上3 下3	610.1	4896375.3 15671820.5	3223	左20 右20	上3 下3	1301.4	87.6	237
JHW016	607.8	4874465.2 15673498.7	3149	左15 右15	上3 下3						607.4	4898173.2 15674589.0	3089	左20 右20	上3 下3	1301.4	92.6	57
JHW017	607.6	4897334.9 15672747.4	3198	左15 右15	上3 下3	608.5	4896861.8 15672018.8	3235	左15 右15	上3 下3	609.8	4896354.5 15671237.7	3257	左20 右20	上3 下3	1801.0	88.1	237
JHW018	606.6	4897716.7 15673335.4	3162	左15 右15	上3 下3	606.7	4898183.9 15674054.7	3128	左15 右15	上3 下3	606.9	4898697.1 15674845.0	3086	左20 右20	上3 下3	1801.6	92.4	57
JHW019	606.8	4897586.5 15672584.0	3214	左15 右15	上3 下3	607.6	4897251.1 15672067.6	3237	左15 右15	上3 下3	608.5	4896878.4 15671493.7	3264	左20 右20	上3 下3	1301.0	87.8	237
JHW020	605.7	4897968.3 15673172.0	3185	左15 右15	上3 下3						605.6	4898676.3 15674262.2	3120	左20 右20	上3 下3	1301.6	92.9	57

（3）井眼轨道设计结果。

先导试验区 3 号平台有两种类型水平井，即二维水平井和三维水平井，其井眼轨迹剖面设计见表 4.4 和表 4.5，三维井眼轨道如图 4.12 所示。

表 4.4　3 号平台二维井眼轨道剖面数据（JHW017 井）

井深 （m）	测量段长 （m）	井斜角 （°）	方位角 （°）	垂深 （m）	垂直段长 （m）	狗腿度 [（°）/30m]	备注
2910.00	2910.00	0.00	0.00	2910.00	0.00	0.000	造斜点
3363.73	453.73	89.16	241.24	3201.55	286.74	5.895	增斜
3401.40	37.67	89.16	241.24	3202.10	324.33	0.000	稳斜
3427.91	26.51	87.62	237.00	3202.85	350.82	5.101	A 点
4297.35	869.43	87.62	237.00	3238.95	1219.44	0.000	C 点
5228.95	931.60	89.83	237.00	3259.65	2150.70	0.071	B 点

表 4.5　3 号平台三维井眼轨道剖面数据（JHW020 井）

井深 （m）	测量段长 （m）	井斜角 （°）	方位角 （°）	垂深 （m）	垂直段长 （m）	狗腿度 [（°）/30m]	备注
2790.00	2790.00	0.00	0.00	2790.00	0.00	0.000	造斜点
3093.76	303.76	55.92	180.28	3047.78	91.67	5.523	增斜
3113.28	19.52	55.92	180.28	3058.71	102.50	0.000	稳斜
3444.85	331.57	86.90	237.00	3171.45	385.37	5.523	A 点
4067.38	622.53	86.90	237.00	3205.15	999.70	0.000	C 点
4746.13	678.75	89.69	237.00	3225.35	1670.13	0.124	B 点

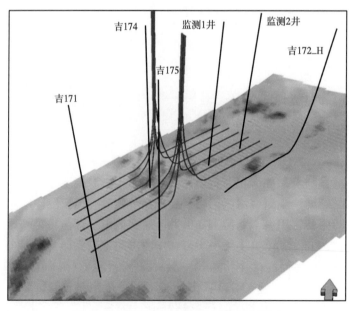

图 4.12　3 号平台三维水平井轨道投影图

4.2.3.3 双二维水平井—JHW00423井

（1）水平井靶点设计。

JHW00423井属于吉木萨尔凹陷页岩油富集区吉37井区。该井设计水平段长3000m，井口偏移距174m，水平井方位260°，水平段井斜角84°~87°，靶前位移351m。如表4.6所示，该井设计6个靶点，设计井深为5751.67m（斜深）/2686.4m（垂深），固井完井方式。

表4.6　JHW00423井靶点设计表

入靶点（A）					
垂深 （m）	井斜 （°）	方位 （°）	位移 （m）	靶窗尺寸（m）	
				高度	宽度
2503.6	85.24	260.04	351.07	2	20
控制点（C）					
垂深 （m）	井斜 （°）	方位 （°）	位移 （m）	靶窗尺寸（m）	
				高度	宽度
2553.6	85.24	260.04	950.11	/	/
控制点（D）					
垂深 （m）	井斜 （°）	方位 （°）	位移 （m）	靶窗尺寸（m）	
				高度	宽度
2612.6	84.37	260.04	1549.16	/	/
控制点（E）					
垂深 （m）	井斜 （°）	方位 （°）	位移 （m）	靶窗尺寸（m）	
				高度	宽度
2675.6	84	260.04	2148.21	/	/
控制点（F）					
垂深 （m）	井斜 （°）	方位 （°）	位移 （m）	靶窗尺寸（m）	
				高度	宽度
2714.6	86.37	260.04	2747.26	/	/
终靶点（B）					
垂深 （m）	井斜 （°）	方位 （°）	位移 （m）	靶窗尺寸（m）	
				高度	宽度
2745.6	87.05	260.04	3346.3	2	30

注：水平段A点、C点、D点、E点、F点、B点满足地质设计海拔高度、方位角和靶窗设计要求。

（2）井眼轨道设计结果。

JHW00423井采用双二维轨道剖面设计，造斜点调整至1500m，首先在方位347.74°的平面内增斜定向钻井，井斜角控制在14°~18°，此平面内水平位移约170m。然后，在方位260.04°的平面内增斜并水平稳斜钻进，最大狗腿度5.6°/30m。井眼轨道剖面见表4.7。

表 4.7　JHW00423 井井身剖面设计表

斜深 (m)	段长 (m)	井斜 (°)	方位 (°)	垂深 (m)	水平位移 (m)	曲率 [(°)/30m]	备注
1500	1500	0	0	1500	0	0	造斜点
1653.49	153.49	17.91	347.74	1651	2.29	3.5	
2099.45	445.95	17.91	347.74	2075.35	15.51	0	
2289.20	189.76	14	260.04	2260	41.56	3.5	
2516.73	227.53	56.7	260.04	2441.31	169.98	5.6	
2535.68	18.95	56.7	260.04	2451.71	185.79	0	
2691.32	155.64	85.24	260.04	2501.94	331.17	5.5	
2711.32	20	85.24	260.04	2503.6	351.07	0	入靶点 A
3313.39	602.08	85.24	260.04	2553.6	950.11	0	控制点 C
3339.53	26.14	84.37	260.04	2555.97	976.1	1	
3916.29	576.76	84.37	260.04	2612.6	1549.16	0	控制点 D
3927.16	10.87	84	260.04	2613.7	1559.96	1	
4519.59	592.43	84	260.04	2675.6	2148.21	0	控制点 E
4567.03	47.44	86.37	260.04	2679.58	2195.4	1.5	
5120.87	553.84	86.37	260.04	2714.6	2747.26	0	控制点 F
5141.25	20.38	87.05	260.04	2715.77	2767.57	1	
5721.67	580.42	87.05	260.04	2745.6	3346.3	0	终靶点 B
5751.67	30	87.05	260.04	2747.14	3376.21	0	

注：垂深按补心海拔 642.0m（复测地面海拔 635.9m+预测补心高 6.1m）计算，上钻前要复核补心高度，以满足地质目标为原则。

4.3　页岩油水平井钻具组合与水力学设计

"工厂化"钻井作业时，由于采用批量钻井作业模式，同井段批量作业时钻井液可实现多口井重复利用，达到降低钻井成本目的。为了提高钻井液重复利用率，需要从钻井液体系选择和设备工艺配套两个方面着手研究。

钻井液体系选择方面，页岩油先导试验区一开采用膨润土 CMC 钻井液，二开采用钾钙基聚磺钻井液，三开采用水包油钻井液。在不同开次，根据钻井要求，加入合适的钻井液处理剂调整钻井液参数和性能即可，体系简单，易于维护和转换，可以方便快捷地实现不同开次钻井液重复利用，降低了钻井液处理费用。

4.3.1　三开常规结构井

以 JHW00423 井为例，介绍常规三开结构水平井的钻井组合与水力参数设计要点。

4.3.1.1　钻具组合设计

为确保造斜段中靶，并确保水平段在 I 类油层内穿行，要求造斜段在芦草沟组顶界以上 30m，开始使用随钻测井（LWD）。钻进过程中随时监测井斜和方位变化情况，并根据井下实际情况和井眼轨迹控制要求灵活调整钻具组合和钻井参数，确保井身质量合格和准确中靶。造斜段根据钻头进尺调节加重钻杆长度，水平段根据钻头进尺调整斜坡钻杆长度。定向井段要求使用钢级为 S-135 的全新或一级钻杆。JHW00423 井钻具组合设计见表 4.8，所用的特殊工具及仪器见表 4.9。

表 4.8　JHW00423 井钻具组合设计

开钻次序	井眼尺寸（mm）	钻具组合
一开	444.5	ϕ444.5mm 钻头+ϕ228.6mm 钻铤 3 根+ϕ203.2mm 钻铤 6 根+ϕ177.8mm 钻铤 9 根+ϕ127mm 钻杆
二开	ϕ311.2 直井段	ϕ311.2mm 钻头+ϕ203.2mm 钻铤 2 根+ϕ310mm 稳定器+ϕ203.2mm 钻铤 1 根+ϕ310mm 稳定器+ϕ177.8mm 钻铤 6 根+ϕ158.8mm 钻铤 6 根+ϕ158.8mm 随钻震击器+ϕ158.8mm 钻铤 3 根+ϕ127mm 钻杆
		ϕ311.2mm 钻头+ϕ203.2mm 钻铤 2 根+ϕ310mm 稳定器+ϕ203.2mm 钻铤 1 根+ϕ177.8mm 钻铤 6 根+ϕ158.8mm 钻铤 6 根+ϕ158.8mm 随钻震击器+ϕ158.8mm 钻铤 3 根+ϕ127mm 钻杆
	ϕ311.2 造斜段	ϕ311.2mm 钻头+ϕ210mm 螺杆+LWD+ϕ127mm 无磁承压钻杆+ϕ127mm 斜坡加重钻杆 4 根+ϕ165mm 随钻震击器+ϕ127mm 斜坡加重钻杆 60 根+ϕ127mm 钻杆
三开	ϕ215.9 水平段	旋转导向钻具组合： ϕ215.9mm 钻头+旋转导向+LWD+ϕ127mm 无磁承压钻杆+ϕ127mm 斜坡加重钻杆 4 根+ϕ165mm 随钻震击器+ϕ127mm 斜坡钻杆 2200m+ϕ127mm 斜坡加重钻杆 60 根+ϕ127mm 钻杆
		螺杆钻具组合： ϕ215.9mm 钻头+ϕ172mm 弯螺杆+LWD+ϕ127mm 无磁承压钻杆+ϕ127mm 斜坡加重钻杆 4 根+ϕ165mm 随钻震击器+ϕ127mm 斜坡钻杆 2200m+ϕ127mm 斜坡加重钻杆 60 根+ϕ127mm 钻杆

表 4.9　JHW00423 井特殊工具及仪器

序号	材料名称	规格型号	单位	数量
1	螺杆钻具	ϕ210mm	根	1
2	旋转导向工具	ϕ171.45mm	套	1
	单弯螺杆	ϕ172mm	根	2
3	LWD	ϕ172mm	套	2
4	无磁承压钻杆	ϕ127mm	根	1
5	加重钻杆	ϕ127mm	根	60
6	斜坡钻杆	ϕ127mm	m	2200

4.3.1.2　水力参数设计

JHW00423 井水力参数计算已考虑二开井段螺杆钻具压降 3MPa，三开斜井段旋转导向工具压降 7MPa。水平段要控制好钻井液性能（尤其是黏度与切力），提高润滑性和流变性。JHW00423 井水力参数设计见表 4.10。

表 4.10　JHW00423 井水力参数设计

开钻次序	层位	井段(m)	喷嘴组合(mm)	钻井液性能			钻进参数			水力参数					
				密度(g/cm³)	PV(mPa·s)	YP(Pa)	钻压(kN)	转速(r/min)	排量(L/s)	泵压(MPa)	钻头压降(MPa)	冲击力(kN)	喷射速度(m/s)	钻头水功率(kW)	比水功率(W/mm²)
一开	N	0~500	14×3	1.20	20	10	50~150	60~90	50	12.66	5.91	5.66	94.31	295.8	1.9
二开	T_1j	500~2220	14×5	1.63	20	10	60~140	90~120	42	20.12	2.32	3.22	51.97	92.81	1.2
二开	P_2l	2220~2711.32	14×5	1.63	30	10	60~100	90~150	45	22.06	4.98	4.11	75.79	172.7	4.7
三开	P_2l	2711.32~5751.67	12×5	1.55	30	15	60~100	90~150	32	40.24	2.75	2.81	56.59	88.03	2.4

4.3.2 二开复合结构井

以 JHW037 井为例,介绍常规三开结构水平井的钻具组合与水力参数设计要点。

4.3.2.1 钻具组合设计

JHW037 井钻具组合设计见表 4.11,所用的特殊工具及仪器见表 4.12。该井二开钻井井段较长,分为垂直段、造斜段和水平段。垂直段采用钟摆钻具组合,预防井斜超标。由于裸眼段较长,钻具受力情况复杂,为降低造斜段和水平段钻具摩阻,要求使用钢级为 S-135 的全新或一级斜坡钻杆,并采用旋转导向系统。为确保造斜段中靶,并确保水平段在 I 类油层内穿行,要求造斜段在芦草沟组顶界以上 30m,使用随钻测井系统(LWD)。根据井下实际情况和井眼轨迹控制要求,灵活调整钻具组合(包括加重钻杆长度及位置)和钻井参数,确保钻具延伸能力。

表 4.11　JHW037 井钻具组合设计

开钻次序	井眼尺寸(mm)	钻具组合
一开	ϕ381.0	ϕ381.0mm 钻头+ϕ203.2mm 钻铤 3 根+ϕ177.8mm 钻铤 6 根+ϕ158.8mm 钻铤 15 根+ϕ127mm 钻杆
二开	ϕ241.3 直井段	ϕ241.3mm 钻头+ϕ177.8mm 钻铤 2 根+ϕ240mm 稳定器+ϕ177.8mm 钻铤 4 根+ϕ158.8mm 钻铤 21 根+ϕ127mm 钻杆
	ϕ215.9 造斜段	ϕ215.9mm 钻头+旋转导向+地质导向+ϕ127mm 无磁承压钻杆 1 根+ϕ127mm 斜坡加重钻杆 50 根+ϕ127mm 斜坡钻杆
	ϕ215.9 水平段	ϕ215.9mm 钻头+旋转导向+地质导向+ϕ127mm 无磁承压钻杆+ϕ127mm 斜坡加重钻杆 4 根+ϕ165mm 随钻震击器+ϕ127mm 斜坡钻杆 1200m+ϕ127mm 斜坡加重钻杆 60 根+127mm 斜坡钻杆

表 4.12　JHW037 井特殊工具及仪器

序号	材料名称	规 格 型 号	单位	数量
1	旋转导向工具	ϕ165.1mm	套	1
2	地质导向工具	ϕ165.1mm	套	1
3	无磁承压钻杆	ϕ127mm	根	1
4	加重钻杆	ϕ127mm	根	60
5	斜坡钻杆	ϕ127mm	m	1200

备注:造斜点开始使用旋转导向+地质导向工具。

4.3.2.2 水力参数设计

JHW037 井水力参数设计见表 4.13。该井水力参数计算未考虑二开井段旋转导向系统的压降,二开斜井段旋转导向工具压降为 7MPa。由于裸眼段较长,二开要控制好钻井液流变性能(尤其是黏度与切力),提高润滑性和抑制性。

表 4.13　JHW037 井水力参数设计

开钻次序	层位	井段（m）	喷嘴组合（mm）	钻井液性能			钻进参数				水力参数				
				密度（g/cm³）	PV（mPa·s）	YP（Pa）	钻压（kN）	转速（r/min）	排量（L/s）	泵压（MPa）	钻头压降（MPa）	冲击力（kN）	喷射速度（m/s）	钻头水功率（kW）	比水功率（W/mm²）
一开	J_3q	0~1500	16+14×2	1.35	24	10	50~150	60~90	50	20.5	7.31	6.63	98.24	361.09	3.2
二开	T_1j	2320	16×5	1.40	25	10	80~100	90~110	45	19.5	1.57	2.82	44.76	69.96	1.4
	P_2l	2864.53	16×5	1.50	25	10	60~100	旋转导向	38	20.38	1.21	2.19	38.13	46.33	0.9
	P_2l	4066.17	14×5	1.53	25	12	30~60	旋转导向	32	21.53	1.43	1.99	41.14	45.45	0.9

4.4 页岩油水平井钻井液体系设计

4.4.1 天然高分子钻井液

天然高分子钻井液性能参数与处理方法见表 4.14。

4.4.2 白油基钻井液

白油基钻井液体系性能参数与处理方法见表 4.15。

4.4.3 钾钙基聚胺有机盐钻井液

钾钙基聚胺有机盐钻井液体系性能参数与处理方法见表 4.16。

4.4.4 油气层保护设计

（1）方案一使用白油基完井液保护油气层。方案二采用屏蔽暂堵技术保护油气层，钻井完井液配方设计为井浆加 4%乳化沥青（白沥青）、2%天然沥青、2%QCX-1 和 1%WC-1。目的层钻井严格按设计要求加入屏蔽暂堵材料，并在钻进过程中随时补充，确保屏蔽暂堵材料在钻井完井液中的含量达到设计要求，以形成致密高强度的"屏蔽环"，防止钻井完井液对目的层造成伤害。

（2）要求目的层段钻井中严格控制钻井完井液 API 失水量，方案一 API 失水量不大于 1mL，方案二 API 失水量不大于 4mL。

（3）钻井完井液添加剂须有合格检验报告，对质检不合格的钻井完井液处理剂严禁入井。

（4）加强固控设备的使用和维护，严格控制无用固相含量和含砂量，目的层钻进含砂量控制在 0.5%以内。

（5）钻开目的层后提下钻操作要平稳，减小井底压力激动，避免井漏及井喷事故发生。

（6）快速钻穿目的层，提高裸眼井段电测一次成功率，快速完井，尽可能缩短钻井完井液对目的层的浸泡时间，减少钻井完井液对目的层的伤害。

（7）严格按固井设计施工，控制水泥浆 API 失水量，防止发生水泥浆漏失而造成对目的层永久性伤害。

（8）其他方面严格按《中国石油天然气集团公司钻井液技术规范（试行）》有关内容执行。

表4.14 天然高分子钻井液性能参数与处理方法

开钻次序	井段 (m)	常规性能										流变参数				总固含 (%)	膨润土含量 (%)
		密度 (g/cm³)	漏斗黏度 (s)	API失水量 (mL)	滤饼厚度 (mm)	pH值	含砂 (%)	FL_{HTHP} 失水量 (mL)	摩阻系数	静切力 (Pa) 初切	终切	塑性黏度 (mPa·s)	动切力 (Pa)	n值	K值		
一开	0~1500	1.10~1.35	40~90	5~8	≤0.5	8~10				1~5	2~7	10~30	5~15				3.5~4.5

| 类型 | 配方 | 处理方法与维护 |
| 天然高分子钻井液体系 | 4%膨润土+0.3%Na₂CO₃+1.2% NAT20+0.3%~0.5% IND30+1%聚合醇+1% DEVIS+7%~8%有机盐+2%白沥青+0.1%~0.2%CaO+重晶石 | (1) 按设计要求配制膨润土浆，充分预水化24h以上，按设计配方加入各种处理剂充分搅拌均匀后开钻。
(2) 表层钻进中应适当控制钻井液的膨润土含量和较高的黏度，提高携带能力，并以细水长流的方式补充到井浆中。
(3) 正常钻进中钻井液的维护以水化好的膨润土浆和胶液为主，保证钻井液具有良好的流变性和携砂能力；以
(4) 钻进中以IND30、有机盐加强包被，抑制泥岩水化膨胀，以白沥青进行封堵，强化钻井液的屏蔽能力，防止井壁坍塌；以聚合醇固控改善钻井液的润滑性，防止卡钻等井下复杂情况的发生。用DEVIS降低黏切，改善滤饼质量，调整钻井液流变性时NAT20控制钻井液滤失量。
(5) 保证四级固控设备运转良好，钻进中要求振动筛（筛布使用80目以上）开动率100%，除泥器运转时率80%，离心机有效开动率应满足钻井液相关的性能要求，以"净化"保"优化"。 |

表 4.15 白油基钻井液体系性能参数与处理方法

开钻次序	井段 (m)	密度 (g/cm³)	漏斗黏度 (s)	API失水量 (mL)	滤饼厚度 (mm)	pH值	含砂 (%)	FL_{HTHP}失水量 (mL)	摩阻系数	静切力 (Pa) 初切	静切力 (Pa) 终切	塑性黏度 (mPa·s)	动切力 (Pa)	n值	K值	总含固 (%)	破乳电压 (V)
		常规性能								流变参数							
二开	1500~4066.17	1.30~1.53	45~90	≤1	≤0.5	8~10	≤0.5	≤8	≤0.1	1~7	2~10	10~40	5~20				≥500

类型	配方	处理方法与维护
白油基钻井完井液	90:10（白油：5%CaCl₂ 水溶液）+2%~2.5%主乳化剂+0.5%~1%辅乳化剂+1%润湿剂+2.5%~3.0%有机土+2.5%降滤失剂+1.5% CaO+1.0%增黏剂+2%天然沥青+重晶石	(1) 将一开水基钻井液全部回收，将各循环罐及连接浅管线清理干净，按设计配方配制油基钻井液，调整钻井液性能满足设计要求方可开钻。 (2) 钻井过程中时刻监测钻井液的电稳定性和油水比，通过加入乳化剂和调整适当的油水比，确保钻井液性能的稳定，保证钻井液的携岩能力和井眼的清洁。 (3) 现场施工中应根据钻井时刻监测 d_c 指数压力监测的结果，并结合实际钻井情况合理调整钻井液密度。当发现实际与设计不相符合时，按设计审批程序，经批准后实施。但若遇紧急情况（溢流、井涌或井喷），钻井队可先处理，再及时上报。 (4) 钻井过程中根据钻井速度及钻井液的消耗量，应预先将油、水、乳化剂等处理按比例配好，以细水长流的办法均匀补充钻井液，避免钻井液性能波动过大。 (5) 通过加入乳化剂，降滤失剂和调整适当的油水比来控制钻井液的滤失量。 (6) 进入造斜段钻井前将钻井液密度提高至 1.50g/cm³，水平段后提高增黏剂的浓度，保证钻井液具有足够的悬浮能力；天然沥青加量达到2%，增强钻井液的防塌，封堵能力。 (7) 目的层钻井要求控制完井钻井液 API 滤失量不大于1mL，FL_{HTHP} 不大于8mL，以利于保护油气层。 (8) 造斜段钻进前，将钻井液性能调整好，抑制材料加足，以满足钻井需要；要求振动筛（筛布要求100目以上）开动率100%，离心机有效开动率应满足钻井液相关性能要求，以"净化""保""优化"。 (9) 井场按设计储备足够的堵漏材料、加重料，施工井队应根据钻井实际情况制定合理详细的防漏、防喷措施

表 4.16 钾钙基聚胺有机盐钻井液体系性能参数与处理方法

开钻次序	井段 (m)	常规性能								流变参数						总固含 (%)	膨润土含量 (%)
		密度 (g/cm³)	漏斗黏度 (s)	API失水量 (mL)	滤饼厚度 (mm)	pH值	含砂 (%)	摩阻系数	FL_{HTHP} 失水量 (mL)	静切力 (Pa) 初切	静切力 (Pa) 终切	塑性黏度 (mPa·s)	动切力 (Pa)	n值	K值		
二开		1.30~1.53	45~90	≤4	≤0.5	9~11	≤0.5	≤0.1		1~5	2~7	10~40	5~20				3.5~4.5

类型：钾钙基聚胺有机盐钻井完井液体系

配方：4%膨润土+0.2%Na₂CO₃+0.6%~0.8%Redu1(SY-3、MAN101、HJ-3、SJ-1、SP-8、JK-3、JT888、SD-HBJ)+0.5%KOH+7%KCl+0.6%~0.8%IND10(JTAOF、GJD-4、YLJB、PM-HA-2、JB-66、MAN104、FA367)+0.5%复配胺盐+2%SMP-2+1%SPNH+4%乳化沥青(白沥青)+2%天然沥青+0.2%XC+2%QCX-1+1%WC-1+2%液体润滑剂(或WRF-9)+2%固体润滑剂+15%有机润滑剂+1%~2%氨基抑制剂，天然沥青使其含量分别达到4%、2%。进入目的层前50m，加入2%QCX-1和1%WC-1，并补充乳化沥青(白沥青)+2%天然沥青使其含量分别达到4%、2%。

处理方法与维护

(1) 钻进中根据井下实际情况合理调整钻井液性能，在性能达标的情况下，各种包被抑制剂、防塌剂、封堵剂必须按设计要求适量加入，钻井液的补充维护以胶液为主并以细水长流的方式补充，防止钻井液性能波动过大。

(2) 钻进中以IND10(JTAOF、GJD-4、YLJB、PMHA-2、JB-66、MAN104、FA367)、KCl、有机盐和氨基抑制剂加强包被抑制，以Redu1(SY-3、MAN101、HJ-3、SJ-1、SP-8、JK-3、JT888、SD-HBJ)、复配胺盐、SMP-2、SPNH控制钻井液滤失量，调整流变性，将乳化沥青(白沥青)、天然沥青变性，增强滤饼防渗性。进入造斜钻进前，将钻井液密度提高至1.5g/cm³。

(3) 通过K⁺、Ca²⁺的复配使用以强化对井壁和钻屑的抑制作用。钻进中K⁺浓度控制在大于20000mg/L，初次加入量控制在0.2%以内，最大加量Ca²⁺浓度控制在300~700mg/L。CaO的补充采取逐步增多的方式，初次加入量控制在0.2%以内，最大加量不超过0.5%。

(4) 进入造斜点前将密度提高至1.50g/cm³，调整好钻井液流动，静切力、保持好钻井液动切力，保持较好的悬浮力，滤饼应始终保持薄韧，光滑的特性，减少钻屑形成同时，控制钻井液滤失量在设计范围以内，减少钻屑在滤饼中的粘附。

(5) 井斜0°~40°井段：钻井液维护措施上以改善滤饼质量，强化滤饼封堵能力，增强钻井液防塌性能和润湿性能为主。井斜40°以后井段：钻井液性能控制除以上部井段相同外，要特别注意保持钻井液流变性能的控制，保持合理的R₃、R₆读数，增强钻井液的携岩能力。

(6) 由于大斜度段以下岩屑携带主要靠紊流冲刷，井径扩大将导致局部不能达到紊流，造成岩屑堆过厚，这将导致井下阻卡频繁。因此，进入斜井段后，应强化井段后，应强化钻井完井液质量放首位，强化钻井完井液的滤饼防渗性，保证井下安全。

(7) 钻井完井液维护，通过加入聚合醇(或WRF-9)、液体润滑剂、固体润滑剂减小阻卡，保证井下安全。

(8) 钻井完井液中加入1%WC-1、2%QCX-1、4%乳化沥青(白沥青)、2%天然沥青，增强滤饼的防渗性，以形成致密高强度的"屏蔽环"。

(9) 保证四级固控设备运转良好，钻进中要求振动筛(筛布使用100目以上)开动率100%，除泥器运转时率80%，离心机有效开动率应满足钻井液相关性能要求，以"净化"、"保""优化"。

4.5 页岩油水平井固井工艺与水泥浆设计

4.5.1 固井工艺设计要点

4.5.1.1 φ339.7mm 表层套管

（1）采用内管注水泥固井工艺。

（2）严格按（SY/T 5374.2—2017）《固井作业规程 第 2 部分：特殊固井》中内管法注水泥要求进行施工。

（3）下完表层套管后要循环洗井、找正并固定好井口后再固井。

（4）内管串：钻杆插入接头+扶正器+钻杆+扶正器+φ127mm 钻杆+方钻杆。

（5）注水泥前注入 2m³ 清水作隔离液。

（6）现场注水泥施工要连续进行，套管外水泥浆应返出地面。

（7）注水泥时，要随时观察井口钻井液返出情况，若发生井漏，水泥浆未返至地面，井口应打水泥帽子至地面。

（8）注水泥结束后候凝 8h 再动井口。

4.5.1.2 φ244.5mm 技术套管

（1）采用微珠低密度水泥双胶塞有控固井。

（2）电测后采用原钻具通井，保证井眼畅通无阻卡。

（3）下套管前换 φ244.5mm 防喷器芯子，并按要求试压合格，下完套管后要进行循环洗井，洗井时间不少于 2 个循环周，以洗净后效为准。

（4）采用流变学注水泥方法进行固井施工设计，保证施工过程中的压力平衡。

（5）采用过渡罐注水泥，水泥浆密度允许偏差范围±0.02g/cm³，注水泥施工要连续进行，水泥浆返至井深 1500m。

（6）固完井候凝 48h 测声幅，测完声幅后坐井口再进行套管内试压。

4.5.1.3 φ139.7mm 油层套管

（1）采用国产韧性水泥浆体系单级有控固井，送井套管要逐根探伤检查。

（2）电测后分别采用原钻具及加双扶正器、三扶正器通井，通井时准确记录钻具上提、下放时的悬重及变化，以确定下套管的摩阻。通井到底后，边循环边调整钻井液性能，要求稳定在最后正常钻进时的性能，保证井眼畅通无阻卡。其中循环钻井工程中务必做好井眼清洁工作，以确保套管安全下入。

（3）下套管前换 φ139.7mm 防喷器芯子并按要求试压合格，以保证固井全过程（起钻、下套管、固井）井内压力平衡，尤其防止注水泥及候凝期间因水泥浆失重造成井内压力平衡的破坏，而导致井喷。下完套管后要进行循环洗井，不少于 2 个循环周。

（4）下套管前应按照维护为主、调整为辅的原则合理调整钻井液性能，满足下套管和注水泥作业要求。下套管前的钻井液性能以降低摩阻和防止钻屑沉积为目的，注水泥前的钻井液性能以改善流动性为目的。钻井液性能不能满足需要时，应在钻进阶段逐步调整。

（5）下完套管后要进行循环洗井，循环洗井不少于 2 个循环周。

（6）下套管前根据完井钻井液密度计算套管伸长量和压缩距并调配套管，井队严格按照设计安装好套管串下部结构、套管扶正器等下井工具和附件。

（7）采用流变学注水泥方法进行固井施工设计，保证施工过程中的压力平衡。

（8）采用过渡罐注水泥，水泥浆密度允许偏差范围±0.02g/cm³，注水泥施工要连续进行，水泥浆返至井深2289m。

（9）固完井候凝48h后进行固井质量评价测井，固井质量评价测井完成后再坐井口和进行套管内试压。

4.5.1.4　井口挤水泥帽子

（1）交井前井口表套与技套环空挤水泥20t。

（2）先注入2m³清水，再注入水泥浆。

（3）调节注入排量，控制反挤水泥施工泵压小于15MPa（表套抗内压强度的80%）。

4.5.2　套管柱设计

套管柱设计包括：各层套管强度校核、井口套管装定载荷计算、下套管作业要求、各层次套管串结构、套管扶正器安放设计等。

4.5.2.1　套管柱设计与强度校核

以JHW00423井为例，套管柱设计及强度校核结果见表4.17、如图4.13—图4.15所示。

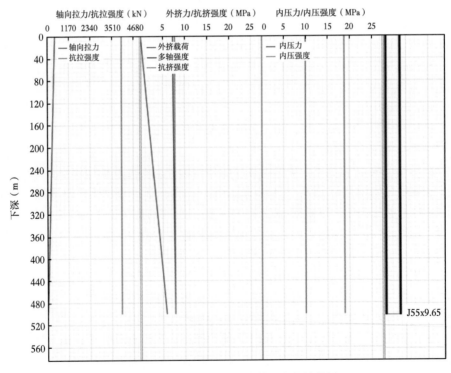

图4.13　φ339.7mm表层套管强度校核结果

表4.17 JHW00423井套管柱设计与强度校核

套管程序	井段(m)	规范		长度(m)	钢级	壁厚(mm)	质量			抗外挤		抗内压		抗拉	
		尺寸(mm)	扣型				每米质量(kg/m)	段质量(t)	累计质量(t)	强度(MPa)	安全系数	强度(MPa)	安全系数	强度(kN)	安全系数
表层套管	0~500	339.7	BCSG	500	J55	9.65	81.1	40.55	40.55	7.74	1.31	18.8	1.88	4038	9.54
技术套管	0~2711.32	244.5	BCSG	2711.32	P110	11.05	64.79	175.7	175.7	30.5	1.69	60.0	3.59	6174	3.58
油层套管	0~5751.67	139.7	BGT2	5751.67	BG125V	12.09	38.69	222.6	222.6	130.55	3.46	150	1.76	4182	3.65

(1) 强度计算模型：三轴应力计算。

(2) 轴向拉伸载荷：不考虑浮力。

(3) 抗挤计算方法：管外按下套管时钻井液密度计算，油套管内按全掏空考虑；技术套管内按漏失面考虑。

(4) 抗内压计算方法：

①φ339.7mm表层套管内压力根据《SY/T 5467—2007》《套管柱试压规范》，按试压10MPa考虑。

②φ244.5mm技术套管内压力按下次钻进最大深度按40%井涌量考虑，管外按地层水压力梯度0.0105MPa/m计算。井口最大内压力：

$$p_{井口} = 0.4 \times 0.0098 \times 1.55 \times 2747.14 = 16.7 \ (MPa)。$$

③φ139.7mm油层套管内压力按压裂时井口限压85MPa考虑。

(5) 送井套管的检验与运输，执行《SY/T 5396—2012》《石油套管现场检验、运输与贮存》标准。

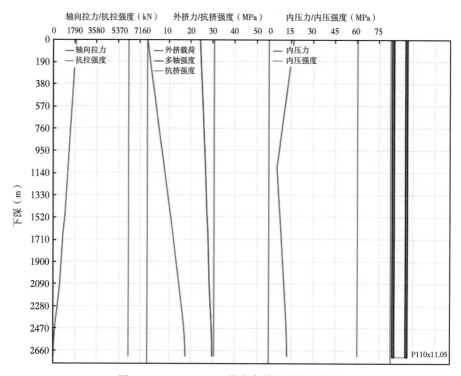

图 4.14 ϕ2445.5mm 技术套管强度校核结果

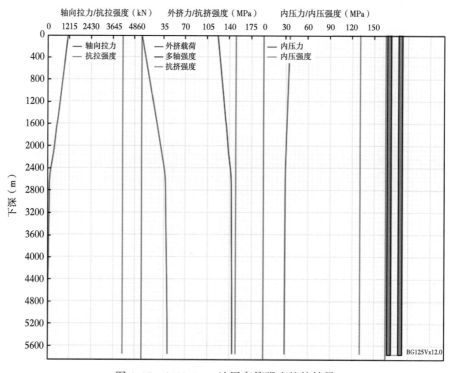

图 4.15 ϕ139.7mm 油层套管强度校核结果

4.5.2.2 井口套管装定计算

（1）ϕ244.5mm 技术套管。

0~1500m 井段未封固套管自重 97.19t，为防止自由段套管弯曲，井口套管头坐挂载荷应不小于 106.91t。候凝 48h 测完声幅后，根据水泥浆实际返高坐井口套管头，井口套管头坐挂载荷为自由段套管重量的 1.1 倍。三开钻进技术套管内钻杆要装防磨护箍，防技套磨损。

（2）ϕ139.7mm 油层套管。

0~2289m 井段未封固套管自重 88.57t，为防止自由段套管弯曲，井口套管头坐挂载荷应不小于 97.43t。候凝 48h 测完声幅后，根据水泥浆实际返高坐井口套管头，井口套管头坐挂载荷为自由段套管重量的 1.1 倍。

4.5.2.3 各层次套管串结构

以 JHW00423 井为例，各层次套管串结构见表 4.18。

表 4.18　JHW00423 井套管串结构表

套管程序	井深（m）	套管下深（m）	套管串结构（套管钢级、壁厚、长度，浮鞋、浮箍、分级箍、悬挂器等位置）
表层套管	500	500	ϕ339.7mm 引鞋+ϕ339.7mm 套管（1 根）（J55×9.65mm）+ϕ339.7mm 内注接头+ϕ339.7mm 套管串（J55×9.65mm）+ϕ339.7mm 联顶节
技术套管	2711.32	2711.32	ϕ244.5mm 浮鞋+ϕ244.5mm 套管（2 根）（P110×11.05mm）+ϕ244.5mm 浮箍+ϕ244.5mm 套管串（P110×11.05mm）+ϕ244.5mm 联顶节
油层套管	5751.67	5751.67	ϕ139.7mm 浮鞋+ϕ139.7mm 短套管（2m）（BG125V×12.09mm）+ϕ139.7mm 套管（2 根）（BG125V×12.09mm）+ϕ139.7mm 浮箍+ϕ139.7mm 套管串（BG125V×12.09mm）+联顶节

4.5.2.4 套管扶正器安放要求

以 JHW00423 井为例，套管扶正器安放见表 4.19。

表 4.19　JHW00423 井套管扶正器安放要求

套管程序	套管尺寸（mm）	钻头尺寸（mm）	井段（m）	扶正器类型	扶正器间距（m）	扶正器数量
表层套管	339.7	444.5	0~500	弹性扶正器	20	25
技术套管	244.5	311.2	1300~1500	弹性扶正器	40	5
	244.5	311.2	1500~2711.32	刚性扶正器	20	61
油层套管	139.7	222.4	0~2289	刚性扶正器	50	45
	139.7	215.9	2289~5749	滚轮扶正器	20	173
	139.7	215.9		整体式弹性扶正器	20	173
	139.7	215.9	5749~5751.678	滚轮扶正器	2	1

注：浮鞋后 2m 短套管安装一个滚轮扶正器；短套管至造斜点每 1 根套管安装一个扶正器，滚轮扶正器及整体式弹性扶正器间隔安装，2 个滚轮扶正器间距为 20m，2 个整体式弹性扶正器间距为 20m；水泥返高位置至井口，每 50m 安装一个刚性扶正器，油层套管扶正器均为靠套管接箍端安装。

4.5.3 水泥浆体系与用量设计

4.5.3.1 水泥浆配方及性能设计

以 JHW00423 井为例，固井水泥浆体系配方与性能要求见表 4.20。

表 4.20 JHW00423 井固井水泥浆体系配方与性能要求

套管程序	表层套管	技术套管	油层套管
配方	G 级 +4%Na_2CO_3+44%H_2O	G 级 +10%WZ+10%WG+4%SW-1A+2%SUP+2%KQ-C+（0.8%SXY-2+4% ST900L + 0.4% ST200R + 0.1% ST500L）（湿混）+52%H_2O+0.5% DL-500	G 级 +5%WG+3%超细水泥+10%SiO_2+6%CF180+（4%HT-1 + 0.5% CF-50 + 0.5% ST400S + 0.7% ST200R + 0.5% ST500L）（湿混）+49%H_2O+ 0.5%DL-500
实验条件	6.9MPa×30℃	42MPa×78℃	42MPa×78℃
密度（g/cm^3）	1.90	1.70	1.85
稠化时间（min）	90	240	240
API 滤失量（mL）（6.9MPa×30min）	<100	<50	<50
抗压强度（MPa/24h）	>7	>14	>18
水泥石 44MPa 围压下弹性模量（MPa/7d）	—	—	≤6000

注：现场施工前要根据井下情况做复核实验，性能必须满足以上要求，方能入井施工。

4.5.3.2 处理剂用量设计

以 JHW00423 井为例，水泥浆总量及水泥用量见表 4.21。

表 4.21 JHW00423 井水泥浆总量及水泥用量

套管程序	套管尺寸（mm）	钻头尺寸（mm）	环空容积（m^3）	水泥浆返深（m）	水泥塞长度（m）	水泥类型	纯水泥量（t）	备注
表层套管	339.7	444.5	41.1	地面	10	G 级	60	
技术套管	244.5	311.2	55.6	1500	25	G 级	64	微珠
油层套管	139.7	215.9	117.7	2289	25	G 级	161	
环空挤水			16.8			G 级	20	

表 4.22 JHW00423 井水泥浆处理剂用量

材料名称		用量（t）			
		表层套管	技术套管	油层套管	合计
促凝剂	Na_2CO_3	2.52			2.52
微珠	WZ		6.4		6.4
硅粉	SiO_2			16.1	16.1
超细水泥				4.83	4.83

材料名称		用量（t）			
		表层套管	技术套管	油层套管	合计
微硅	WG		6.4	8.05	14.45
韧性材料	CF180			9.66	9.66
早强剂	SW-1A		2.56		2.56
	ST400S			0.81	0.81
防气窜剂	KQ-C		1.28		1.28
膨胀剂	SUP		1.28		1.28
分散剂	SXY-2		0.54		0.54
	CF-50			0.85	0.85
降失水剂	ST900L		2.69		2.69
	HT-1			6.76	6.76
缓凝剂	ST200R		0.27	1.18	1.45
消泡剂	ST500L		0.07	0.85	0.92
堵漏剂	DL-500		0.32	0.81	1.13

4.5.3.3 前置液用量设计

隔离液设计密度依据设计钻井液密度确定，实际隔离液密度宜比实际完钻钻井液密度高 $0.12\sim0.24$ g/cm³。冲洗液设计密度根据（SY/T 5480—2016）《固井设计规范》确定。冲洗液用量需要根据实际完钻钻井液密度核算，以确保不引起油气侵及垮塌；隔离液用量需要根据实际完钻钻井液密度核算，以确保不压漏地层。

表 4.23　JHW00423 井固井前置液用量设计

材料名称	技术套管		油层套管		合计（m³）
	密度（g/cm³）	用量（m³）	密度（g/cm³）	用量（m³）	
冲洗液	1.02	15			15
隔离液	1.68	10			10
冲洗型油基钻井液隔离液			1.60	15	15
压塞液			1.05	10	10

参 考 文 献

胡明毅，邱小松，胡忠贵，等 . 2015. 页岩气储层研究现状及存在问题探讨 [J]. 特种油气藏，22（2）：1-7.

刘德华，肖佳林，关富佳 . 2011. 页岩气开发技术现状及研究方向 [J]. 石油天然气学报，33（1）：119-123.

苏勤，侯绪田 . 2011. 窄安全密度窗口条件下钻井设计技术探讨 [J]. 石油钻探技术，39（3）：62-65.

秦雪峰，冯明正，全继昌，等．2014．致密砂岩水平井安深3-1HF井钻井设计与施工［J］．内蒙古石油化工，（4）：63-64.

王安平，高源宏，张旭林．2019．综合物探方法在川南页岩气优化钻井设计中的应用［J］．工程地球物理学报，16（1）：101-110.

杨丽晶，常雷，张仲智．2019．永乐油田ZP22区块致密油平台长水平段水平井钻井设计优化［J］．西部探矿工程，（12）：28-30.

闫铁，张凤民，刘维凯，等．2010．大位移井钻井极限延伸能力的研究［J］．钻采工艺，33（1）：4-7.

鲁港．2012．定向井轨道设计参数谱集理论探索［J］．石油钻探技术，40（5）：7-12.

鲁港．2014．圆弧形井眼轨道设计问题的拟解析解理论［J］．石油钻探技术，42（1）：26-32.

鲁港，陈崇斌．2014．阶梯形水平井段等曲率双圆弧形设计问题的解析解［J］．石油钻探技术，42（6）：13-17.

李自俊．2013．国外现代油气井设计的一些新进展［J］．石油钻探技术，43（1）：1-7.

冯小科，汪松柏，胡亚鹏，等．2016．多控制点水平井靶体边界计算［J］．石油钻探技术，38（3）：286-290.

李兵．2020．英页1H井钻井工程设计与施工［J］．石油和化工设备，23（5）：105-107.

张桂林．2005．钻井设计的基本思路及相关问题探讨［J］．石油钻探技术，33（1）：66-70.

韩志勇．2007．定向钻井设计与计算［M］．北京：中国石油大学出版社．

唐海，周开吉，陈冀嵋．2011．石油工程设计［M］．北京：石油工业出版社．

5 吉木萨尔页岩油井眼轨迹控制与延伸极限

吉木萨尔芦草沟组页岩油发育上下两个"甜点体"横向展布较为稳定。上"甜点体"主要分布在芦草沟组二段二层组 $P_2l_2{}^2$ 中，岩性以灰色砂屑白云岩、泥质粉砂岩、云屑砂岩为主，夹有灰色泥岩、白云质泥岩，是芦草沟组最重要的一套储层。该套储层分布范围较广，厚度较大，一般在 13~43m，分布稳定，在凹陷边缘大部被剥蚀，目前本区已钻井均有发育。下"甜点体"主要分布在芦草沟组一段二层组 $P_2l_1{}^2$ 中，岩性主要为灰色（含）白云质粉砂岩，夹有灰色泥岩或灰色（含）白云质粉砂岩、泥质粉砂岩与灰色泥岩互层，是芦草沟组另一套重要储层。从连井地震对比剖面及反演剖面看，该套储层在吉木萨尔凹陷分布稳定广泛，厚度为 24~67m。

目前，吉木萨尔页岩油水平井开发主要目标层为上"甜点"的芦草沟组二段二层组 $P_2l_2{}^2$，厚度小且夹层多，如何提高井眼轨迹的控制能力，实现段长 1300~3100m 的水平井眼在"甜点"中穿行，提高页岩油"甜点"的钻遇率，是钻井地质和工程技术人员需要解决的难题。针对页岩油"甜点"特征，借鉴国外页岩油开发经验，采用"非常规的理念、非常规的技术"，围绕低成本战略，开展页岩油三维水平井眼轨迹控制技术研究。按照研究思路（图 5.1），开展页岩油"甜点"识别与导向技术研究和现场试验，包括："甜点"随钻地质识别和"甜点"随钻地质导向等方面。同时，开展钻柱管柱力学及水力学模拟，建立长段水平井钻柱延伸极限的评价方法，针对 3100m 水平段的 JHW041 井开展钻柱延伸能力的可行性评价及对策研究。

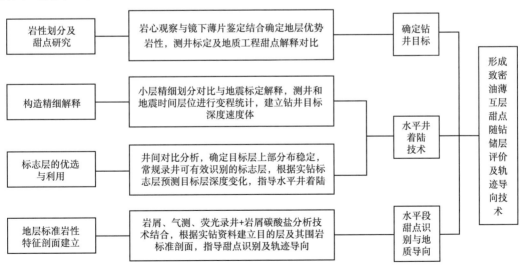

图 5.1　页岩油水平井轨迹跟踪地质导向技术研究思路框图

结合吉木萨尔页岩油地质特征，探索出一套基于碳酸盐含量识别薄互层页岩油"甜点"的方法，建立了碳酸盐含量图版并制订了标准剖面，形成薄互层页岩油"甜点"随钻识别与轨迹导向技术。建立了"空间圆弧设计、分段控制方位、优化钻进方式、随钻调整靶点"为核心的三维长水平段水平井多靶点轨迹设计与控制技术，实现了薄互层水平段低成本轨迹控制，优质储层平均钻遇率达 90%以上。其中，JHW018 三维水平井最大偏移距 265m，最大水平位移 2312.4m，水平段最大长度 2060m。JHW041 双二维水平井创水平段最大长度 3100m 的新纪录。

5.1 页岩油三维水平井轨迹控制技术

针对螺杆造斜钻具进行井眼轨迹控制，首先进行下部钻具组合的力学模型建立，开展造斜率理论分析，结合典型水平井进行下部钻具组合的力学模拟，论证长段水平井采用定向螺杆进行井眼轨迹控制的可行性。同时，结合多口井数据，对比旋转导向工具与定向螺杆钻具的优缺点。

5.1.1 定向钻具组合力学模型

目前，造斜工具主要分为三大类：动力钻具造斜工具、转盘钻造斜工具和旋转导向系统。其中，旋转导向系统虽然可以实现井眼轨迹的精确控制，但是这种技术被国外几家大型技术服务公司垄断，且租赁费用昂贵，因此在国内使用较少。转盘钻造斜由于动力钻具的巨大优势而广泛使用。动力钻具在造斜过程中，钻具以上的整个钻柱都可以不旋转，由钻井液驱动动力钻具转动并带动钻头破碎岩石，这对于定向造斜非常有利。

动力钻具包括涡轮钻具、螺杆钻具、电动钻具三种，其中，螺杆钻具的应用最为广泛。螺杆钻具最主要的用途是造斜和扭方位，但由于其复合钻进时可以保持稳斜，因此，在钻定向井的过程中，常常使用螺杆钻具滑动和复合交替钻进，使用滑动钻进造斜或降斜，使用复合钻进稳斜，这样就可以避免频繁起下钻，一趟下钻完成所有的作业。

螺杆钻具组合根据其形式可以细分为多种，其中单弯螺杆钻具结构简单，设计方便，在现场得到了广泛使用。研究单弯螺杆钻具组合在复合钻进和滑动钻进时的力学特性，对于了解单弯螺杆钻具组合的造斜和稳斜能力、钻井参数优选和井眼轨迹的预测和控制具有重要意义。

底部钻具组合力学分析是从 1950 年由 A. Lubinski 开始的。经过多年的理论研究和实践，国内外学者研究出了多种 BHA 力学分析的方法，把 BHA 的力学分析从最初的一维发展到现在的三维分析。分析方法中最具代表性的为以下几种方法：经典微分方程法、有限差分法、能量法、有限元法、纵横弯曲连续梁法。

5.1.1.1 经典微分方程法

20 世纪 50 年代初，Lubinski 采用此方法分析直井段 BHA 力学特性，基本思路是以下部钻具组合的整体为研究对象，对其进行适当的简化并施加一定约束后，建立不同工况下力学分析的微分方程和定解条件对次方程进行求解。但是这种方法的微分方程比较复杂，难以十分精确地描述出钻井中 BHA 的实际的受力及变形。

5.1.1.2 有限差分法

有限差分法首先将钻柱力学中的控制方程进行差分，然后建立钻具组合微分方程线性的方程组，最后接触该方程组。由于差分方程的系数是可变的，所以此方法能够比较容易考虑非线性的影响。若得出的结果需要很高的精度，那么就要减小差分区间，这样就会造成计算量变得很大，计算速度变慢，不便于实际应用。

5.1.1.3 能量法

能量法采是根据势能原理对下部钻具组合进行受力分析，但这种方法的求解过程很不方便，因为其无法确定钻柱与井壁相切的位置，而且边界条件的约束和控制方程的限制都比较复杂。因此，这种方法的应用也受到了限制。

5.1.1.4 有限元法

有限元法将钻柱分成许多个有限单元，推导出每一段的矩阵方程，根据每段间的连续条件以及边界条件，建立下部钻具组合整体的矩阵方程，通过求解联立的矩阵方程组，即可得到结果。有限元法是一种常用的数值分析方法，特别是在求解具有复杂结构、复杂约束的钻具组合力学问题时，有限元法具有很大的优势，它能够真实反映钻井过程中实际 BHA 实际的受力和变形。但有限元法求解的精度和钻具组合的单元划分有直接关系，为了提高计算结果的精度，就得分析钻柱单元尺寸，增加方程组的数量，这就使得计算量急剧增大。

5.1.1.5 纵横弯曲法

20 世纪 70 年代，白家社提出了纵横弯曲的方法，对于求解导向钻具组合的两维问题很有效，在国内应用比较广泛。此方法将底部钻具组合视为多跨的、受纵横在和的梁柱，根据力学分析建立三弯矩方程并求解，求得 BHA 的内力和变形。此方程有计算简单、物理量的概念比较清楚，并且计算速度较快等优点。纵横弯曲法是一种解析方法，是精确求解，得出的结果准确度高，并且在三弯矩方程中各参数的物理意义明确，在钻头侧向力的计算公式中可以清楚各参数的影响，对通过调整钻井参数和钻具组合结构参数等来控制钻头侧向力十分有利，进而明确各因素对钻具组合的造斜趋势的影响，方便调整钻具组合的造斜能力。因此，针对吉木萨尔页岩油水平井钻柱力学分析采用纵横弯曲法。

5.1.2 弯螺杆钻具造斜率预测

5.1.2.1 ϕ215.9mm 井眼 ϕ172mm 螺杆造斜率预测

钻具结构：ϕ215.9mm 钻头+ϕ213mm 稳定器+ϕ172mm 螺杆+ϕ127mm 无磁承压钻杆+ϕ127mm 加重钻杆。

计算参数：钻压=80kN；井斜角=40°；工具面角=0°；钻井液密度=1.4g/cm³；螺杆弯角=1.5°。

（1）螺杆弯角的影响。

螺杆造斜率随弯角度数的变化如图 5.2 所示，随着弯角度数的增加，螺杆造斜率随之线性增加。

（2）井眼直径的影响。

保持其他计算参数不变，只改变井眼尺寸条件下，螺杆造斜率随井眼直径的变化如图 5.3 所示（弯角 1.5°），随着井眼直径的增加，螺杆造斜率随之线性减小。

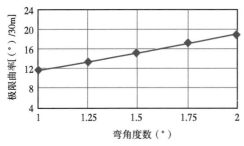

图 5.2　螺杆造斜率随弯角度数的变化

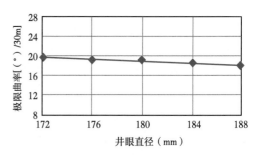

图 5.3　螺杆造斜率随井眼直径的变化

（3）钻压的影响。

保持其他计算参数不变，只改变钻压条件下，螺杆造斜率随钻压的变化如图 5.4 所示（弯角 1.5°），随着钻压的增加，螺杆造斜率随之线性增加。

（4）井斜角的影响。

保持其他计算参数不变，只改变井斜角条件下，螺杆造斜率随井斜角的变化如图 5.5 所示（弯角 1.5°），随着井斜角的增加，螺杆造斜率随之增加，但造斜率增加速率逐渐减小。

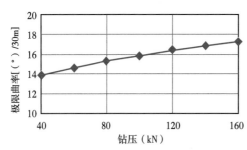

图 5.4　螺杆造斜率随钻压变化

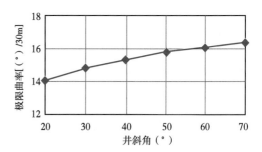

图 5.5　螺杆造斜率随井斜角变化

5.1.2.2　ϕ152.4mm 井眼 ϕ120mm 螺杆造斜率预测

钻具结构：ϕ152.4mm 钻头 + ϕ148mm 稳定器 + ϕ120mm 螺杆 + ϕ120mm 钻铤 + ϕ101.6mm 加重钻杆。

计算参数：钻压 = 30kN；井斜角 = 70°；工具面角 = 0°；钻井液密度 = 1.47 g/cm³；螺杆弯角 = 1.25°。

（1）弯角的影响。

螺杆造斜率随弯角度数的变化如图 5.6 所示，随着弯角度数的增加，螺杆造斜率随之线性增加。

（2）井眼直径的影响。

保持其他计算参数不变，只改变井眼尺寸条件下，螺杆造斜率随井眼直径的变化如图 5.7 所示（弯角 1.25°），随着井眼直径的增加，螺杆造斜率随之线性减小。

（3）钻压的影响。

保持其他计算参数不变，只改变钻压条件下，螺杆造斜率随钻压的变化如图 5.8 所示（弯角 1.25°），随着钻压的增加，螺杆造斜率随之线性增加。

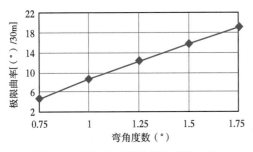

图 5.6 螺杆造斜率随弯角度数变化

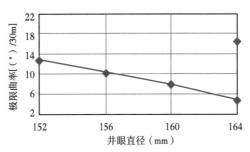

图 5.7 螺杆造斜率随井眼直径变化

（4）井斜角的影响。

保持其他计算参数不变，只改变井斜角条件下，螺杆造斜率随井斜角的变化如图 5.9 所示（弯角 1.25°），随着井斜角的增加，螺杆造斜率随之增加，但造斜率增加速率逐渐变缓。

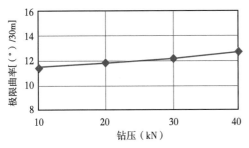

图 5.8 螺杆造斜率随钻压变化

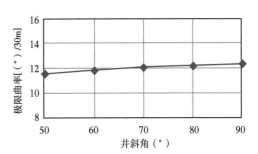

图 5.9 螺杆造斜率随井斜角变化

5.1.3 典型井定向工具造斜能力

基于以上分析，可以建立一个螺杆钻具组合受力变形分析流程图（图 5.10）。根据计

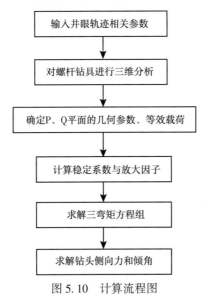

图 5.10 计算流程图

算流程可以编制计算机程序对螺杆钻具受力进行计算。

基于此计算流程，使用 MATLAB 软件编制程序，对 JHW037 井进行实例分析，计算造斜工具在此井中的造斜能力。井眼轨迹参数见表 5.1。

表 5.1　JHW037 井的井眼轨迹

斜深 （m）	段长 （m）	井斜 （°）	方位 （°）	垂深 （m）	水平位移 （m）	井眼曲率 [（°）/30m]	备注
2320	2320	0	0	2320	0	0	造斜点
2797.38	477.38	79.01	262.07	2659.84	280.08	4.965	
2821.27	23.88	79.01	262.07	2664.39	303.51	0	
2864.53	43.26	86	260	2670.03	346.37	5.05	靶点 A
2871.4	6.88	85.88	260	2670.52	353.23	0.5	
3101.31	229.9	85.88	260	2687.03	582.53	0	
3165.26	63.96	86.95	260	2691.03	646.36	0.5	靶点 C
3169.44	4.18	86.88	260	2691.25	650.53	0.5	
3415.77	246.33	86.88	260	2704.67	896.49	0	
3465.69	49.92	87.71	260	2707.03	946.35	0.5	靶点 D
4066.17	600.49	87.71	260	2731.03	1546.33	0	靶点 B

三种定向钻具组合计算参数如下，计算结果见表 5.2。

表 5.2　螺杆钻具组合

钻具组合	造斜力（kN）	造斜率[（°）/30m]
单弯单稳	36.82	17.8
单弯双稳	13.77	11.6
旋转导向	15.94	12.7

单弯单稳螺杆：215.9mm 钻头，60kN 钻压，6°/30m 曲率，1.5°弯角，井斜角45°，稳定器213mm，稳定器距钻头0.9m，稳定器距弯角1.3m。

单弯双稳螺杆：215.9mm 钻头，60kN 钻压，6°/30m 曲率，1.5°弯角，井斜角45°，第一稳定器213mm，稳定器距钻头0.9m，稳定器距弯角1.3m，稳定器间距6.6m，第二稳定器210mm。

旋转导向：215.9mm 钻头，60kN 钻压，6°/30m 曲率，井斜角45°，第一稳定器213mm，稳定器距钻头0.9m，稳定器间距6.6m，第二稳定器210mm，推靠力1kN，偏置机构距钻头0.7m。

结果表明，在该算例中，造斜能力：单稳>旋转导向>双稳。在该井中，最大造斜率要求5.05°/30m，单稳、双稳和旋转导向均达到要求。

以上造斜能力分析是基于单组工程参数，在实际操作中，各造斜工具的造斜能力会随着井斜角、钻压等参数变化。为了详细了解各造斜工具的造斜能力，下面采用单因素分析法，对不同参数进行分析。

5.1.4 定向造斜能力影响参数分析

下面将分别改变井斜角、钻压、稳定器尺寸等参数，观察各造斜工具的钻头侧向力变化规律。

从图 5.11 可以看出，在相同的井斜角下，造斜能力：单弯单稳螺杆（滑动钻进）>旋转导向>单弯双稳螺杆（滑动）>单弯双稳螺杆（复合）。随着井斜角的增大，各造斜工具的造斜能力增加。

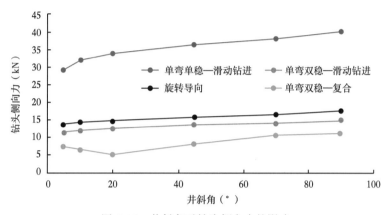

图 5.11　井斜角对钻头侧向力的影响

由图 5.12 可知，随着钻压的增加，三种造斜工具滑动钻进时造斜能力增加，单弯双稳螺杆复合钻进时的侧向力随钻压增加减小。但是钻头侧向力随钻压的变化都不显著，这表明调整钻压大小对于造斜工具造斜能力影响不大。

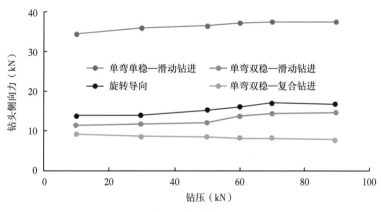

图 5.12　钻压对钻头侧向力的影响

图 5.13 表明，弯角对于螺杆钻具组合滑动钻进时的造斜能力影响较大，随着弯角越大，单稳和双稳螺杆的滑动钻进时的造斜能力都随之增大。对于单弯双稳螺杆钻具，弯角对于其钻头侧向力影响较小。因此，在实际操作中，可以通过调节弯角大小控制螺杆钻具组合滑动钻进时的造斜能力。

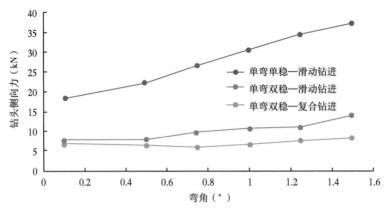

图 5.13　弯角对钻头侧向力的影响

由图 5.14 可知，随着第一稳定器尺寸的增加，各工具的造斜能力随之增加。三种造斜工具比较来看，第一稳定器的尺寸对于单稳螺杆滑动钻进时的影响最大。

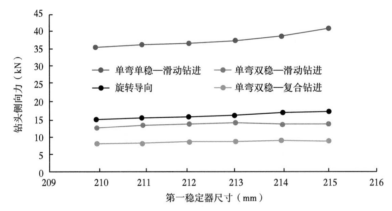

图 5.14　第一稳定器（近钻头）尺寸对钻头侧向力的影响

由图 5.15 可知，随着第二稳定器尺寸的增加，双稳螺杆和旋转导向的造斜能力显著减小。这表明第二稳定器的尺寸可以控制单弯双稳和旋转导向钻具的造斜能力。

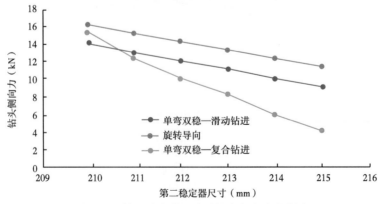

图 5.15　第二稳定器尺寸对钻头侧向力的影响

由图 5.16 可知,随着两个稳定器的间距增加,双稳和旋转导向的造斜能力增加。因此,调整稳定器间距也显著控制单弯双稳和旋转导向钻具的造斜能力。

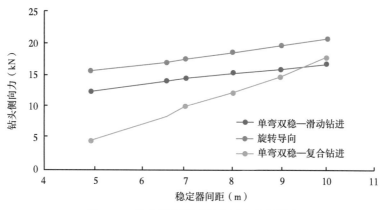

图 5.16　稳定器间距对钻头侧向力的影响

5.1.4.1　参数敏感性分析

(1)造斜能力:单弯单稳螺杆(滑动钻进)>旋转导向>单弯双稳螺杆(滑动钻进)>单弯双稳螺杆(复合钻进)。

(2)单弯单稳的造斜能力最强,能够满足造斜要求,但是造斜力太强不利于稳斜;单弯双稳螺杆复合钻进的造斜能力最差,造斜力较低,适合稳斜段钻进;旋转导向的造斜能力介于单稳和双稳螺杆之间。

(3)对于螺杆钻具,增大弯角、增加第一稳定器尺寸、减小第二稳定器尺寸、增加稳定器间距,均可提高造斜能力。通过调节这些参数,可以控制螺杆钻具组合的造斜能力,使之达到造斜、稳斜的要求。

5.1.4.2　总结和建议

(1)单弯单稳钻具滑动钻进的造斜能力最大,建议造斜段使用。为了满足造斜要求,单稳单稳钻具需要保持较大造斜能力,建议弯角选择 1.5°,稳定器尺寸选择 212mm。

(2)单弯双稳钻具的滑动钻进时造斜能力最小,建议稳斜段使用。为了保证稳斜效果,需要降低单弯双稳钻具造斜能力,建议弯角选择 1°,第一稳定器尺寸 210mm,第二稳定器尺寸 212mm,稳定器间距 7~8m。

(3)旋转导向钻具的造斜能力适中,且改变偏置力可以实时调整造斜能力,造斜段和稳斜段均可使用,但是造价较高。

5.1.5　各种定向工具对比试验

吉木萨尔页岩油三维长水段水平井轨迹控制与其他地区有很大区别,页岩油开发要求低成本,而工程技术难度并没有降低,因此,如何兼顾这两个矛盾,是井眼轨迹控制必须考虑因素。如果采用常规弯螺杆导向工具,虽然服务费用较低,但在钻进过程中,摩阻和扭矩较大,托压现象严重,机械钻速低。若采用先进的旋转导向工具,机械钻速高,井眼轨迹光滑,同时可以大幅度提高水平段延伸能力,但费用较高。选择何种导向工具,更适合该地区页岩油水平井轨迹控制，需要对比试验，找出一种综合经济效益最好的一种方式。通过常规螺杆钻具与旋转导向工具进行对比试验，可以看出，采用旋转导向工具，机械钻速较常规工具提高了 1.78~3.64 倍，定向段和水平段均实现了一趟钻完成，钻井工期较常规定向工具节约 5~7d（表 5.3）。

表 5.3 水平井段不同导向工具对比试验数据

井号	井段类型	进尺（m）	定向工具	机械钻速（m/h）	钻井工期（d）
JHW003	水平段	1369	螺杆定向	6.14	18
JHW007		1379.8	旋转导向	10.99	13
JHW017	定向段	353	旋转导向	13.9	4
JHW003		510	常规定向	3.82	11

如图 5.17 所示为水平段不同导向工具井眼微狗腿度变化，可以看出，水平段采用旋转导向工具，井眼微狗腿度小于常规螺杆定向的井眼，轨迹较光滑。

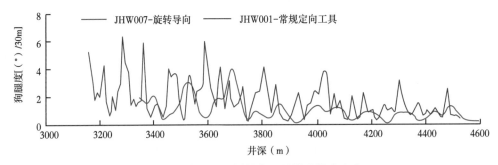

图 5.17 水平段不同导向工具微狗腿度变化

为了进一步提高常规弯螺杆定向工具机械钻速，采用 PDC 钻头+螺杆+弯接头+稳定器的"四合一"钻具组合。此钻具组合在复合钻井时，具有稳斜特性，在螺杆滑动钻进时，利用弯外壳螺杆钻具定向钻进可以实现增斜钻进，从而具备把定向井直井段—造斜段—增斜段等三段作业变为"一趟钻"作业的能力。同时通过对井眼轨迹优化设计，提高了稳斜井段长度，降低了井眼轨迹控制难度，形成了"小井斜走偏移距—稳井斜扭方位—增斜入窗"轨迹控制模式。定向段选择较大弯角螺杆，提高上部定向段造斜率，以"多复合，少滑动"原则，降低摩阻，减少托压，增加复合钻进进尺，机械钻速有了大幅度提高。现场试验表明，复合钻进进尺比例达到 56%，机械钻速较滑动钻进提高了 1.66 倍（图 5.18）。

从两种导向工具试验结果综合分析来看，旋转导向工具虽然提高了机械钻速，节约了钻井工期，但其投资成本仍然高于常规定向工具。对井眼轨迹控制质量而言，常规定向工具也能较好地满足后期完井作业需要。因此，在页岩油先导试验区，水平段长度小于1300m 的水平井，选择常规定向工具更适合。旋转导向工具可作为更长水平段的钻井备用技术。

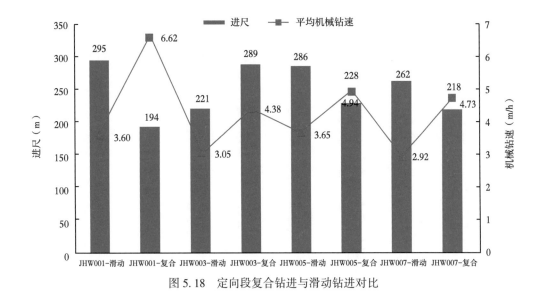

图 5.18　定向段复合钻进与滑动钻进对比

5.2　页岩油水平井眼延伸长度极限评价

北美的页岩革命不仅使美国能源自给，也改变了世界石油天然气的格局。据国外页岩油气水平井的长度统计，单井产量随水平井长度增加而增大。近些年，美国各区块页岩气水平井段长度大于 3000 m 的井占据 50% 以上，更有利于提高单井 EUR（单井控制储量）与 NPV（净现值）。2013 年后，我国在鄂尔多斯盆地、准噶尔盆地、四川盆地、松辽盆地等也陆续开展致密页岩油气的勘探开发及工程技术试验。国内外页岩油气开发实践表明，较长的水平段有利于提高单井控制储量与单井净现值。与美国相比，我国页岩油气埋藏深度相当，但水平井的水平段长度差距较大。如何优化钻井技术来提高水平井水平段长度极限已成为现阶段我国非常规油气水平井钻井的技术难题。为了实现吉木萨尔页岩油在现有钻机装备、井身结构和配套技术条件下的水平井段更长的延伸，建立了水平井管柱摩阻—扭矩计算模型，针对典型井进行钻井管柱井下力学模拟。同时，开展制约水平段长度的关键因素分析，包括：井眼轨迹、泵压限制、套管和钻柱屈曲等。结合吉木萨尔页岩油 JHW00421 井，优化设计井眼轨道与钻具组合，模拟避免钻柱与套管屈曲的技术条件，制定出超长水平井水平段长度为 3500m 极限的技术方案，并通过我国陆地最长水平井段（3100m）钻井的成功实践加以验证。

5.2.1　典型井管柱摩阻—扭矩分析

井下管柱屈曲失稳是造成管柱遇阻遇卡的主要原因之一。在轴向力超过某一临界值后，管柱将发生屈曲变形，屈曲变形后的管柱与井壁的接触力成非线性增长，轴向力越大，摩阻也越大，因此形成恶性循环，当轴向力趋于无穷大时，管柱形成自锁，下入深度将不再增加从而无法达到预定井深。如图 5.19 所示为垂直井眼中管柱屈曲的全相图，整个相图包括 5 个屈曲模态（无屈曲、二维横向屈曲、三维横向屈曲、连续接触屈曲和螺旋屈曲）和 4 个临界条件：二维横向屈曲临界载荷（$\eta_{5,2D}$）、三维横向屈曲临界载荷（$\eta_{5,3D}$）、连续接触屈曲临界载荷（$\eta_{5,con}$）和螺旋屈曲临界载荷（$\eta_{5,hel}$）。换算到工程单位，各个屈曲模态的临界钻压为：

$$F_{flag} = \eta_{5,flag} \cdot \left(EIq^2 \right)^{\frac{1}{3}} \qquad (5.1)$$

其中，下标 flag 分别代表 2D、3D、con 和 hel 四种情形，且无因次参数数值为：

$$\eta_{5,2D,min} = 1.8546 \quad \eta_{5,3D,min} = 3.9494 \quad \eta_{5,con,min} = 5.2497 \quad \eta_{5,hel,min} = 8.3954 \qquad (5.2)$$

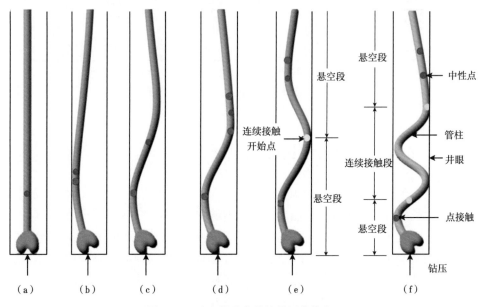

图 5.19　垂直井眼中管柱的屈曲模态

以页岩油先导试验区典型井 JHW003 井为例，根据三维软杆计算模型，对钻柱摩阻、扭矩进行分析，并与现场实测摩阻扭矩进行对比。

5.2.1.1　摩阻扭矩计算条件

（1）定向井段。

钻具组合：ϕ215.9mmPDC 钻头 + ϕ172mm1.5° 螺杆 + ϕ127mm 无磁承压钻杆 + ϕ172mmMWD 短节+ϕ127mm 无磁承压钻杆+ϕ127mm 加重钻杆 3 根+ϕ127mm 斜坡钻杆 30 根+ϕ127mm 加重钻杆 46 根+ϕ127mm 斜坡钻杆。

钻井参数：钻压 = 30～60kN；转速 = 30～40r/min+螺杆；排量 = 30L/s，立压 = 17～19MPa。

钻井液性能：密度=1.40g/cm³，漏斗黏度=60s，塑性黏度=55～60mPa·s，动切力 = 12.5Pa。

（2）水平井段。

钻具组合：ϕ152.4mm 钻头+ϕ120mm1.25° 螺杆+ϕ120mm 无磁钻铤+ϕ120mmMWD 短

节+φ120mm 无磁钻铤+φ101.6mm 加重钻杆 3 根+φ101.6mm 钻杆 165 根+φ101.6mm 加重钻杆 59 根+φ101.6mm 钻杆。

钻井参数：钻压＝20～40KN；转速＝30～70r/min+螺杆；排量＝14～15L/s，立压＝20～27MPa。

钻井液性能：密度＝1.47g/cm³，漏斗黏度＝65s，塑性黏度＝30～40mPa·s，动切力＝10～15Pa。

5.2.1.2　计算结果对比分析

（1）定向井段。

计算输入参数：裸眼摩擦系数＝0.25，套管摩擦系数＝0.2，钻井液密度＝1.40g/cm³，钻头扭矩＝4kN·m，钻进钻压＝100kN，大钩质量＝250kN，转速＝30r/min，钻进管柱运动速度＝0.001m/s，起下钻时管柱运动速度＝0.2m/s。

如图 5.20 和图 5.21 所示分别为定向段旋转钻进大钩载荷、扭矩实测与理论计算对比；如图 5.22 所示为定向段滑动钻进大钩载荷计算与实测对比。

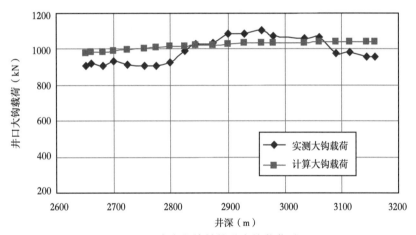

图 5.20　定向段旋转钻进大钩载荷对比

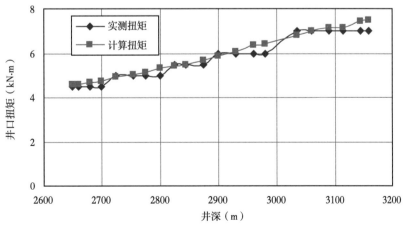

图 5.21　定向段旋转钻进井口扭矩对比

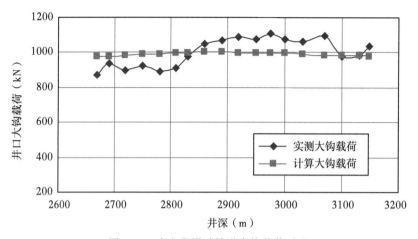

图 5.22 定向段滑动钻进大钩载荷对比

计算结果表明，在旋转钻进工况下，大钩载荷和扭矩实测与理论计算的相对误差小于10%。在滑动钻进工况下，井口大钩载荷与实测值的相对误差均小于10%。摩阻扭矩预测相对误差均小于10%，说明钻柱摩阻扭矩预测模型具有较高的精度。

（2）水平段。

计算输入参数：裸眼摩擦系数=0.25，套管摩擦系数=0.2，钻井液密度=1.47g/cm³，钻头扭矩=2.5 kN·m，钻进钻压=40kN，大钩质量=250kN，转速=50r/min，钻进管柱运动速度=0.001m/s，起下钻时管柱运动速度=0.2m/s。

如图 5.23 和图 5.24 所示分别为水平段旋转钻进大钩载荷、扭矩实测与理论计算对比；如图 5.25 所示为水平段滑动钻进大钩载荷计算与实测对比。

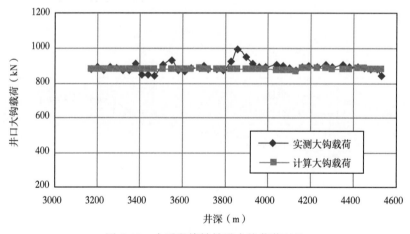

图 5.23 水平段旋转钻进大钩载荷对比

计算结果表明，在旋转钻进工况下，大钩载荷和扭矩实测与理论计算的相对误差小于10%。在滑动钻进工况下，绝大多数计算点井口大钩载荷与实测值的相对误差小于10%。极少数点误差大于10%，这是由大钩载荷异常的波动引起，即使如此，计算误差均小于

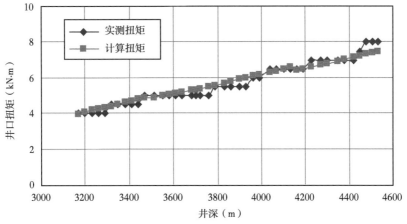

图 5.24 水平段旋转钻进扭矩对比

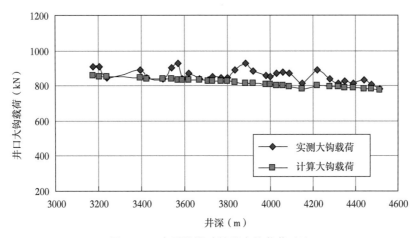

图 5.25 水平段滑动钻进大钩载荷对比

12%，完全在合理的误差范围内。说明钻柱摩阻扭矩预测模型能较好满足页岩油长位移水平井段摩阻扭矩预测要求。

5.2.2 水平井眼延伸极限制约因素

通常，水平井眼延伸能力的制约因素较多，主要包括：钻机提升载荷、顶驱稳定扭矩、额定泵压、安全密度窗口、钻柱屈曲极限等。然而，根据吉木萨尔页岩油钻机现状（普遍采用 ZJ70 钻机），制约水平段延伸长度的关键因素包括：实钻井眼轨迹形状、泵压限制、下套管阻力和钻柱屈曲等。

5.2.2.1 额定泵压限制

我国陆地油田钻井泵的额定泵压多数为 35MPa。若水平段长度增加，当水平井循环压耗大于钻井泵的额定泵压，则水平段将无法正常钻进，其表达式为：

$$\sum_{i=1}^{n} \left(\frac{\mathrm{d}p_{pi}}{\mathrm{d}L_i} L_i \right) + \sum_{i=1}^{n} \left(\frac{\mathrm{d}p_{ai}}{\mathrm{d}L_i} L_i \right) + \Delta p_{\mathrm{b}} + \Delta p_{\mathrm{m}} < p_{\mathrm{e}} \tag{5.3}$$

式中　Δp_b——钻头压降，Pa;

　　　Δp_m——井下动力钻具压耗，Pa;

　　　p_e——额定泵压，Pa;

　　　p_p——钻柱内循环压耗，Pa;

　　　p_a——井筒环空循环压耗，Pa;

　　　L_i——水平井测量井深，m。

5.2.2.2　地层安全密度窗口限制

当水平井段逐渐增加，环空压耗和井底当量循环密度（ECD）将不断增大。安全密度窗口要求井底压力应大于储层孔隙压力和储层坍塌压力的较高值，并小于储层的破裂压力：

$$\max(\rho_p,\ \rho_c)\ <\ \mathrm{ECD}=\rho_m+\frac{(p_1+p_{cut})}{0.0098\sum_{i=1}^{n}L_i}\ <\ \rho_f \tag{5.4}$$

式中　ρ_m——钻井液密度，g/cm^3;

　　　p_1——循环压耗，MPa;

　　　ρ_f——地层破裂压力当量，g/cm^3;

　　　p_{cut}——钻屑附加压力，MPa;

　　　ECD——考虑机械钻速的等效循环密度，g/cm^3。

5.2.2.3　钻柱与套管屈曲限制

井筒内管柱屈曲失稳是导致水平井套管难以下入或钻具托压难以延伸的主要原因。当管柱轴向力超过某一临界值，管柱将发生屈曲变形（螺旋屈曲和正弦屈曲），屈曲变形后的管柱与井壁间接触力和摩阻将非线性增长。轴向力越大，摩阻越大，出现恶性循环。当轴向力超过某一值时，井筒内管柱发生自锁现象，无法达到预定井深（图5.26）。

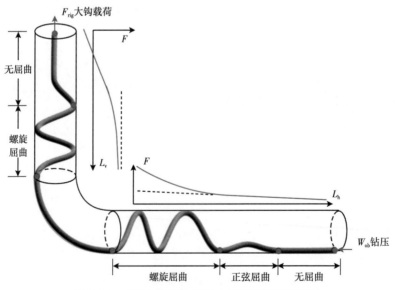

图5.26　水平井管柱轴向受力与屈曲状态示意图

5.2.3 超长水平井段钻井可行性评价

JHW00421 井目的层二叠系芦草沟组（$P_2l_2^{2-2}$），终靶点垂深为 2747.1m，井口偏移距为 174m，水平井眼方位为 260°，井斜角为 84°～87°。为实现超长水平段（设计 3000m）安全钻井，采用三开井身结构，ϕ311.2mm 钻头钻至入靶点 A，下入 ϕ244.5mm 技术套管。

5.2.3.1 三维水平井轨道优化

由于井眼为三维轨道，对比分析了常规三维轨道与双二维轨道的钻具摩阻扭矩，结果表明：在偏移距大于 160m 的情况下，双二维轨道中钻柱摩阻、侧向力等较小，屈曲风险小，易于套管下入；从井眼轨道调整控制来看，双二维轨道容易实现小井斜扭方位，较三维轨道易于实现轨迹控制与调整。从造斜或扭方位井段长度对比，双二维轨道为 727m，略大于三维轨道的 688m，但由于上部井斜较小（17.9°），机械钻速影响不大，钻井成本增加较小。因此，JHW00421 井设计为双二维轨道剖面，最大曲率为 5.6°/30m（表 5.4）。

表 5.4 JHW00421 井双二维轨道剖面设计

类型	斜深（m）	井斜（°）	方位（°）	垂深（m）	水平位移（m）	曲率[（°）/30m]
直井段	1500	0	0	1500	0	0
增斜段	1653.49	17.91	347.74	1651	2.29	3.5
稳斜段	2099.45	17.91	347.74	2075.35	15.51	0
扭—降段	2289.20	14.00	260.04	2260.00	41.56	3.5
增斜段	2516.73	56.70	260.04	2441.31	169.98	5.6
稳斜段	2535.68	56.70	260.04	2451.71	185.79	0
增斜段	2691.32	85.24	260.04	2501.94	331.17	5.5
稳斜段	5751.67	87.05	260.04	2747.14	3376.21	0

5.2.3.2 水平段钻具组合优选

水平段钻进期间，井眼直径为 215.9mm，通常采用 ϕ127mm 或 ϕ139.7mm 钻杆。针对三种水平井钻具组合，分别对大钩载荷、钻杆屈曲及循环泵压开展计算对比。第一种钻具组合为 ϕ127mm 钻杆+ϕ127mm 加重钻杆+ϕ139.7mm 钻杆；第二种钻具组合为 ϕ127mm 钻杆+ϕ139.7mm 钻杆；第三种钻具组合为 ϕ127mm 钻杆+ϕ127mm 加重钻杆+ϕ127mm 钻杆。

如图 5.27 为三种典型的钻井组合钻至水平段 3000m 时所产生的大钩载荷。可以看出，第 2 种钻具大钩载荷最小（约 970 kN），且大钩载荷变化平稳，利于现场钻压平稳施加。如图 5.28 所示为三种典型的钻井组合钻水平段时的循环泵压。在钻井液密度为 1.55g/cm³ 时相同排量下，第 2 种钻具循环泵压最小。另外，由于三种钻具在水平段均为 ϕ127mm 钻杆，发生钻杆屈曲的风险相同。

除考虑上述因素外，吉木萨尔水平段一趟钻的进尺约 1000m，为避免造斜段加重钻杆倒换，降低水平段的摩擦阻力，推荐第 2 种钻具组合。

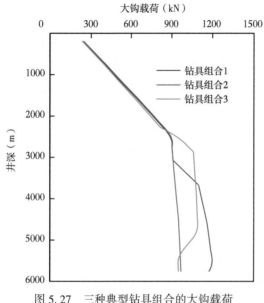

图 5.27　三种典型钻具组合的大钩载荷

5.2.3.3　水平段延伸能力分析

根据水平井段延伸长度的制约因素，结合吉木萨尔页岩油储层压力特征，分别从泵压、ECD 和管柱屈曲等方面，对超长水平段的延伸极限进行模拟和论证。

（1）泵压与 ECD 模拟。

在满足井眼清洁条件下，JHW00421 井水平段环空钻井液返速应大于 0.75m/s，需最小钻井液排量为 31L/s（1.86m³/min），模拟计算得到 3100m 水平段的循环压耗为 30.1MPa（图 5.28）。因此，需配备额定工作压力为 35MPa 的钻井泵。另外，钻井液排量为 31L/s，钻井液密度为 1.55g/cm³ 时，井底最大 ECD 达 1.85g/cm³，小于储层破裂（漏失）压力系数 1.92g/cm³，满足安全钻进要求。

（2）钻柱延伸载荷极限。

依据建立的水平井井筒内管柱力学模型，计算分析认为，吉木萨尔页岩油 ϕ215.9mm 水平井眼钻井时，可配套旋转导向或减阻工具、油基钻井液等技术，钻柱摩擦系数可降至 0.15，可实现 3500m 的水平段延伸（图 5.29）。

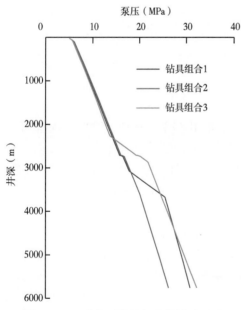

图 5.28　三种典型钻具组合的循环泵压

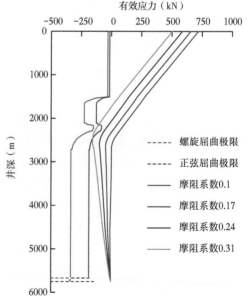

图 5.29　3000m 水平段 ϕ127mm 钻杆屈曲分析

（3）套管下入载荷极限。

通过套管力学模拟，φ139.7mm 套管下入 3000m 水平段，当下入井底时大钩悬重小于 500kN，套管将发生屈曲。当套管摩阻系数小于 1.5，φ139.7 mm 套管可依靠自重安全下至井底（图 5.30）。若水平段增加至 3500~4000m，可采用旋转套管或漂浮固井的方式下套管。

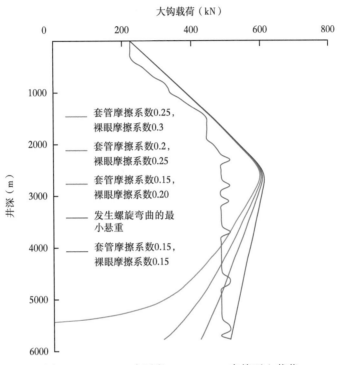

图 5.30　3000 m 水平段 φ139.7 mm 套管下入载荷

（4）评价结论。

在钻机设备载荷许可的前提下，水平井眼延伸能力主要限制因素包括：井眼轨道类型、钻具组合、钻柱和套管屈曲极限、钻井液润滑性、水平段安全密度窗口等。通过力学模拟和钻井实践，证实在现有钻机、旋转导向系统和油基钻井液前提下，井眼轨迹较平滑时，吉木萨尔页岩油水平井段的延伸极限约 3500 m。若配套减震钻具、大功率螺杆，水平段可延伸至 4000 m，此时应采用旋转套管或漂浮固井的方式下套管。

5.2.4　3100m 水平段钻井实践

目前，油区内已钻水平井的水平段长度为 1300m、1500m、2000m。为了加快吉木萨尔页岩油的资源落实、有效建产及储量升级，2019 年计划部署 63 口水平井，建产能 51.24 万吨。其中，在凹陷东南部上"甜点"采用"大平台、批钻批压"开发模式，并开展超长水平井钻井技术提高单井产量攻关试验，部署 5 口水平段长 3000m 的水平井，设计压裂级数为 50~60 级，模拟单井初期产量可达 150~210m³，为前期已完井平均的 3.0~4.2 倍。

JHW00421 井设计三开井身结构（表 5.5），计划水平井段 3000m，井深 5754.92m。

该井水平段采用旋转导向和大通径复合钻具组合，尽可能强化钻井参数，配套使用白油基钻井液，最终完钻井深 5830m，水平段长度 3100m，水平段钻井工期 24.5d。

表 5.5　JHW00421 井井身结构参数

开钻次序	井深（m）	钻头尺寸（mm）	套管尺寸（mm）	套管下入地层层位	水泥浆返高（m）
一开	500	444.5	339.7	N	地面
二开	2691	311.2	244.5	P2l	1808
三开	5754	215.9	139.7	P2l	2140

水平段采用 MDI516 PDC 钻头，钻压为 50～80kN，转速为 100r/min，泵压为 28～31MPa，钻井液排量为 30～33L/s，钻井液密度为 1.50～1.55g/cm³。水平井段钻具组合为 ϕ215.9 mm 钻头+PDX5+ AWR+HDS1+无磁钻铤+ϕ127mm 加重钻杆（1 柱）+ϕ127mm 钻杆（1000～2500m）+ϕ139.7mm 钻杆。

水平段采用白油基钻井液，油水比为 85:15，配方为：（90%白油+30%CaCl₂ 水溶液）+2%～2.5%主乳化剂+2%～3%辅乳化剂+1～2%润湿剂+2.5～3%有机土+2.5%降滤失剂+1.5%CaO+1%增黏剂+3%天然沥青+重晶石。强化油基钻井液携岩能力和悬浮能力，塑性黏度为 55mPa·s，屈服值为 10Pa。优化降滤失剂和封堵剂，严格控制失水，API 滤失量小于 4mL。保持钻井液电稳定性大于 500V（50℃）。现场实测钻具的井筒摩阻系数为 1.20～1.25，钻进期间钻具无托压现象。油层套管外径为 139.7mm，钢级为 TP125v，壁厚为 12.09mm。采用滚轮和弹性扶正器，一次安全下至井底，未发生屈曲，到达井底时大钩载荷为 580kN（模型计算水平段发生螺旋屈曲的最小钩载为 520kN）。

JHW00241 井 3100m 水平段的钻井实践，表明了水平井段轨迹控制及轨迹平滑的重要性，实钻期间应减少全角变化率的大幅波动。同时，储层芦草沟组安全密度窗口约 0.4g/cm³，应优化钻井液流变性和润滑性，降低水平段环空循环摩阻，防止井下事故。

5.3　基于碳酸盐含量的"甜点"随钻识别技术

目前，国内外页岩油气水平井轨迹导向主要依靠随钻地质测井识别与轨迹调整技术。在吉木萨尔页岩油快速开发期间，对随钻测井和地质导向配套工具的性能和数量需求非常大。同时，国外先进的地质导向工具所需费用偏高，钻井成本控制难度大。因此，研究建立了基于碳酸盐含量的"甜点"随钻识别及导向技术，并在吉木萨尔页岩油开展试验，应用效果显著。

5.3.1　页岩油水平井随钻地质导向难点

（1）常规录井技术无法准确区分"甜点"。

通过对芦草沟组吉 174 等多口井岩心观察，发现了丰富的原生沉积构造（水平层理、透镜状层理、小型交错层理、波状层理、干裂破碎构造、块状构造、藻纹层），此外，还广泛发育具有咸水湖水文环境特征的鱼化石、两栖类及叶肢介、双壳类等。综合芦草沟组微量元素分析证实（表 5.6），二叠系芦草沟组页岩油整体为咸化湖沉积环境。从岩心观察可知，在此环境下沉积形成的储层与非储层颜色总体均表现为灰、灰黑色（图 5.31），储层岩心碎屑颗粒粒级以小于 0.5mm 为主（图 5.32），表明芦草沟组储层粒度普遍较细，因此仅凭常规岩屑录井技术无法有效区分储层与非储层。

表 5.6 芦草沟组页岩油微量元素分析表

数值	Sr/Ba	B/Ga	V/Ni	V/（V+Ni）	V/Cr	Th/U
变化范围	0.24~6.26	1.53~18.79	1.02~22.81	0.5~0.96	1.08~4.33	0.21~4.76
平均值	1.43	7.75	3.66	0.75	2.36	1.61

注：一般来说，淡水沉积物中 Sr/Ba 值小于 1，而盐湖、海相沉积物中 Sr/Ba 值大于 1；盐湖（海相）沉积物中 B/Ga 值一般大于 4.5；Th/U 值在 0~2 指示缺氧还原环境。

图 5.31 芦草沟组页岩油上"甜点"沉积构造标志

［注：（a）吉 174 井，3323m，小型交错层理、扰动构造发育，浅湖相沉积；（b）吉 174 井，3277.7m，波状砂纹层理，反映浅湖沉积特征；（c）吉 174 井，3275.3m，微波状层理，反映浅湖沉积，水动力较弱；（d）吉 174 井，3299.8m，透镜状层理、波状砂纹层理，浅湖沉积；（e）吉 174 井，3284.7m，波状层理，浅湖相沉积；（f）吉 174 井，3290.8m，透镜状层理，浅湖相沉积。］

（2）镜下无法识别岩矿成分复杂的过渡性岩类。

芦草沟组页岩油由于成岩演化过程中受咸化湖水及烃源岩演化的影响，成岩作用十分复杂。芦草沟组岩性多变，组成岩石的矿物成分多样（图 5.33），除陆源矿物、碎屑、内碎屑及少量火山灰外，还发育多种自生矿物，如碳酸盐类、硫酸盐类、硅酸盐类、黄铁矿、绿/蒙混层矿物等。通过岩石薄片镜下观察，常见岩性约 50 多种。由于受机械沉积、

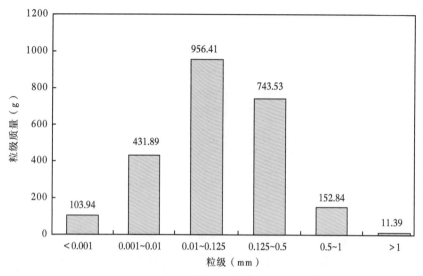

图 5.32　吉 174 井芦草沟组粒级质量分布直方图

化学沉积及生物沉积作用的共同影响，导致芦草沟组多为过渡性岩类，仅凭常规录井技术无法判别储层岩性。

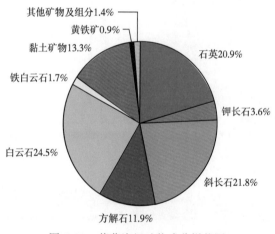

图 5.33　芦草沟组矿物成分饼状图

（3）薄互层发育与局部地层产状变化导致轨迹导向困难。

　　根据储层物性与含油性关系，确定芦草沟组页岩油"甜点"为孔隙度大于 6% 的储层，应用核磁测井对储层孔隙度进行解释，并建立连井剖面（图 5.34）。由图 5.34 可知，芦草沟组上"甜点体"内油层段与非油层互层发育，上"甜点体"跨度平均 35m，其中"甜点"厚度为 17.6m，单油层厚度 0.5~5.9m，平均仅 2.7m。同时从岩心实物中可以看出，芦草沟组"甜点"内纵向上"甜点"岩性与泥岩类呈厘米级薄互层结构，而芦草沟组地层局部存在明显的产状变化，现有地震资料平面速度差异较大，地层产状难以准确预测，轨迹易偏出目的层，偏出方向难以确定，造成"甜点"钻遇率低。应用随钻地质导向工具费用高，且效果有待验证。

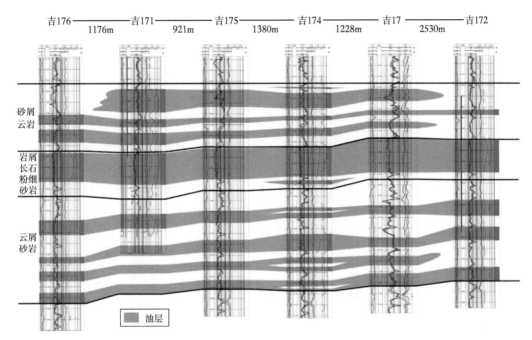

图 5.34 过吉 176-吉 172 井上"甜点"油层对比图

5.3.2 页岩油水平井随钻地质导向技术

针对芦草沟组页岩油岩性复杂，纵向"甜点"与非"甜点"互层发育，水平井钻井目标厚度薄，随钻"甜点"识别难度大，"甜点"钻遇率低，且地质导向工具服务费用高等问题，重点开展以下研究工作，形成了页岩油薄互层"甜点"随钻储层评价及轨迹导向技术。

研究发现，芦草沟组岩性总体分为碎屑岩和碳酸盐岩两大类，上"甜点体"纵向上发育三套"甜点"段，上部储层主要岩性为砂屑云岩，纵向发育 3 段，叠合厚度为 3.2 ~ 9.1m，孔隙度为 6.0% ~ 13.0%，储层碳酸盐岩含量高；中部岩性为岩屑长石粉砂岩，总体上为一个"甜点"段，厚度为 5.5 ~ 6.8m，孔隙度为 10.4% ~ 16.6%，储层碳酸盐含量低；底部岩性为云屑砂岩，纵向发育 4 段，累积厚度为 3.2 ~ 9.9m，孔隙度为 6.2% ~ 12.3%，碳酸盐岩含量较高。有别于其他井段，中部的"甜点"段发育稳定，储集空间最佳，同时最小主应力相对较低（图 5.35），是地质和工程"甜点"叠合段，有利于体积压裂，确定为水平井钻井目标层。

5.3.2.1 水平井准确着陆技术

（1）水平井钻井目标深度预测技术。

芦草沟组上覆地层地震速度平面变化大，导致钻井目标深度难以准确预测，该区已钻评价井（吉 176 井、吉 31 井）证实，实钻分层与设计分层误差达 40m。先导试验区井控程度低，尤其在 3# 平台水平井下倾方向无井控，构造预测难度大，水平井轨迹靶点、控制点海拔预测难度大。

页岩油水平井钻井目标厚度小，对构造精度要求更高，需精确解释（P_3wt、$P_2l_2^1$、上

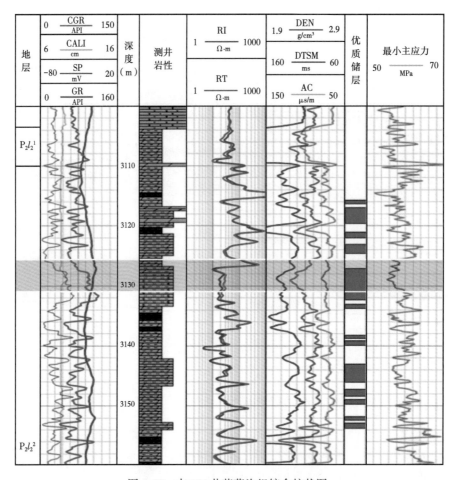

图 5.35　吉 174 井芦草沟组综合柱状图

"甜点体"三套"甜点"段顶面) 5 个构造层位。为准确解释该区构造，采用 2012 年处理的高分辨率三维数据，共标定了区内及周边 11 口井，整体上相关系数较高。随后充分利用区内完钻井小分层资料，开展地震剖面连井精细对比（图 5.36），卡准层位，确定各层地震响应。在此基础上，进行全区对比追踪。为了满足水平井设计高精度要求，采用 HRS 软件特有的地质统计法对解释层位进行时深转换，准确预测了目标层构造变化，完成 5 个层位精细解释图。利用该方法进行转换的深度域数据体，在深度数据体上直接读取靶点海拔，进行水平井靶点设计。

（2）岩性剖面建立及稳定标志层的选取。

为了确保水平井在目标层岩屑长石粉细砂岩中穿行，通过对比分析，在上"甜点"复杂岩性地层内选取了 3 套稳定标志层（图 5.37）。标志层 1：梧桐沟组底界，岩性主要为灰色砂砾岩，测井表现为高声波，电阻率稳定偏低。标志层 2：黑灰色碳质泥岩，碳酸盐岩含量低，测井表现为高电阻尖峰、低密度。标志层 3：灰白色泥质白云岩，录井不易识别，测井曲线显示犬齿状高阻、低伽马。其中梧桐沟组底界录井测井最易识别，且梧桐沟组底界全区很稳定，可作为第一标志层，黑色碳质泥岩录测井也容易识别，可作为第二标志层。

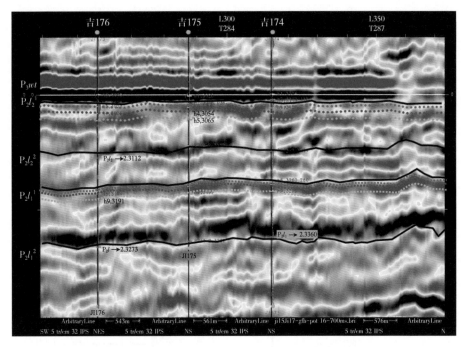

图 5.36 过吉 176 井、吉 175 井、吉 174 井地震剖面

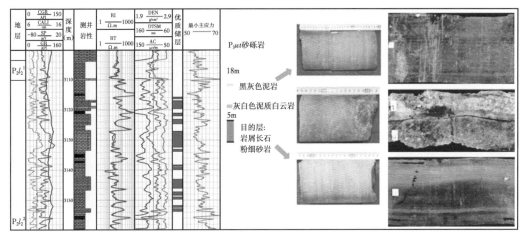

图 5.37 上"甜点"水平井着陆三套稳定标志层录测井图

如图 5.38 所示，第一标志层距离目的层垂深 23~28m。在 $1^{\#}$、$2^{\#}$ 平台距离为 23m，$3^{\#}$ 平台距离约为 26m；第二标志层距离目的层垂深 11 m，全区基本稳定。水平井二开中完是以钻穿梧桐沟组 50m 为原则，可以通过已经实钻的梧桐沟组底界深度对轨迹进行第一次调整；轨迹继续钻进，当钻遇第二标志层时，进行二次调整，经过靶前两次轨迹调整，可确保水平井准确入靶。

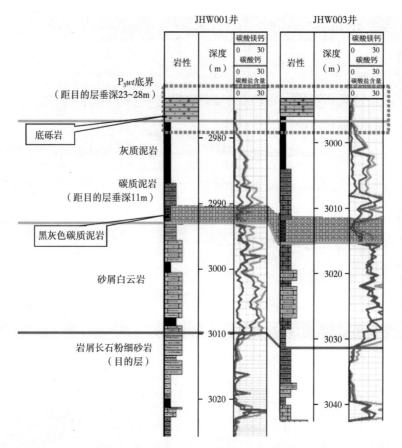

图 5.38　过 JHW001 井—JHW003 井标志层对比图

5.3.2.2　水平井随钻"甜点"识别技术

通过两个标志层的选取，水平井在目的层中着陆，水平井轨迹进入目标砂体岩屑长石粉细砂岩。由于地层产状难以预测，导致水平段设计井斜角难以在 1300～1800m 水平段内完全与地层倾角匹配。在实践过程中，综合地震、地质、录井、测井资料，形成了一套水平轨迹多方法跟踪调整技术，确保水平段在目的层岩屑长石粉细砂岩穿行。

通过观察邻井（吉 174 井、吉 176 井）岩心，总结芦草沟组纵向上不同岩性的分布规律，并根据芦草沟组不同岩性段内白云质含量存在差异这一特点，综合应用碳酸盐分析结果，形成能够有效指导水平井钻进的常规录井+碳酸盐分析技术，实现"甜点"随钻识别评价及轨迹控制。

由图 5.39 可知，$P_2l_2^2$ 段上部自上而下发育四类岩性，分别为白云质泥岩、砂屑白云岩、岩屑长石粉细砂岩、云屑砂岩，由于各种岩性的白云质含量不同，其碳酸盐含量也存在明显差异。

先导试验区芦草沟组上"甜点"白云质泥岩段碳酸盐含量约为 38.5%；砂岩段呈现两种特征，一类砂屑白云岩段，碳酸盐含量约为 68.1%；另一类岩屑长石粉细砂岩段，碳酸含量仅为 1.0%，该岩性段即水平井目的层。

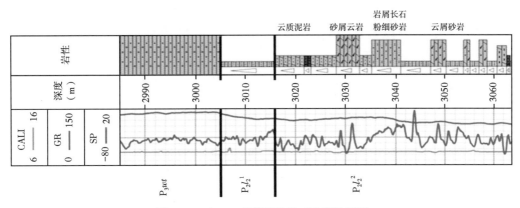

图 5.39 吉 176 井芦草沟组二段岩性剖面

常规录井+碳酸盐含量分析技术虽基于录井资料，但对储层段的识别与核磁测井解释结果具有很好的一致性，证实该方法可靠有效（图 5.40）

实践过程中，由于地层产状存在局部变化，目标一旦丢失，轨迹调整仍缺乏指导依据。为解决此问题，进一步结合气测录井、碳酸盐分析，建立了页岩油"甜点体"多参数标准剖面（表 5.7）。

表 5.7 吉木萨尔凹陷芦草沟组上"甜点体"岩性多参数标准剖面

厚度（m）	距P₂l顶（m）	颜色	岩性	岩屑描述	碳酸钙含量（%）		碳酸镁钙含量（%）		湿照荧光（%）	气测主体分布（ppm）	
					最小	最大	最小	最大		最小	最大
5.5	5.5	深灰色	泥岩	质纯、性硬、呈块状、加酸弱起泡	1.18	11.63	0.85	4.11	1	600	4000
5	10.5	深灰色	白云质泥岩	质纯、性硬、呈块状、加酸弱起泡	2.08	20.77	0	19.21	1	1500	3500
0.5	11	深灰色	泥岩	质纯、性硬、呈片状、加酸弱起泡	2.2	4.1	4.3	7	1	3800	6000
1.5	12.5	灰色	白云质泥岩	质纯、性硬、呈块状、加酸弱起泡	6.47	9.42	10.54	18	1	7000	9000
2.5	15	浅灰色	白云质粉砂岩	砂粒成分以岩屑为主，长石、石英次之，分选中、棱角状、云质胶结，加酸起泡	4.93	28.9	10.54	21.78	1	10000	12000
0.5	15.5	浅灰色	白云质泥岩	质纯、性硬、呈块状、加酸弱起泡	5.2	19.7	10.9	16.97	1	6000	7000
5.4	20.9	深灰色	白云质泥岩	质纯、性硬、呈块状、加热起泡	7.74	13.07	12.29	12.76	1	5000	6000
0.2	21.1	灰色—浅灰色	泥岩	质纯、性硬、呈块状、加酸弱起泡	2.75	7.9	3.25	10.29	1	2000	3000
0.1	21.2	灰色	白云质泥岩	质纯、性硬、呈块状、加酸弱起泡	11.7	28.7	12	26.2	1	2000	4000
0.1	21.3	灰色—浅灰色	白云质泥岩	质纯、性硬、呈块状、加酸弱起泡	20.1	26.3	19	22.1	1	1000	3000
1.7	23	深灰色	白云质泥岩	质纯、性硬、呈块状、加酸起泡	8.2	24.6	10.2	24	1	900	1500
1.4	24.4	灰色—浅灰色	粉砂质泥岩	砂粒成分以岩屑为主，长石、石英次之，粒径：0.01-0.1mm，分选好、棱角状、钙泥质胶结，加酸弱起泡	0.3	5.5	0.4	7.8	3	6000	10000
1.5	25.9	灰色—浅灰色	泥质粉砂岩	砂粒成分以岩屑为主，石英、长石次之，粒径：0.01-0.1mm，分选中、棱角状、钙泥质胶结，加酸弱起泡	0.7	2.6	0.7	0.7	3	8000	12000
1.2	27.1	灰色	粉砂质泥岩	砂质成分以岩屑为主，粒径：0.01-0.1mm，加酸弱起泡	0.3	3.8	0.4	1.5	1	5000	7000
2.3	29.4	灰色—深灰色	泥岩	质纯、性硬、呈块状、加酸弱起泡	0.4	9.4	0	2.4	1	2000	6000
0.3	29.7	灰色—深灰色	白云质泥岩	质纯、性硬、呈块状、加酸弱起泡	4.91	13.17	5.15	21.72	1	4000	8000
0.7	30.4	灰色	泥质粉砂岩	砂粒成分以岩屑为主，石英、长石次之，粒径：0.01-0.1mm，分选中、棱角状、钙泥质胶结，加酸弱起泡	1.2	2.9	3.2	3.7	1	2000	4000
0.7	31.1	灰色—深灰色	白云质泥岩	质纯、性硬、呈块状、加酸起泡	14.09	17.52	12.23	16.91	1	1000	3000
	31.1	深灰色	泥岩	质纯、性硬、呈块状、加酸弱起泡	1.13	8.08	2.48	8.52	1	2000	6000
0.2	31.3	灰色—浅灰色	白云质泥岩	质纯、性硬、呈块状、加酸弱起泡	12.89	16.78	12.58	16.13	1	5000	8000
0.7	32	浅灰色	砂质泥岩	砂粒成分以岩屑为主，石英、长石次之，粒径：0.01-0.25mm，加酸弱起泡	0.6	3	0.1	3.7	1	3000	7000
0.7	32.7	灰色—深灰色	白云质泥岩	质纯、性硬、呈块状、加热起泡	3.27	7.84	4.19	13.17	1	6000	8000
0.4	33.1	深灰色	泥岩	质纯、性硬、加酸弱起泡	3.5	8	3.6	8.3	1	4000	7000
0.1	33.2	灰色—深灰色	白云质泥岩	质纯、性硬、呈片状、加酸弱起泡	2.48	15.59	4.42	21.58	1	1000	3000
0.1	33.3	灰色	泥岩	砂粒成分以岩屑为主，石英、石英次之，粒径：0.01-0.1mm，分选中、棱角状、钙质胶结，加酸弱起泡	9.79	11.55	5.52	16.15	1	2000	2500
0.2	33.5	灰色—深灰色	白云质泥岩	质纯、性硬、呈片状、加酸弱起泡	9.19	20.7	11.2	19.93	1	1000	2500

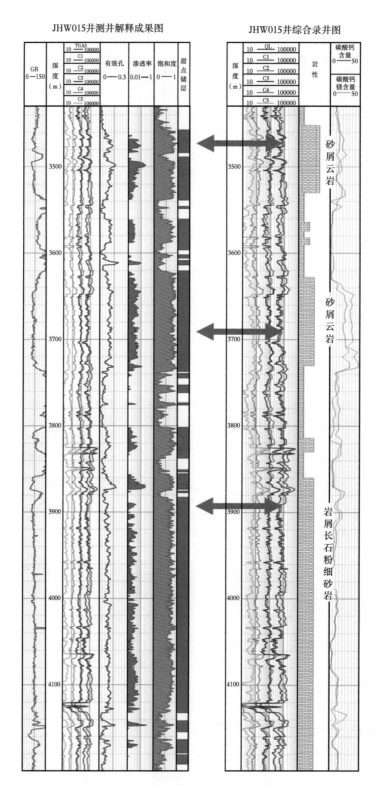

图 5.40　JHW015 井录井、测井对比图

　　该标准剖面描述了上"甜点体"各参数纵向变化特征，中间为水平井钻井目的层，岩性为一套灰色的泥质粉砂岩，厚度 5.0~6.0m，具有碳酸岩含量低于 10%、气测 8000~12000mg/L、荧光级别高的特征。目的层上下为泥岩和白云岩互层，上部是砂屑云岩储层，下部云屑砂岩储层，具有上部地层碳酸钙含量高，下部地层碳酸镁钙含量高的特点。根据该标准剖面可以很好地把握钻头的垂向位置，可以对照此标准剖面，分析钻出方位，指导水平段的轨迹调整。

　　以 JHW019 井为例，首先钻遇目的层之上地层砂屑白云岩，地层具有碳酸钙含量较高的特征，之后进入目的层长石岩屑粉细砂岩，碳酸盐含量低，小于 10%，气测值高，维持在 8000~12000mg/L。继续钻进由于地层产状变化，轨迹穿出目的层。此时表现出碳酸镁钙含量变高，并且岩性为 0.5m 左右的深灰色泥岩和灰色白云岩频繁交替的薄互层，气测变化大。根据以上特征，对比标准剖面可以判断轨迹从目的层底部穿出，因此及时将轨迹向上调整，重新进入目的层（图 5.41 和图 5.42）。

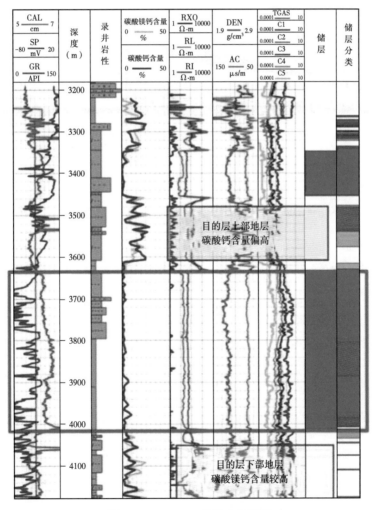

图 5.41　JHW019 井综合曲线图

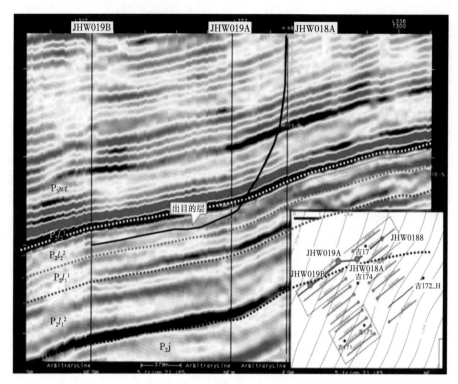

图 5.42　JHW019 井深度域地震剖面

参 考 文 献

刘文卿, 汤达祯, 潘伟义, 等. 2016. 北美典型页岩油地质特征对比及分类 [J]. 科技通报, 32 (11): 13-18.

周庆凡. 2017. 世界页岩气和致密油技术可采资源量分布 [J]. 石油与天然气地质, 38 (5): 828.

王淑玲, 吴西顺, 张炜, 等. 2016. 全球页岩油气勘探开发进展及发展趋势 [J]. 中国矿业, 25 (2): 7-11.

SOEDER D J. 2018. The successful development of gas and oil resources from shales in North America [J]. Journal of Petroleum Science and Engineering, 163: 399-420.

张奥博, 汤达祯, 陶树, 等. 2012. 中美典型含油气页岩地质特征及开发现状 [J]. 油气地质与采收率, 26 (1): 37-45.

姜瑞忠, 王平, 卫喜辉, 等. 2012. 国外致密气藏钻完井技术现状与启示 [J]. 特种油气藏, 19 (2): 6-11.

张瀚之, 翟晓鹏, 楼一珊. 2019. 中国陆相页岩油钻井技术发展现状与前景展望 [J/OL]. 石油钻采工艺, 4: 1-8.

文乾彬, 杨虎, 石建刚, 等. 2014. 昌吉油田致密油长位移丛式水平井钻井技术 [J]. 新疆石油地质, 35 (3): 356-360.

高德利. 2018. 大型丛式水平井工程与山区页岩气高效开发模式 [J]. 天然气工业, 38 (8): 1-7.

叶飞. 2017. "工厂化"作业模式在威远页岩气开发中的应用探讨 [J]. 石化技术, 24 (4): 239-240.

霍进, 何吉祥, 高阳, 等. 2019. 吉木萨尔凹陷芦草沟组页岩油开发难点及对策 [J]. 新疆石油地质, (4):

379-388.

郭晓乐, 汪志明. 2008. 大位移井循环压耗精确计算方法研究及应用 [J]. 石油天然气学报, 30 (5) : 99-102.

徐坤吉, 熊继友, 陈军, 等. 2012. 深井水平井水平段水力延伸能力评价与分析 [J]. 西南石油大学学报 (自然科学版), 34 (6) : 101-106.

高德利, 覃成锦, 代伟锋, 等. 2006. 南海流花超大位移井摩阻/扭矩及导向钻井分析 [J]. 石油钻采工艺, (1) : 9-12.

练章华, 林铁军, 刘健, 等. 2006. 水平井完井管柱力学-数学模型建立 [J]. 天然气工业, 26 (7) : 61-64.

马振锋, 闫志远, 杨全枝, 等. 2016. 延页平 3 井大偏移距水平井减阻降摩技术研究 [J]. 探矿工程 (岩土钻掘工程), 43 (7) : 76-79.

王建龙, 齐昌利, 陈鹏, 等. 2018. 长水平段水平井高效钻井关键技术研究 [J]. 石油化工应用, 37 (3) : 95-97.

孟鐾桥, 周柏年, 付志, 等. 2017. 勺形水平井在四川长宁页岩气开发中的应用 [J]. 特种油气藏, 24 (5) : 165-169.

刘茂森, 付建红, 白璟. 2016. 页岩气双二维水平井轨迹优化设计与应用 [J]. 特种油气藏, 23 (2) : 147-150.

杨宇平, 杨成新, 董建辉, 等. 2012. 水平井、大位移井井眼净化技术研究 [J]. 石油机械, 40 (8) : 19-23.

刘洋, 付建红, 杨虎, 等. 2015. 昌吉致密油长位移水平井安全延伸长度预测 [J]. 石油机械. 43 (8) : 51-55.

6 吉木萨尔页岩油水平井高效携岩参数优化

钻进时破碎井底岩石所形成的岩屑，在钻头喷嘴射流冲击力的作用下离开井底，并通过环空携带至地面。研究岩屑颗粒在环空内的悬浮、滑落以及运移规律，对于优化钻井水力参数，提高钻井液的携岩效率，保证安全、优质、快速钻进，具有重要意义。

随着吉木萨尔页岩油水平井开发钻井技术试验的不断推进，水平段长日益增大。目前，水平井实钻参数主要区间为钻压40~80kN，转速70~90r/min，排量32~35L/s，泵压17~24MPa。多口井水平井段井壁掉块严重，大斜度井段岩屑床堆积问题突出，处理不当易导致卡钻。需要针对现有钻机设备能力条件下，进一步优化钻井参数，提高携岩效率，实现水平井的高效钻井。因此，需开展水平井高效携岩方面的技术攻关，形成强化水力参数和避免钻具力学风险的解决方案。

6.1 水平井井眼净化理论模型与有效携岩标准

井眼清洁是水平井钻井关键技术之一，深入研究水平环空岩屑运移机理具有重要意义。在前人研究的基础上，明确了井眼净化参考指标与标准；运用理论分析方法，建立了钻柱静止条件下的水平环空岩屑床运移双层模型；利用数值模拟方法重点分析了钻柱旋转等因素对岩屑运移的影响规律。综合考虑环空尺寸、岩屑密度、机械钻速、钻杆偏心度、钻井液密度等因素的影响，通过对理论模型和数值模拟结果进行数学回归，得到了预测岩屑床高度的多参数耦合工程模型，对比发现该工程模型的计算结果与数值模拟结果吻合较好，可以为水平井钻井过程中的井眼清洁提供理论指导。

6.1.1 井眼净化指标

目前，国内外常用的井眼净化指标和参考标准有三种：（1）岩屑运移比；（2）岩屑体积浓度；（3）岩屑床厚度。本节介绍三种井眼净化指标的计算公式，以及国内外认可的满足井眼清洁的参考标准。

6.1.1.1 岩屑运移比

钻进时，环空内的钻井液以某一上返速度 v_a 流动，由于岩屑自身的重力，岩屑将在流动的钻井液中滑落，岩屑上升的绝对速度将小于钻井液环空返速。岩屑在钻井液中的滑落速度取决于环空返速、钻井液性能、岩屑的几何特性和相对密度。岩屑随钻井液上升的绝对速度称为岩屑的上升速度，以 v_c 表示，它等于钻井液环空返速 v_a 与岩屑滑落速度 v_s 之差，即：

$$v_c = v_a - v_s \tag{6.1}$$

一般用下式表示井眼的净化能力：

$$R_t = \frac{v_c}{v_a} = \frac{v_a - v_s}{v_a} = 1 - \frac{v_s}{v_a} \tag{6.2}$$

式中　R_t——岩屑的运移比。

钻井实践表明，当井眼净化指标 $R_t > 0.5$ 时，井眼能保持清洁。

当 $R_t > 0$ 时，岩屑将会输送至地面。当岩屑滑落速度为零时，岩屑平均上升速度等于钻井液平均环空返速，此时 $R_t = 1$。当岩屑滑落速度增加时，岩屑运移比减小，则环空内的岩屑浓会增加。因此，岩屑运移比是对钻井液携岩能力的一种很好的度量方式。

目前，还没有计算最优岩屑运移比的现成方法，因为环空内的等效钻井液密度与环空内岩屑浓度直接有关。为了防止等效钻井液密度超过地层压裂梯度，可以求得一个适中的岩屑运移比。从实际角度出发，50% 的岩屑运移比看来可以被大多数作业者所接受，这将使环空内的岩屑浓度等于从井口排出的钻井液内岩屑体积含量的 2 倍。

6.1.1.2　岩屑体积浓度

在稳定条件下，井底产生岩屑的速率与井口排出岩屑的速率应相等。井底产生岩屑的速率 Q_c 与混合物的流量 Q_m 之比 C_e 为：

$$C_e = \frac{Q_c}{Q_m} = \frac{1}{1 + \dfrac{Q_f}{Q_c}} = \frac{1}{1 + \dfrac{1 - C_a}{\left(1 - \dfrac{v_s}{v_f}\right) C_a}} \tag{6.3}$$

可整理为：

$$\frac{v_f}{v_s} = \frac{1 - C_e}{1 - \dfrac{C_e}{C_a}} \tag{6.4}$$

$$或\ v_f = K' v_s + \frac{C_e}{C_a} v_m \tag{6.5}$$

C_a，C_e 和 v_f / v_s 的关系如图 6.1 所示，可以看出：

（1）C_a 的值总是大于 C_e 的值，只是当 v_f / v_s 值趋近于无限大时，C_e 才接近于 C_a，这说明正常情况下，环空内岩屑的体积含量高于从井口排出的钻井液内岩屑体积含量。

（2）当岩屑滑落速度 v_s 不变时，随着钻井液环空返速 v_f 的增大，v_f / v_s 值增大，岩屑的体积含量 C_a 降低。

（3）当 v_f / v_s 不变时，岩屑体积含量 C_a 随 C_e 的增大而增大，即随着钻速的增大，如果要让岩屑在环空内的体积含量保持不变，必须增大钻井液环空返速。

根据 C_e 的定义，有：

$$C_e = \frac{R D_b^2}{v_m (D_o^2 - D_i^2)} \tag{6.6}$$

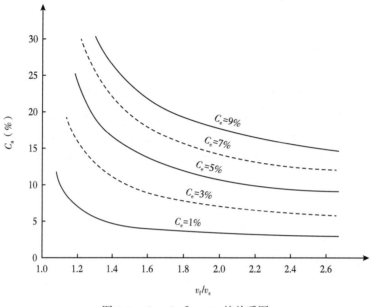

图 6.1 C_a、C_e 和 v_f/v_s 的关系图

式中 R——机械钻速，m/h；

D_b——钻头直径，cm；

D_o、D_i——井眼、钻杆直径，cm。

将式（6.6）代入式（6.5），得：

$$v_f = K'v_s + \frac{RD_b^2}{C_a(D_o^2 - D_i^2)} \tag{6.7}$$

式中 K'——速度修正系数。

式（6.6）表达了钻井液环空返速与有关钻井参数的关系，由此可以得到环空内岩屑浓度的通用表达式：

$$C_a = \frac{RD_b^2}{(D_o^2 - D_i^2)(v_f - K'v_s)} \tag{6.8}$$

式（6.8）表明了环空内岩屑浓度与钻井液环空返速间的关系。在给定钻井液性能、环空尺寸、地层条件和机械钻速情况下，就可以由其求出不同钻井液环空返速下的环空岩屑浓度。

若岩屑的滑落速度采用较为简单的 Moore 公式计算，各量的单位采用现场常用单位，则常用的环空岩屑浓度计算公式为：

$$C_a = \frac{RD_b^2}{3600(D_o^2 - D_i^2)\left[v_f - 0.00942K'\sqrt{\dfrac{d_s(\rho_s - \rho)g}{\rho}}\right]} \tag{6.9}$$

式中 R——机械钻速，m/h；

    K'——速度修正系数；

    v_f——钻井液环空返速 m/s；

    ρ_s、ρ——岩屑、钻井液的密度，g/cm³；

    D_b、D_o、D_i、d_s——钻头、井眼、钻杆、岩屑直径，cm；

    g——重力加速度，9.8m/s²。

通过多年的现场实践和经验总结，为确保井眼清洁并正常钻进，我国石油行业标准规定现场施工过程中岩屑浓度 C_a 不超过9%。针对水平井携岩，国外通常采用5%最大岩屑浓度标准。

6.1.1.3 岩屑床厚度

在实际工作中，岩屑床在井下的厚度并非均匀，由于无法直接测量实际岩屑床的厚度，因此无法直接验证计算结果。但从实际出发，可用计算方法进行间接验证。利用模型所计算的结果为岩屑床的固定厚度，它并不因钻井液循环时间加长而改变，岩屑固定在井眼下侧井壁上。当停钻起出钻具时，大部分岩屑会滑向井底而堆积填满一段井眼，使钻头无法下至原钻井深。可以利用这一段井眼岩屑的体积来推算岩屑床的厚度。

通常，钻井现场无法准确测出岩屑在井底的沉积长度，根据经验可认为是15~40m，取两个极限值，即15m和40m，计算在斜井段上所形成岩屑床的厚度值。当理论计算值和半经验模型计算值未超出实际岩屑床厚度值，就可供实际工作者参考。

6.1.2 定向井环空岩屑颗粒流动模型

岩屑输送问题是定向井和水平井钻井中的一个重要问题。工程实践和室内实验研究表明，斜井段和水平井段中的岩屑携带问题与垂直井中的情况明显不同，最为突出的体现是钻具易于贴近井壁下侧，岩屑颗粒在重力作用下容易沉积在下井壁，形成岩屑床，甚至沿井壁下滑到井底，从而使钻柱扭矩增大，导致钻速降低，最终可能会引起沉砂卡钻等事故。所以，掌握定向井和水平井中岩屑运移的特点及规律是选择钻井液流变参数和水力参数、保证优质快速钻井的关键。

刘希圣利用自制的斜井环空模拟实验架，对定向井和水平井中岩屑输送问题进行了大量的实验研究和理论分析。实验用的环空流道长4.5m，环空内外径分别为50mm和127mm，模拟环空管可以在0°~90°范围内任意倾斜。下面以他们的研究结果为基础，简要介绍定向井和水平井中岩屑输送的特点和规律。

从大量的实验中可以观察到，岩屑在倾斜环空中的运动情形与砂粒在倾斜管道内的运动情形相似，即在任意一种固相浓度下，当由高到低逐渐降低环空液流速度时，可观察到4种不同的流动状态，这4种流动状态的物理模型如图6.2和图6.3所示。

6.1.2.1 均称悬浮流动模型

在较高的流速下，细的和中等的固体颗粒完全悬浮，它们虽然在内管周围的分布不一定均匀，但却是匀称的，因而称为均称悬浮的流动模型。

6.1.2.2 非均称悬浮流动模型

当流速降低，即紊流强度和外力降低时，由于力的减弱，使岩屑颗粒可能悬浮，也可

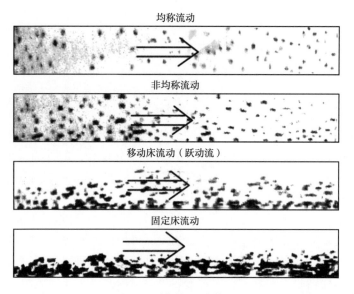

图 6.2　岩屑的流态模型

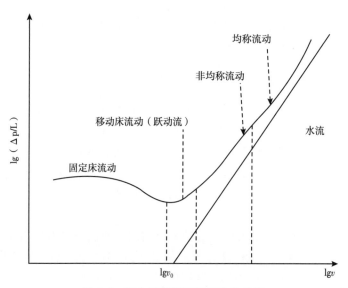

图 6.3　压力梯度与平均流速的关系

能沉降，因而浓度分布变形，特别是在环空下半部，具有更多的较大的颗粒；而落向底部的颗粒与外管壁发生冲击，再反弹回液流中，在管壁处形成了岩屑颗粒的不断交换，因此称为非均称悬浮流动模型。

6.1.2.3　移动床流动模型

在某一流速下，全部岩屑颗粒冲击外管壁，有的反跳入液流中，有的沉积于管底。先是呈个别的砂丘形成，然后形成连续的移动床。由于液流的剪切作用，砂丘或床层顶部颗粒的移动比下部的岩屑颗粒更加迅速。液流的切应力使岩屑颗粒后转、跌落。对于直径相近的颗粒，基本上全部是在砂波中或在移动床层内，这时上部流体比较清洁，而对于含有大小不同的岩屑颗粒的混合流体系，沉降速度则有大有小。床层由沉降速度快的颗粒组成，具有中等沉降速度的颗粒则处于非均称悬浮中，沉降速度最低的颗粒则处于均称悬浮中，因此称为移动床流动模型。

移动床流动模型初期的砂丘主要是由于液流漩涡作用形成的。由于沿流动方向，受岩屑床重力坡的起伏及输砂量波动的影响，在岩屑床表面起皱，而在以后的阶段内，则又受到局部紊动及岩屑床面角度的局部变化之间的不稳定相互作用的影响，如图6.4所示为流动过程中的初生砂丘和砂丘形态。

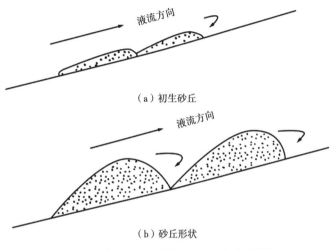

（a）初生砂丘

（b）砂丘形状

图6.4　流动过程中的初生砂丘和砂丘形态

初生砂丘受其背水坡处漩涡的作用，使低凹处不能降低，岩屑将沉积在迎水坡面上，使其逐渐变陡，反之也使漩涡大大增加，两旁相互加强，相互影响，形成较大的砂丘。由于受液流冲刷及紊动的影响，砂丘不稳定。随着液流和输砂量的稳定，砂丘不会增长，并沿外管壁作层状移动。

6.1.2.4　固定床流动模型

当液流流速进一步降低时，床层最底部的颗粒几乎停止运动，使床层增厚。由于最上层岩屑颗粒相互交替受液流悬浮能力的影响，岩屑自液流中沉入岩屑床层的速度大于岩屑颗粒自岩屑床层跃入液流的速度，因而形成淤积。其结果是使流动有效面积减小，从而导致在该区域内的液流流速加强，使较小的颗粒在床层上，该区域内仍处于非均称悬浮中，这就是固定床带有跳跃和非均称悬浮流的模型。进一步降低流速，流动的压力降急剧增加，即流动阻力增大。若流动再进一步减弱，就可能导致整个管道发生堵塞，此时为固定床流动模型。固液两相流在倾斜环空中的流态如图6.5所示，实验中还观察和计量了不同环空倾角下的临界流速，即某一环空倾角下不形成岩屑床时的环空流速，该流速与环空倾角的关系曲线如图6.6所示。由该曲线可以看出，井眼倾角越大，越不利于岩屑的运移。

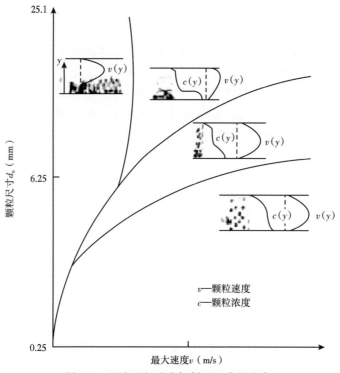

图 6.5 固液两相流在倾斜环空中的流态

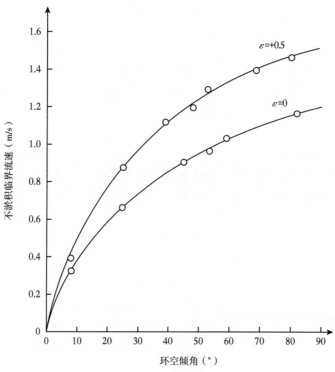

图 6.6 临界流速与环空倾角的关系曲线

6.1.3　岩屑床面岩屑颗粒力学模型

当液流流经由松散岩屑颗粒组成的岩屑床时，床面岩屑颗粒将承受拖曳力和上举力，对于很细的岩屑颗粒来说，抗拒液流作用力的，除岩屑的重力以外，还有相邻岩屑床之间的黏结力。当大量岩屑以推移形式运动时，推移质之间存在粒间离散力。这一部分离散力将最终以压力的形式作用在床面岩屑颗粒上，有助于岩屑床面岩屑的稳定。

6.1.3.1　环空岩屑颗粒受力情况

（1）拖曳力和上举力。

如图 6.7 所示，当液流流经岩屑床床面时，由于岩屑颗粒表面粗糙不平，使液流与岩屑表面接触，产生摩擦力 F_1，因为只有一部分岩屑表面直接与液流相接触，摩擦力 F_1 并不通过岩屑颗粒重心，其方向与液流方向相同。

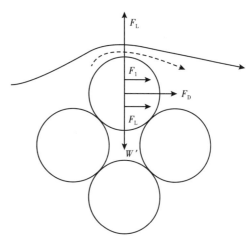

图 6.7　岩屑床面岩屑颗粒的受力分析

在一定的流速下，岩屑颗粒顶部的流线将会发生分离，在颗粒背水面产生漩涡，因而在颗粒前后产生压力差，造成形状阻力 F_2，F_1 与 F_2 的合力 F_D 称为拖曳力。当液流流动时，岩屑颗粒顶部与底部处的流速不同，造成压差不同，产生了上举力 F_L。

（2）粒间离散力。

当岩屑颗粒离开岩屑床面而以推移的形式运动之后，一方面因与流速更快的液流相接触，使拖曳力大幅度增加；另一方面又由于岩屑颗粒上、下两面的压差急剧减小，上举力很快趋于消失。但是，在液流中运动的不只是一粒岩屑，当很多岩屑同时存在，而液流与岩屑之间又存在相对运动时，粒间的绕流流态将使颗粒之间存在相互影响，其表现为当推移运动加强时，颗粒之间相互碰撞产生动量交换，其中液流方向岩屑颗粒间的动量交换会产生粒间剪切力，与液流方向垂直颗粒间的动量交换会产生粒间离散力。颗粒靠得越近，粒间离散力也就越大。此外，岩屑颗粒还承受重力、浮力，对于极细的岩屑颗粒来说，还有相互之间的黏结力。

6.1.3.2　环空岩屑颗粒运动形式

环空内岩屑颗粒按其运动形式可分为接触质、跃移质、悬移质及层移质四部分，其中接触质、跃移质、层移质称为推移质。

针对环空内静止的岩屑床，当液流流速很小时，岩屑静止。流速增大到一定程度后，个别突出岩屑床面的岩屑会发生急剧的颤动，但并不离开原来的位置。这是因为作用于岩屑上的外力存在脉动，包含有紊动的影响。有时作用力忽然加大到足以使岩屑运动，但岩屑本身的惯性却使这些岩屑不能立即脱离原来的位置，而等到岩屑刚要运动时，又因为脉动的影响，作用力又降到启动所需的临界作用力以下。这样，岩屑颗粒只是前后颤动了一段时间，但并未向前移动；当流速继续增加时，岩屑颗粒就会开始发生运动，运动的形式与岩屑在岩屑床面所处的位置有很大关系。

（1）接触质。

床面岩屑颗粒所受拖曳力最大，当拖曳力为：

$$F_D > f(W' - F_L) \tag{6.10}$$

时，岩屑颗粒开始向前滚动。

式中　f——摩擦系数；

　　　W'——岩屑颗粒在液体中的重量；

　　　F_L——流体对岩屑颗粒的上举力。

岩屑在滑动过程中，由于岩屑床表面高低不平，往往会转化为滚动。但无论是滑动还是滚动，在运动中经常与岩屑床面保持接触，故称为接触质。

（2）跃移质。

位于成排岩屑颗粒前缘岩屑颗粒的拖曳力为：

$$\sqrt{(F_L^2 + F_D^2)}\, a > W'b \tag{6.11}$$

时，围绕着与后一岩屑颗粒的接触点而滚动。

式中　a，b——F_L、F_D的合力与W'对后一岩屑颗粒接触点的力臂。

当岩屑颗粒滚动到床面的位置时，一方面岩屑颗粒表面的流线曲度加大，岩屑颗粒顶部附近的流速增加，压力相应降低；另一方面，在岩屑颗粒底部压力的作用面积因颗粒的部分上举而扩大，总的结果将使上举力加大。在岩屑颗粒一开始滚动时就会产生这种作用，无异于在岩屑颗粒启动瞬间增加了一个冲力。受此冲力作用，岩屑颗粒就会从岩屑床面跃起。

岩屑颗粒在受上举力作用而上升离开床面以后，与速度较高的液流相遇，并被该液流挟带前进，这两种不同方向运动合成的结果使岩屑颗粒沿一定方向运动，如图6.8所示AB方向。

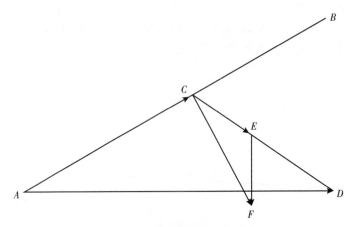

图6.8　跃移质岩屑所变加速度

设 AC 代表岩屑颗粒当时的速度，AD 为岩屑颗粒所在位置的液流流速，CD 则为液流与颗粒的相对速度。颗粒与液流间的相对运动促使岩屑颗粒以加速度前进，加速度的大小 CE 以表示，令 EF 为重力加速度，这样 CF 就代表颗粒所受到的真正加速度的大小与方向。

在岩屑颗粒逐渐升高的过程中，一方面岩屑颗粒的水平分速逐渐升高，另一方面液流流速加快，两者对岩屑颗粒和液流间的相对运动正好相反。当岩屑颗粒上升到一定高度后，岩屑颗粒水平分速的影响程度渐渐超过液流流速，使岩屑颗粒与液流间的相对运动开始减弱。在一般情况下，岩屑颗粒的运动轨迹达到最高点时，岩屑的速度已接近当地的液流速度，从这一点起，岩屑颗粒转而下沉。

跃起的岩屑在落回床面时对后边的岩屑颗粒有冲击作用，作用的大小则取决于跃起岩屑的跳跃高度及液流流速。以跃移形式运动的岩屑颗粒固然比以滚动和滑动形式运动的岩屑颗粒更重要，但其跳跃高度一般不大，落回床面后其动能不足以引起连锁反应，既不会重新反弹跳起，也不会带动其他岩屑颗粒跳动。

（3）悬移质。

当液流流速继续增加时，紊流将进一步加强，液流中充满大小不同的漩涡，这时岩屑颗粒在自床面跳起的过程中，有可能遇到向上的漩涡而被带入更高的流速区内。由此可认为，岩屑的传递主要是紊动的作用。这种悬浮在液流中并沿液流方向与液流以同样速度前进的岩屑称为悬移质。

由于岩屑的悬浮需要从紊流中取得一部分能量，这样，一方面紊动作用造成了岩屑的悬浮，而另一方面悬移质的存在又反过来削弱了紊动强度。另外，紊流猝发过程中扫过床面的漩涡也可能直接从岩屑床床面带走少量岩屑。在同样的液流条件下，岩屑颗粒越细，直接自岩屑床面进入悬浮状态的机遇就越大。

（4）层移质。

岩屑床是由松散的岩屑颗粒组成的，而不是一个密实体，液流拖曳力的作用不只是在岩屑床表面，而是一层一层地可以深入到岩屑床面以下的岩屑。当液流流速较小时，考虑到液流脉动的影响，岩屑床面上的一部分岩屑颗粒已以滑动、滚动、跃移的形式运动。另一部分岩屑颗粒则由于其自重以及粒间离散力所增加的额外荷重所产生的摩擦力，已足以抗衡液流拖曳力，而依然在原位置静止不动。当液流拖曳力增大时，床表面岩屑已不能保持静止，而第二层岩屑也开始进入运动。随着液流的不断加强，运动不断向深层发展，速度自上而下递减，产生成层的移动或滚动，称为层移质。

总之，在流速较低时，岩屑基本上以滑动、滚动或跃移的形式运动，运动的范围仅限于床面以上很小的区域内。当流速加大后，一部分岩屑进入主流区以悬移的形式运动，另一部分岩屑则仍在床面层内以推移的形式运动；当流速进一步加大后，进入主流区以悬移形式运动的岩屑越来越多，岩屑床变得越来越薄，当流速增大到一定值后，岩屑床完全消失，全部岩屑均以悬移质的形式运动。

6.1.4　大斜度井环空岩屑床厚度理论模型

岩屑床作为斜井，特别是大斜度井的一种特有的现象出现，其影响比较大。岩屑床的厚薄反映环空内岩屑浓度的大小和环空岩屑的输送情况。当岩屑床厚度较大时，不仅会导致卡钻等井下事故，而且会造成钻柱及测井设备的磨损。岩屑沉向井底会导致钻头重复研磨，降低钻速。岩屑在井眼下侧沉积还会降低固井质量，影响其他作业。刘希圣和郑新权等（1991）以在环空模拟实验架上所做的实验结果为基础，建立了岩屑床厚度模式，对影响岩屑床的各种因素进行了分析，得到的主要结论是：当井眼斜度 $\theta > 40°$ 时，岩屑床开始稳定，岩屑床厚度在同一流速下波动不大；当 $\theta \geq 55°$ 时，岩屑床在一定流速下基本上不沿管壁滑动。同时也观察到在大斜度情况下，岩屑会迅速沉积形成岩屑床，而在形成稳定的岩屑床以后，整个岩屑床内的岩屑以及液流中的岩屑将以各种形式运动。

基于实验观察及颗粒的运移机理，大斜度井（$\theta > 40°$）内的岩屑在一定液流流速下，在倾斜环空内的快速沉积而使绝大多数岩屑颗粒聚集在环空下侧，只有极少数岩屑随液流运动。为简便起见，可近似认为所有固体颗粒都均匀地分布在环空的下侧，形成岩屑床，上部为清洁的液流。针对上述假设，建立大斜度井（$\theta < 40°$）岩屑输送模型，如图 6.9 所示。图 6.9 中岩屑床厚度为 H，输送岩屑的环空可分为两部分：上部分为清洁的液流，截面积为 A_m；均匀堆积的岩屑床，截面积为 A_c。这两部分与内外管壁相接触部分的弦长分别为 S_m 和 S_c，两层界面线长 S_i。环空流道截面的几何图形如图 6.10 所示。

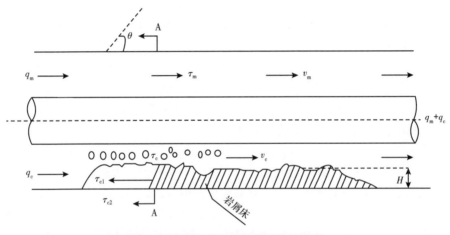

图 6.9　大斜度井环空内岩屑输送模型

q_m—钻井液流量，m^3/s；q_c—岩屑流量，m^3/s；τ_m、τ_c—上层流体和下层岩屑床与管壁的接触应力，Pa；v_m、v_c—钻井液、岩屑的平均速度，m/s；θ—井眼斜度，（°）；H—岩屑床厚度；m；τ_{c1}—岩屑床内液体间的摩擦力，τ_{c2}—岩屑内固体颗粒及与管壁间的滑动擦力，Pa

若沿流动方向的压力为 p（不计静液压力），环空垂直距离为 z，则上层作用力的平衡式可表示为：

$$A_m \frac{\partial p}{\partial z} = -\tau_m S_m - \tau_i S_i \tag{6.12}$$

下层作用力的平衡式为：

$$A_c \frac{\partial p}{\partial z} = -\tau_c S_c - \tau_i S_i \tag{6.13}$$

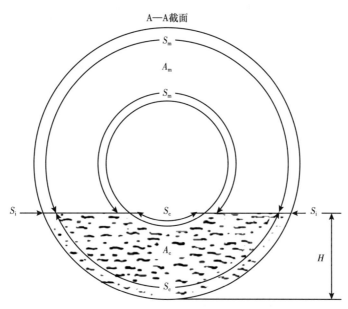

图 6.10　大斜度井环空流道截面的几何图形

式中　A_m、A_c——钻井环空钻井液流道横截面积及岩屑堆积横截面积，m^2；

　　　S_m、S_c——环空钻井液流道横截面及岩屑堆积横截面与管壁接触部分的弧长，m；

　　　S_i——钻井液与岩屑两层界面线长，m；

　　　τ_m、τ_c——上层流体和下层岩屑床与管壁的接触应力；

　　　τ_i——两层界面间的接触应力；

　　　τ_c——包括两部分，τ_{c1}为岩屑床内液体间的摩擦力，τ_{c2}为岩屑内固体颗粒及与管壁间的滑动摩擦力。

　　各应力的作用方向如图 6.9 所示，其中 τ_i 的作用方向在一定条件下沿管壁向下。

　　由于假设了岩屑床形成时与岩屑紧密接触并相互支撑，故两层的静液压力相同，因此可不予以考虑。将式（6.12）和式（6.13）消去压力梯度，可得与井壁界面应力相关的方程：

$$A_c \tau_m S_m + A_T \tau_i S_i = A_m \tau_c S_c \tag{6.14}$$

式中　A_T——环空总截面积。

　　由图 6.10 可见，A_c、S_m、S_i、A_m、S_c 等参数与岩屑床厚度直接相关，而上下两层的运动速度也与岩屑床的形成有关，故诸应力也与岩屑床厚度有关，所以由式（6.14）就可以把岩屑床厚度表示为钻井液流速、钻速、井眼斜度及环空几何尺寸等参数的函数，并在已知各参数的情况下求出对应的岩屑床厚度。

　　依据假设，定义式（6.14）所表示的模式为大斜度井岩屑输送的双层理论模式，式（6.14）中井壁界面应力可由摩擦系数求得，则：

$$\tau_m = \frac{1}{2} f(Re_m) \rho_m u_m^2 \tag{6.15}$$

式中 u_m——上层洁净液流的流速，m/s；

ρ_m——液相的密度，g/cm^3；

$f(Re_m)$——仅与雷诺数 Re 有关的摩擦系数。

根据假设的大斜度井环空内的流动模型，环空上半部分为洁净的液流，而下半部分为堆积的岩屑床，特别是当 $\theta > 55°$ 时，在一定流速下，岩屑床不沿管壁滑动，此时上层液流速度即为：

$$u_m = \frac{A_T}{A_m}v_a \tag{6.16}$$

式中 v_a——环空内无岩屑床存在时的液流流速，m/s。

根据以上分析，岩屑床内液流间的滑动摩擦力 τ_{c1} 为：

$$\tau_{c1} = \frac{1}{2}f(Re_c)\rho_m u_c^2 \tag{6.17}$$

式中 $f(Re_c)$——岩屑床内流体的摩擦系数；

u_c——岩屑床的运动速度，m/s。

岩屑床内的固体颗粒间及管壁间的滑动摩擦力 τ_{c2} 为：

$$\tau_{c2} = \frac{1}{2}\eta(\rho_c - \rho_m)gc_b d_s \sin\theta \tag{6.18}$$

式中 c_b——岩屑床内的岩屑浓度，取 50%~60%；

η——岩屑床的滑动摩擦系数，当岩屑床不滑动时即为静滑动摩擦系数；

θ——井眼斜度，(°)；

d_s——岩屑平均粒径，m；

ρ_c——岩屑密度，g/cm^3；

g——重力加速度，$9.8m/s^2$。

故岩屑与井壁的接触应力为：

$$\tau_c = \tau_{c1} + \tau_{c2} = \frac{1}{2}f(Re_c)\rho_m u_c^2 + \frac{1}{2}\eta(\rho_c - \rho_m)gc_b d_s \sin\theta \tag{6.19}$$

在两层界面处，由于岩屑床的运动，使界面间的应力相应复杂一些。当岩屑床沿管壁向上运动时，即 u_m 和 u_c 同向，则：

$$\tau_i = \frac{1}{2}f_i\rho_m(u_m - u_c)^2 \tag{6.20}$$

式中 f_i——两层界面间的摩擦系数。

τ_i 的方向沿管壁向上。

当岩屑向下滑移，且 $|u_m| > |u_c|$ 时，有：

$$\tau_i = \frac{1}{2}f_i\rho_m(u_m - u_c)^2 \tag{6.21}$$

τ_i 的方向沿管壁向下。

综上所述，两层界面间的接触应力可表示为：

$$\tau_i = \frac{1}{2} f_i \rho_m (u_m - u_c) | u_m - u_c | \tag{6.22}$$

以上各式中除 f_i 外的所有摩擦系数均取决于流动状态，且可由式（6.23）或式（6.24）求得：

$$f(Re) = \frac{16}{Re} \qquad (Re < 2100) \tag{6.23}$$

或
$$f(Re) = [41g Re \sqrt{f(Re)} - 0.4]^{-2} \qquad (Re \geqslant 2100) \tag{6.24}$$

其中
$$Re = \frac{12^{1-n} \rho_m D_{hy}^n v^{2-n}}{K \left(\dfrac{2n+1}{3n} \right)^n} \tag{6.25}$$

式中 v——液流的平均速度，m/s；

D_{hy}——环空水力直径，m；

K、n——钻井液的稠度系数和流性指数。

两层界面间摩擦系数的确定比较困难，用粗糙管的摩阻系数近似模拟，求得：

$$f_i = \left(3.14 + 21g \frac{d_s}{D_0} \right)^{-2} \tag{6.26}$$

在式（6.14）中，当环空内岩屑床厚度为某一值时，上下两部分的截面积 A_m、A_c 及管壁接触部分的弧长 S_m、S_c，两层界面线长 S_i 均无法从图 6.10 所示的几何关系中导出。由于 A_m、A_c、S_m、S_c、S_i、u_m、τ_m、τ_c、τ_i 等参数均是岩屑床厚度的函数，故式（6.14）无法直接求解。运用反推的方法，即给出不同的岩屑床厚度值，在一定排量、一定井眼斜度下，求出对应的 A_c、A_m、S_m、S_c、S_i、τ_m、τ_i 的值，用式（6.27）计算出环空钻井液和岩屑混合流体合力矩 K_B：

$$K_B = A_c \tau_m S_m + A_T \tau_i S_i - A_m \tau_c S_c \tag{6.27}$$

当 $K_B = 0$ 时的岩屑床厚度即为所对应的井眼斜度、钻井液排量下的岩屑床厚度。从以上推导中可以看出，对岩屑稳定性的要求很严格，即要求岩屑床厚度对井眼斜度变化的敏感性不大。故定义式（6.14）为大斜度井（$\theta > 40°$）岩屑输送的双层理论模式，该理论模式的计算结果如图 6.11 所示。

6.1.5 水平井段岩屑床运移工程计算模型

通过大量算例的数值模拟，可以得到钻柱旋转对岩屑运移的影响规律，对理论模型计算结果和数值模拟结果进行数学回归，可以得到如下多参数耦合的稳态岩屑床高度工程模型。

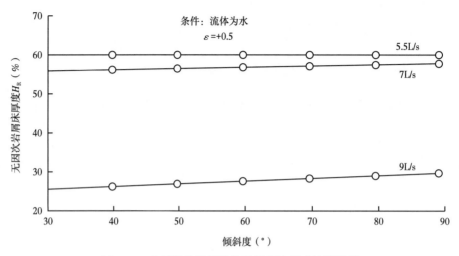

图6.11 大斜度井岩屑输送双层理论模式计算结果

6.1.5.1 工程模型的建立

模型中考虑了环空尺寸、岩屑密度、岩屑尺寸、钻井液密度和黏度、机械钻速、钻杆偏心度的影响。

$$
\frac{100H_c}{d_w} = 2 \times 10^{-4} \rho_f^{-2.477} \rho_s^2 (d_w - d_{po})^{0.062} (d_w + d_{po})^{-0.276} \{ 1450 -
$$

$$
0.05[\mu_e - 0.4U_a(d_w - d_{po})\}^2 d_b^{0.552} ROP^{0.276} d_s^{-0.174}
$$

$$
(1 + 0.5e)(2.035U_a^{-1.8} - 0.762)e^{(-0.007RPM)} \tag{6.28}
$$

式中　H_c——岩屑床相对高度，%；

d_w、d_{po} 和 d_b——井眼内径、钻杆外径和钻头直径，mm；

ρ_f 和 ρ_s——钻井液和岩屑密度，g/cm³；

U_a——环空返速，m/s；

ROP——机械钻速，m/h；

RPM——钻柱转速，r/min；

d_s——岩屑直径，mm；

e——钻杆偏心度；

μ_e——有效黏度，cP。

幂律流体：
$$
\mu_e = \frac{K\left(\dfrac{2n+1}{3n}\right)^{1-n}(d_w - d_{po})^{1-n}}{12^{1-n}U_a^{1-n}} \tag{6.29}
$$

宾汉流体：
$$
\mu_e = \mu_\infty + \tau_0 \frac{d_w + d_{po}}{12U_a} \tag{6.30}
$$

式中　n 和 K——幂律流体流性指数和稠度系数；

μ_∞ 和 τ_0——宾汉流体塑性黏度和动切应力。

6.1.5.2 模型敏感性分析

图 6.12 给出了不同影响因素条件下的岩屑床相对高度变化规律。其中，图 6.12a 给出了排量对岩屑床相对高度的影响规律，可以看出，随着排量的增加岩屑床高度显著降低，在低排量和高排量条件下，工程模型预测值与模拟值之间的误差较大，当排量在 24~34L/s 时，二者之间误差较小。由图 6.12b 可知，钻杆转速对岩屑床高度有显著影响，随着钻杆转速的增加岩屑床高度不断减小，在高转速条件下，工程模型预测值与模拟值之间的误差开始增大。观察图 6.12c 可知，随着钻井液密度增加，岩屑床高度显著降低，当钻井液密度较低和较高时，工程模型预测值与模拟值之间有一定误差。如图 6.12d 所示为钻

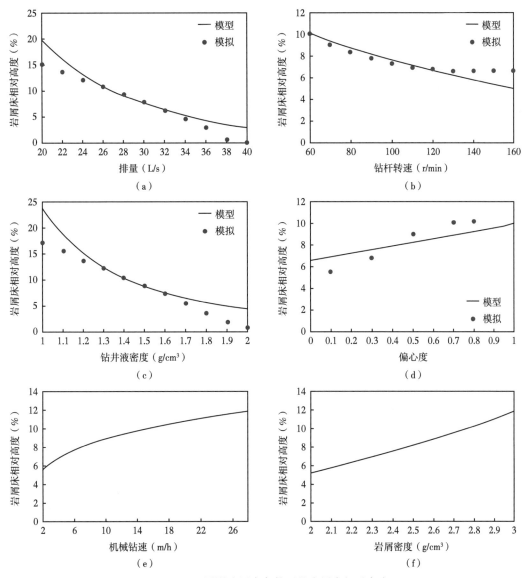

图 6.12 不同影响因素条件下的岩屑床相对高度

杆偏心度对岩屑床相对高度的影响规律，数值模拟结果与工程模型预测结果变化趋势基本一致，钻杆居中有助于降低岩屑床高度。由图 6.12e 与图 6.12f 可知，机械钻速和岩屑密度越大，则岩屑床高度越大。

6.2 岩屑运移影响因素与水平井高效携岩方案

影响岩屑运移的因素很多，综合多年来国内外实验研究的结果，这些因素主要包括环空返速和环空流态，钻井液流变性、密度，岩屑颗粒的密度、尺寸和形状，环空尺寸，偏心度大小和钻柱旋转等。本节通过岩屑运移的影响因素分析，结合吉木萨尔页岩油典型水平井，提出水平段井眼净化方案。

6.2.1 岩屑运移的影响因素

6.2.1.1 环空返速

钻井液环空返速是携带岩屑的动力和决定因素。只有当环空返速超过岩屑的滑落速度时，岩屑才能上升，岩屑开始上升时的环空返速称为起始点。环空返速越大，颗粒的实际上升速度也越大，越有利于携带岩屑。但值得注意的是，岩屑的上升速度与钻井液环空返速并非呈线性关系。Sifferman 等（1974）认为环空返速较低时，岩屑运移比随环空返速的增加而急剧增加，当环空返速超过 0.51m/s 后，岩屑运移比随环空返速增加的幅度变缓，这是因为在高环空返速情况下会导致钻井液产生较大的剪切稀释作用，致使岩屑滑落速度增大。因此，高环空返速并不能有效地增加岩屑运移比，反而会导致更大的循环压耗和对井壁的冲蚀，这对钻头水力功率的有效利用和安全钻进都是不利的。Hopkin（1967）根据实验和经验提出，环空返速大于岩屑的滑落速度 0.10~0.15m/s，即可实现携带岩屑。Sifferman 等（1974）认为对于性能良好的钻井液，环空返速保持在 0.25m/s 时，不仅能保证井眼清洁，而且也可获得更大的钻头水功率。

6.2.1.2 钻井液流变性和密度

许多学者研究认为，钻井液流变性是影响岩屑上升速度的重要因素。因此，提高钻井液的静切力或黏度肯定会有助于悬浮或携带岩屑。然而，在实际工作中，颗粒在层流中滑落时，由于黏性力起主要作用，故提高钻井液黏度能产生明显的效果。但是在紊流中提高钻井液黏度则对携岩并无任何作用。

钻井液密度和岩屑密度对岩屑运移的影响是很容易理解的。岩屑的密度越大，则它所受的重力也越大，滑落速度也就越大；钻井液的密度越大，则岩屑所受的浮力越大，滑落速度随之减小，也越容易被携带出井眼。但是，在工程实际中并无多大实际意义，因为地层岩石的密度是客观存在的，而钻井液密度的确定是根据地层压力、地层破裂压力以及平衡压力钻的技术要求等因素来进行的，所以为了改善携岩能力而采用调节密度差的办法是行不通的。

6.2.1.3 环空流态

（1）层流。

层流时环空内流速分布很不均匀，环空的中间部分轴向流速较高，而在环空的边壁附近流速较低。这样的流速分布导致岩屑颗粒上升时受到的作用力不均匀，流速高的地方作用力大，流速低的地方作用力小，使岩屑受到一个力矩的作用，在这个力矩的作用下，岩屑将向流速低的方向翻转。翻转的岩屑被推向井壁和钻柱附近（在钻柱旋转的情况下，岩屑更易于被推向井壁），而由于井壁和钻柱处轴向流速又较低，因此岩屑可能由原来（在中心处）上升变为开始滑落，如果钻柱旋转，钻柱附近的岩屑滑落的同时又可能被推入环空中间的高速区。在滑落过程中，有的岩屑贴在井壁上形成"假滤饼"，有的则由于壁面阻力较大，致使滑落速度减小，在速度梯度及周向速度等其他条件作用下返回到环空中部并继续上升。如此反复，岩屑经过忽上忽下的曲折运动才被钻井液带至井口返出，如图 6.13 所示。

（2）紊流。

环空内的流态为紊流时，由于流体质点间的互相掺混和碰撞，使得各流体质点的运动方向紊乱无章，因此导致了过流断面上的速度分布比较均匀，如图 6.14 所示。

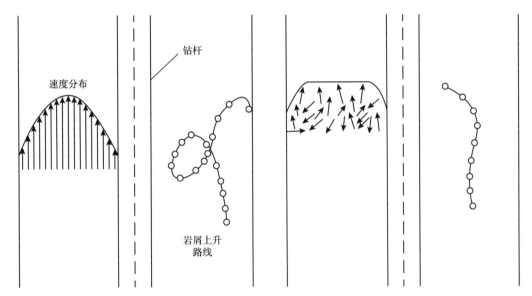

图 6.13　环空层流颗粒运移　　　　图 6.14　环空紊流颗粒运移

在这种流场中，岩屑上升过程一般不存在翻转现象，岩屑一直上升。但是，由于钻井液紊流时环空返速较高，且流体质点存在横向脉动，因而会对井壁产生冲刷作用，不利于保护井壁。另外，对于吉木萨尔页岩油水平井段采用的水力参数要达到紊流要求的钻井液排量较大，必然要受到地面泵压和泵功率的限制，因此环空紊流状态很难出现。

（3）平板型层流。

对于带有屈服应力的非牛顿流体，其流动过程大体上可以分为静止、塞流、层流和紊流四个阶段。这种流体的流动过程是：当壁面剪切应力 $\tau_w < \tau_0$ 时，流体不发生流动，即为静止阶段；当壁面剪切应力 $\tau_w > \tau_0$ 后，流体便开始流动，但由于流体质点内部应力尚不能达到或超过其屈服应力时，流体内部将有部分流体质点不产生相对运动，而导致流动中存在流核。流核将像固体塞子一样整体前移，因而得名为"塞流"。这种流场的流速分布及

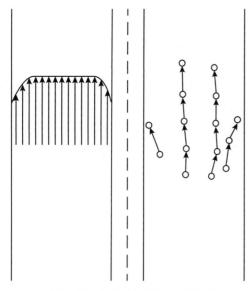

图 6.15　环空平板层流颗粒运移

岩屑运移情况如图 6.15 所示，可见这种流场对于携岩和保护井壁更有利。

为了将尖峰形层流改为平板形层流，对钻井液流变性提出一定的要求。对于宾汉流体，$\tau_0 / \eta_s = 0.36 \sim 0.48$；对于假塑性体，$n = 0.4 \sim 0.7$；对于卡森流体，$\tau_c = 1.0 \sim 2.5$。

6.2.1.4　岩屑颗粒尺寸与形状

岩屑颗粒的形状、大小及表面粗糙程度等都直接影响它所受力的大小，并影响其滑落上升速度。通常用球形系数或厚径比来表示颗粒形状的特征。一般认为，球度或厚径比越大，则在实际环空内的运动情况越规则，反之，则运动越不规则，这主要是由于形奇异或扁平的颗粒受力情况复杂，上升速度很不一致。对于表面粗糙的颗粒，由于所受黏滞阻力和运动阻力都较大，所以它相对于流体的滑落速度较小，上升较容易。对具有相同形状但大小不同的颗粒，一般认为颗粒越大滑落速度越大，越难携带。图 6.16 为 Sifferman 等所做的全尺寸模拟实验结果。

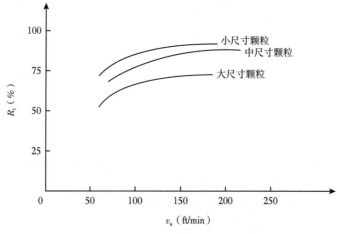

图 6.16　颗粒尺寸对运移比的影响

6.2.1.5　钻柱旋转

大量的室内实验证明，钻柱的旋转也是影响岩屑运移的重要因素。Williams 和 Bruce（1951）研究了钻杆转动对颗粒回收率的影响。实验结果（图 6.17）表明在钻杆转动时，颗粒回收率高，说明钻杆转动有利于岩屑携带，特别是在高黏度、高切力的钻井液中更为明显。Hopkin（1967）认为，在层流时，颗粒受力不均匀，受一翻转力矩作用，加长了上升路径，当钻杆转动时（一般低于 35r/min），带动了周围液体的旋转，使液体呈螺旋流上返，补偿了颗粒的翻转力矩，使其平稳移动，从而提高了上返速度。

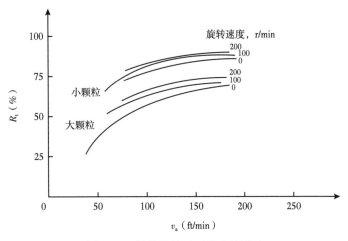

图 6.17 撬住旋转对运移比的影响

Zeidler 认为钻杆旋转时，周围流体也跟着旋转，其中固体颗粒受离心力的作用被推至环空的高速区，使颗粒有较大的向上动压力作用，且同时又绕钻杆旋转，而呈螺旋轨迹上升，从而加快了上升速度。

6.2.1.6 环空尺寸

对于钻井液来说，在相同的环空返速下，大的环空组合（12in×5in）相对于小的环空组合（8in×4in）可得到较好的携岩效果（图 6.18）。

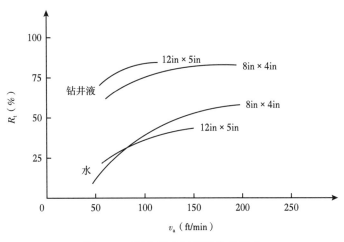

图 6.18 环空尺寸对运移比的影响

对于黏度较大的钻井液，相同环空返速且层流时，大尺寸环空内钻井液上返速度剖面相对小环空更平缓一些，对岩屑产生的翻转力矩作用较小，岩屑上返比较平稳；而小环空速度剖面较陡，对岩屑产生的翻转力矩作用较大，因此几何尺寸较大的环空较尺寸较小的环空携岩效果略好一些。

6.2.2　水平井高效携岩方案

以 JHW037 井为例，其井身结构如图 6.19 所示，其中 0～2320m 为直井段，2320～4066.17m 为斜井段和水平段。重点模拟水平段 216mm 井眼岩屑运移情况，使用 127mm 钻杆，钻井液密度为 1.64g/cm³，漏斗黏度为 80s，岩屑密度为 2.5g/cm³，岩屑粒径为 5mm，钻杆转速为 90r/min，排量 30L/s，机械钻速为 7.5m/h，偏心度为 0.5。

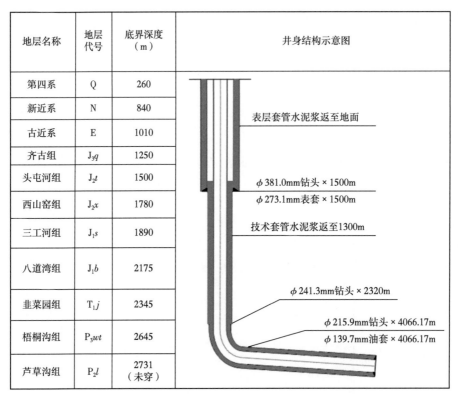

地层名称	地层代号	底界深度（m）	井身结构示意图
第四系	Q	260	
新近系	N	840	表层套管水泥浆返至地面
古近系	E	1010	
齐古组	J_3q	1250	
头屯河组	J_2t	1500	ϕ381.0mm钻头×1500m
西山窑组	J_2x	1780	ϕ273.1mm表套×1500m
三工河组	J_1s	1890	技术套管水泥浆返至1300m
八道湾组	J_1b	2175	
韭菜园组	T_1j	2345	ϕ241.3mm钻头×2320m
梧桐沟组	P_3wt	2645	ϕ215.9mm钻头×4066.17m ϕ139.7mm油套×4066.17m
芦草沟组	P_2l	2731（未穿）	

图 6.19　JHW037 井身结构示意图

6.2.2.1　机械法清除岩屑床

研究表明，采取倒划眼、短起下钻、长时间循环钻井液和使用高黏清扫液等措施，有助于钻井液携岩，提高井眼清洁程度。

采用短起下钻和倒划眼等措施时，钻具相对岩屑床处于运动状态，会因钻具及其台肩刮、转、挤、碾使岩屑床表面岩屑被抛出重新进入钻井液，小范围破坏岩屑床，且随时间的推移破坏范围扩大，具侧切削能力的钻具组件（钻头、稳定器、键槽扩大器等）旋转或上下运动接触岩屑床，则岩屑床遭到机械破坏，岩屑重新进入环空，随钻井液被带出井眼，从而改善井眼清洁效果。因此，对于岩屑床不太严重的井或井段，可采用短程起下钻的办法；对岩屑床比较严重，采用短程起下钻效果不明显的井，可采用倒划眼的办法破坏岩屑床。

起钻前充分循环钻井液，直至返回的岩屑床减至最小程度，提前将井眼内的岩屑分段循环清除掉，以此来改善井眼清洁状况。定期或者在需要的时候泵入足够量的高黏清扫液，同时配以钻具活动，可以有效破坏岩屑床，改善环空清洁状况。

钻柱上下运动、高速旋转钻具和倒划眼破坏岩屑床的方法已被挪威国家石油公司确定为钻大位移井和水平井的标准方法。

6.2.2.2 提高环空返速

环空返速是大位移井或水平井井眼清洁的主要可控因素之一，增大排量、提高环空返速有利于岩屑运移。研究表明，环空返速存在一临界值，当环空返速达到此临界值时，岩屑床沉积与冲蚀掉块交替发生的动态平衡状态，环空不会存在稳定的岩屑床。当冲蚀起岩屑时，环空有效面积增大、返速随之降低，岩屑又开始径向沉积；继而环空有效面积减小、环空返速增大，又开始冲蚀起岩屑，周而复始。模拟计算表明，井斜角从 $0°$ 增加到 $45°$ 时，确保有效拖曳岩屑上返的临界环空返速增加很快，且其值是直井的几倍。$45°$ 左右井斜角的斜井段，保持井眼环空清洁的环空返速约为 $0.7 \sim 0.9 \mathrm{m/s}$。井斜角大于 $80°$ 的大斜度井段和水平井段，钻井液环空流速大于 $1.1 \mathrm{m/s}$ 才能保持井眼清洗干净。与临界环空返速对应的排量即为最小排量。计算表明：$17\frac{1}{2}$in 井段，最小排量为 $38 \sim 55 \mathrm{L/s}$，$12\frac{1}{4}$in 井段，最小排量为 $1100 \sim 1450 \mathrm{gal/min}$，$8\frac{1}{2}$in 井段，最小排量为 $600 \sim 700 \mathrm{gal/min}$。

提高返速无疑对井眼清洁有利，但又存在压耗增加、机泵能力有限、冲刷井壁而促成井壁失稳、当量钻井液密度增高影响钻速等负面效应。

6.2.2.3 改变钻井液环空流态

研究表明，井斜小于 $45°$ 的井段，层流净化效果好；井斜为 $45° \sim 55°$ 的井段，层流和紊流没有明显区别；井斜为 $55° \sim 90°$ 的井段紊流比层流净化效果好。当大斜度井段环空钻井液处于紊流状态，岩屑总会被运移走；有些岩屑床形成，常被冲蚀破坏掉，岩屑床极不稳定，处于冲蚀破坏交替发生的动平衡状态，其携岩能力不受钻井液触变性的影响。大斜度井段环空钻井液处于层流状态，岩屑床总会形成，且形成后再消除较为困难，但又必须主动认真清除。

虽然在大斜度井段提高环空返速，采用紊流洗井携岩效果好，但紊流对井壁冲蚀严重，不利于井壁稳定。因此，井斜在 $60°$ 以下的井段应选择平板型层流，尤其是在中斜度井段及易塌井段更应选择平板型层流洗井；但在大斜度井段应采用紊流洗井，以提高携屑能力。

6.2.2.4 改善钻井液性能

钻井液性能也是大位移井改善井眼清洁情况的主要可控因素之一，钻井液流型和环空返速一定时，选择适当的流变参数是携岩洗井的关键。研究表明，在环空紊流时，钻井液携岩能力一般不受其流变性影响；在层流时，高剪切、高动塑比可降低环空岩屑浓度，提高携岩能力，其在井斜角小于 $45°$ 井段极为明显。虽然在直井段和近直井段，钻井液黏度提高有利于携岩，但在大斜度井段中，特别是大于 $55°$ 井段，提高钻井液黏度会降低其洗井效果，采用高黏清扫液只对液流悬浮岩屑起作用，对清除岩屑床无明显效果。在临界排量下，不考虑钻具转动时，黏度较低的更易扰动岩屑床，有利于净化。在钻具转动时，黏稠钻井液更易将岩屑悬浮。虽然在停钻时触变性大的钻井液对悬浮钻屑有好处，但钻井液的高触变性会使低边不动区域范围更宽，不利于携岩、冲蚀，易于形成岩屑床。

增加钻井液密度可以减小固液两相之间的密度差，使得岩屑颗粒在钻井液中的有效重量下降，增加岩屑运移的动力，提高停止循环时钻井液悬浮岩屑的能力，有利于清除岩屑床。但是增加钻井液密度，会使环空达到紊流状态的临界速度提高，同时增加环空压耗。大位移井由于大位移井段和水平井段比较长，环空压耗较高，钻井液密度的选择应以平衡地层为原则。

6.2.2.5 控制机械钻速

机械钻速增加，进入井眼循环的岩屑增多，环空岩屑浓度增大，如果钻井液性能和返速不能携岩要求时，岩屑就容易在井眼底部形成岩屑床，降低井眼清洁程度。因此，应控制一定的钻井速度，使井眼中岩屑浓度处于平衡状态；当岩屑浓度过高、岩屑床形成严重时，应降低机械钻速，控制钻进速度。

6.2.2.6 调节钻柱转速

研究表明，钻具的转动有利于井眼的净化。在大斜度井段和水平井段，钻柱躺在井壁的下边，钻柱转动时，钻柱与岩屑床产生摩擦并撞击岩屑床，将大块岩屑压碎成小颗粒，同时破坏岩屑床的稳定状态，流场中的压力波动形式也可以加剧岩屑床的非稳定状态，使岩屑重新分散到钻井液中悬浮，并使钻杆周围形成紊流流态，也阻止了岩屑在钻杆接头和钻杆保护器上的聚集。对于大排量、紊流条件下，采用高旋转速度，对洗井无明显效果。而在层流排量下，采取 100~150r/min 钻柱旋转速度使洗井效果变好。钻柱旋转的模式越多，井眼清洗越干净，但过高旋转速度对定向钻井设备和 LWD 设备有一定的危害，并增加了套管与钻杆磨损以及对井壁的冲击力。

6.2.2.7 其他措施

针对地层因素，井眼清洁的影响主要表现为扩径、井塌和井漏。水平井段在弱胶结地层时，井壁不断剥落造成井径扩大是常见的事故。一方面井壁岩石剥落到井眼中，造成井眼内岩屑增多；另一方面因井径扩大降低了钻井液环空返速，从而恶化了井眼清洁。因此，在水平井钻井中遇到井壁坍塌，必须及时处理，不能盲目钻进。

6.3 水平井眼钻柱旋转协助携岩数模评价

钻具的转动有利于井眼的净化。但是，钻机配置和井壁稳定的限制，要求钻柱旋转速度不能过高，否则将严重影响井壁安全及导向钻具的使用。因此，在钻井液性能参数一定的前提下，需确定水平井中钻柱旋转的最佳转速。对比直井，水平井或大斜度井层流条件下携带岩屑的最大区别在于钻井液的流动方向是水平向的，但重力仍然存在。钻井液流动方向与岩屑下沉方向不一致，无论采用何种类型的钻井液，岩屑是无法被悬浮的。不管停泵时间多长时间，岩屑最多在 1~2 柱钻杆的距离内就沉积到井筒低边。同时，在环空层流条件下，钻井液不可能将岩屑直接带到地面。因此，对于垂直井段和斜井段使用稠塞有很好的清洁效果，而对于水平段，携岩效果就不够理想，必须配合钻柱的旋转。

6.3.1 水平井段环空钻井液携岩数模

本章 6.1 节所述的理论模型的前提是钻柱静止条件，很难准确描述钻柱旋转对岩屑运移的影响。基于此，采用计算流体力学数值模拟软件 FLUENT 分析钻柱旋转条件下的岩屑运移规律。

为此，结合吉木萨尔页岩油典型水平井的结构参数和钻井参数，选取 φ215.9mm 水平井眼的水平方向上 10m 环空井段进行岩屑运移数值模拟分析。

假设：井眼尺寸（环空外径）为 248.3mm（井眼扩大率为 15%），钻杆尺寸（环空内径）为 127mm。建立水平井段环空物理模型（图 6.20），并绘制出不同偏心度的水平环空截面几何图（图 6.21）。

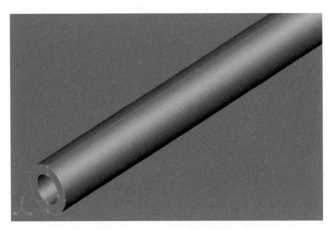

图 6.20 水平环空物理模型

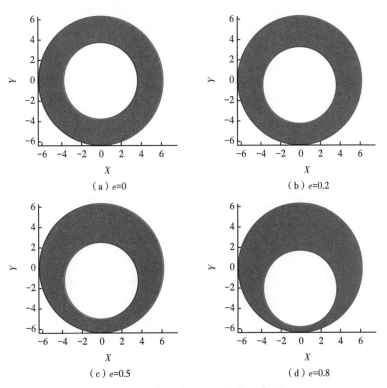

（a）e=0

（b）e=0.2

（c）e=0.5

（d）e=0.8

图 6.21 水平偏心环空结构示意图

模型的网格划分对计算精度和计算速度至关重要，网格数量太少或分布不合理会导致计算精度下降，而网格过密又会造成资源不必要的浪费，延长计算时间。因此针对具体问题应该合理划分网格。

选用 Gambit 软件进行网格划分。针对计算区域的离散网格可以分为两类：结构化网格和非结构化网格。由于本研究所建立的模型并不复杂，因此全部采用结构化网格进行计算区域的划分。

为了减轻或消除入口和出口效应的影响，在环空轴向方向上设置了边界层，具体布点方式和布点数如图 6.22—图 6.24 所示。

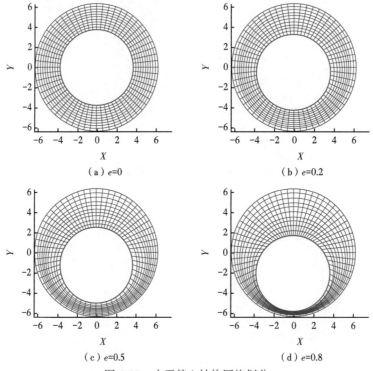

（a）$e=0$ （b）$e=0.2$

（c）$e=0.5$ （d）$e=0.8$

图 6.22　水平偏心结构网格划分

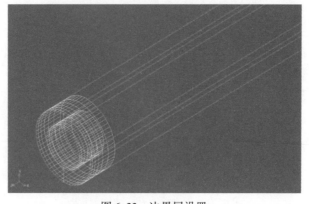

图 6.23　边界层设置

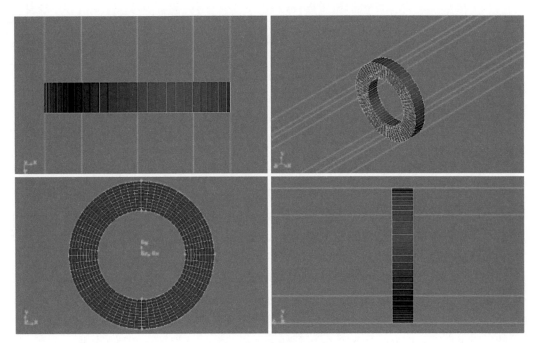

图 6.24　网格质量检查

（1）轴向节点数 500 个，first row 0.5cm，growth factor 1.25，rows 6，depth 5.62939cm，边界层最大节点间距 1.9073cm，正常网格节点间距 2.0261cm。

（2）周向节点数 60 个，内圆节点间距 0.66497cm，外圆节点间距 1.13045cm。

（3）径向节点 10 个，节点间距。

（4）总网格数 300000。

6.3.2　水平井段环空携岩模拟结果

钻井参数如机械钻速、钻杆转速、偏心度、钻井液排量、钻井液密度及流变性、岩屑颗粒密度及粒径等均视为可变参数，其参考取值以吉木萨尔页岩油典型水平井为例（表 6.1）。数值模拟选取欧拉多相流模型，通过有限体积法求解运动方程，改变不同参数值对液—固两相流动开展数值分析。几何结构采用结构化网格划分，数值迭代采用二阶迎风格式。

表 6.1　吉木萨尔水平井模拟基本参数

序号	主要参数	参数值
1	环空长度（m）	10
2	环空外径（mm）	248.3
3	环空内径（mm）	127
4	偏心度	0.5

序号	主要参数	参数值
5	排量（L/s）	29
6	钻井液密度（g/cm³）	1.53
7	岩屑密度（g/cm³）	2.5
8	机械钻速（m/h）	7.5
9	钻杆转速（r/min）	90
10	岩屑直径（mm）	5

模拟假设如下：钻井液为不可压缩幂律流体，岩屑颗粒假设为大小均匀的圆球形；恒温流动，即不考虑传热的影响。边界条件设置为：入口采用速度入口边界条件，出口设置为正常出流边界条件；环空外壁面为固定壁面边界条件；钻柱壁面设置为旋转壁面边界条件。初始条件包括：钻井液密度及流变性、岩屑密度及粒径、钻杆转速等。

如图 6.25 所示分别列举了钻杆转速为 0r/min、50r/min、90r/min 和 130r/min 时的环空岩屑浓度分布云图，观察发现，钻杆旋转对岩屑分布有显著影响。随着转速增加，钻杆旋转使岩屑床中的部分岩屑开始脱离床面，向环空高流速区域运动，转速越大，被带入高速区的岩屑量越大，由此表明钻杆旋转有利于岩屑的运移。当钻杆转速一定时，钻杆偏心可导致岩屑床高度进一步增大，由钻杆旋转引起的岩屑运移量也更多。

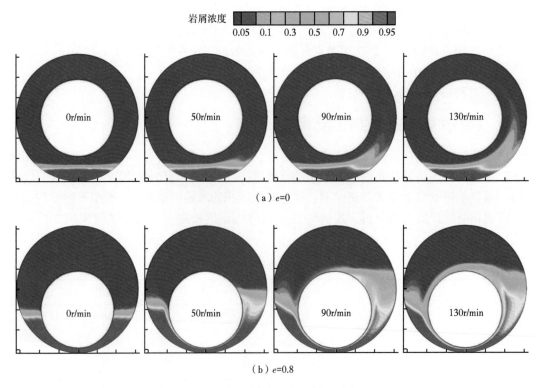

图 6.25　不同转速条件下岩屑浓度分布云图

如图 6.26 所示分别列举了钻杆转速为 0r/min、50r/min、90r/min 和 130r/min 条件下的环空岩屑速度分布云图。观察发现，在钻杆旋转的作用下，岩屑颗粒被不断带入到上部环空而发生运移。当钻杆静止或转速较小时，同心环空上部几乎不存在岩屑颗粒或仅有少量岩屑颗粒发生运移；随着钻杆转速增大，被带入环空上部的岩屑运移速度逐渐增大。当钻杆偏心时，这种效果更加显著，随着钻杆钻速的增大，大量的岩屑颗粒被钻柱带起发生径向运移，并使岩屑运移高速区逐渐向上部环空移动，且高速区所占面积逐渐扩大，从而使岩屑运移速度得到显著提高，对岩屑运移促进作用显著。

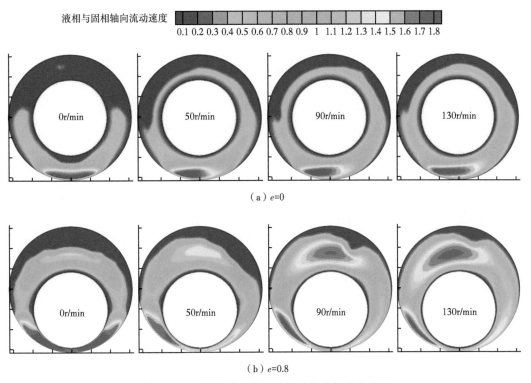

图 6.26　不同转速条件下岩屑运移速度分布云图

与理论模型的假设条件保持一致，模拟结果中，当岩屑体积浓度大于 55% 时，认为岩屑处于静止床层，移动床层浓度为均匀层浓度的 0.8 倍。通过大量数值实验，可以获取不同因素组合条件下的岩屑床高度值。

通过钻柱旋转条件下水平井段环空携岩的数值模型的研究和分析，可以明确计算出吉木萨尔页岩油水平井段 ϕ215.9mm 井眼中，钻井液高效携岩的钻柱旋转速度为 110 ~ 130rad/min，这与现场实钻情况基本吻合。

参 考 文 献

邢星，吴玉杰，张闯，等．2020．超深水平井钻井水力参数优选 [J]．断块油气田，27（3）：381-385．

汪海阁，刘希圣．1996．水平井钻井液携岩机理研究 [J]．钻采工艺，19（2）：10-14．

王天成．1996．提高水平井钻井液携岩能力的实践及认识 [J]．石油钻探技术，24（1）：18-21．

马东军，李根生，郭瑞昌，等 . 2013. 管内转向径向水平井携岩规律数值模拟［J］. 石油机械，41（11）：6-10.

刘玉明，管志川，呼怀刚 . 2015. 大位移井岩屑运移研究综述与展望［J］. 科学技术与工程，15（28）：88-75.

刘少胡，谌柯宇，管锋，等 . 2016. 页岩气钻水平井段岩屑床破坏及岩屑运移机理研究［J］. 科学技术与工程，16（7）：177-178.

汪志明，郭晓乐，张松杰 . 2006. 南海流花超大位移井井眼净化技术［J］. 石油钻采工艺，28（1）：4-8.

汪志明，翟羽佳，高清春 . 2012. 大位移井井眼清洁监测技术在大港油田的应用［J］. 石油钻采工艺，34（2）：17-19.

郭晓乐，汪志明，龙芝辉 . 2011. 大位移钻井全井段岩屑动态运移规律［J］. 中国石油大学学报：自然科学版，35（1）：72-76.

郑新权，刘希圣，丁岗 . 1991. 定向井环空内岩屑运移机理的研究［J］. 石油大学学报（自然科学版），15（1）：25-31.

相恒富，孙宝江，李昊，等 . 2014. 大位移水平井段岩屑运移实验研究［J］. 石油钻采工艺，36（3）：1-6.

王金堂，孙宝江，李昊，等 . 2014. 大位移水平井钻井岩屑速度分布模拟分析［J］. 水动力学研究与进展 A 辑，29（6）：739-748.

霍洪俊，王瑞和，倪红坚，等 . 2014. 超临界二氧化碳在水平井钻井中的携岩规律研究［J］. 石油钻探技术，42（2）：12-17.

宋先知，李根生，王梦抒，等 . 2014. 连续油管钻水平井岩屑运移规律数值模拟［J］. 石油钻探技术，42（2）：28-32.

樊洪海 . 2014. 实用钻井流体力学［M］. 北京：石油工业出版社 .

杨虎，杨明合，周鹏高 . 2017. 准噶尔盆地复杂深井钻井关键技术与实践［M］. 北京：石油工业出版社 .

Chien S F. 1994. Settling velocity of irregularly shaped particles［J］. SPE Drilling&Completion, 9（4），281-289.

Chien S F. 1972. Annular velocity for rotary drilling operations［J］. International Journal of Rock Mechanics and Mining Sciences & Geomechanics Abstracts，9（3）：403-416.

Sifferman，Thomas R，Myers，et al. 1974. Drill cutting transport in full scale vertical annuli［J］. Journal of Petroleum Technology，26（11）：1295-1302.

Hopkin E A. 1967. Factors affecting cuttings removal during rotary drilling［J］. Journal of Petroleum Technology，19（6）：807-814.

Williams Jr C E，Bruce G H. 1951. Carrying capacity of drilling muds［J］. Journal of Petroleum Technology，3（4）：111-120.

7　吉木萨尔页岩油水平井钻井液技术

钻井液作为钻井过程中不可或缺的一个重要环节，常被称作钻井的"血液"。而在水平井应用过程中对钻井液携岩、润滑、防塌等性能提出了更高要求。随着钻井液技术的不断发展，及对准噶尔盆地吉木萨尔凹陷页岩油区块地质条件的认识加深。为实现优质快速、经济环保的钻探目的，先后使用了低油水比水包油钻井液技术、多元协同钻井液技术及油基钻井液技术等多种钻井液技术。近年来，随着油气勘探开发的不断深入，水平井钻井技术得到越来越广泛的应用。多元协同钻井液技术及混油钻井液技术在水平井钻井中得到广泛应用，成为水平井钻井的关键技术之一，在减轻地层伤害、提高钻速、稳定井壁等方面发挥了重要作用。

7.1　吉木萨尔页岩油地层特征

7.1.1　地质分层及岩性描述

依据地质录井资料，吉木萨尔凹陷自上而下钻遇的地层有第四系、新近系、古近系、白垩系吐谷鲁群、侏罗系齐古组、头屯河组、西山窑组、三工河组、八道湾组、三叠系克拉玛依组、烧房沟组、韭菜园组，二叠系梧桐沟组、芦草沟组、井井子沟组和石炭系。自上而下缺失侏罗系喀拉扎组，三叠系郝家沟组、黄山街组（表7.1）。经多期构造运动，产生四个区域性不整合，即石炭系与上覆地层之间不整合，二叠系梧桐沟组与下伏地层芦草沟组之间不整合，侏罗系八道湾组与下伏地层之间不整合，古近系与下伏地层之间不整合。

表 7.1　吉木萨尔凹陷地层岩性描述

地层	底界深度（m）	岩性
Q	285	未成岩黏土层、灰色、杂色砂砾石层
N	805	泥岩与泥质粉砂岩互层；底部为杂色细砾岩
E	1004	泥岩夹泥质粉砂岩
K_1tg	1130	上部以泥岩下部以砂砾岩为主
J_3q	1526	褐色泥岩、砂岩互层
J_2t	1692	泥岩夹砂岩
J_2x	2048	泥岩、泥质粉砂岩，细砂岩夹煤层
J_1s	2124	灰色、深灰色泥岩、泥质粉砂岩下部细砂岩
J_1b	2403	泥岩夹粉砂岩及煤层

地层	底界深度（m）	岩　性
T_2k	2464	泥岩、灰色泥质粉砂岩、细砂岩、互层
T_1s	2651	粉砂岩与泥岩，下部含砾
T_1j	2776	泥岩、含砾泥岩、砂质泥岩
P_3wt	3104	泥岩、砂质泥岩夹砂岩，砂砾岩
P_2l	3358	泥岩、碳质泥岩、白云质粉砂岩、泥质白云岩

7.1.2　易塌地层岩石理化特性分析

根据吉木萨尔页岩油钻井液出现的复杂情况分析结果，可以发现，在局部非储层地层容易发生井壁失稳垮塌，研究易塌地层岩石的理化性能及矿物成分，可以对有效解决局部地层井壁失稳提供必要的依据。

7.1.2.1　地层岩石理化性能分析

取吉木萨尔凹陷172井的梧桐沟组 P_2wt、八道湾组 J_1b 和西山窑组 J_2x 岩屑作为易塌地层理化性能分析样本。由于本项目将开展大量的室内实验研究，而油田岩心十分珍贵，本实验取该地区露头泥岩用于评价和优选各种处理剂抑制性能。

将油田带回的钻屑以及做抑制性评价的露天泥岩分别编号，按照（SY/T 5613—2016）《泥页岩理化性能试验方法》，对样品进行了热滚动分散试验（表7.2）和线性膨胀试验（表7.3）。

表7.2　岩样分散性评价实验

序号	样品号	热滚前（g）	热滚后（g）	回收率（%）
1	露头泥岩	50	11.28	22.56
2	P_2wt	50	15.84	31.68
3	J_1b	50	3.32	6.64
4	J_2x	50	2.46	4.92

注：热滚温度100℃，滚动时间16h，测试溶液蒸馏水。

表7.3　岩样膨胀性评价实验

序号	样品号	2h线膨胀率（%）	16h线膨胀率（%）
1	露头泥岩	24.35	28.93
2	P_2wt	24.96	31.89
3	J_1b	24.66	29.90
4	J_2x	30.11	37.83

由以上实验数据可以发现，梧桐沟组 P_2wt、八道湾组 J_1b 和西山窑组 J_2x 岩屑的滚动回收率均较低，线性膨胀率均较高，表明这些地层岩石的膨胀性和分散性都非常强，钻井过程容易出现井壁坍塌现象。

八道湾组 J_1b 和西山窑组 J_2x 岩样的滚动回收率接近 0，表明这两段地层提高井壁稳定措施应以抑制地层的分散为主，兼顾抑制地层膨胀；梧桐沟组 P_2wt 地层岩样滚动回收率相对较高，而线性膨胀率较高，表明该地层应同时抑制地层岩石分散与膨胀。

7.1.2.2　地层岩石矿物成分分析

研究岩石岩性特征的传统方法主要是薄片鉴定、扫描电镜和 X 射线衍射技术，扫描电镜主要是定性研究岩石中矿物成分，而薄片鉴定属于半定量研究，X 射线衍射为定量研究岩石矿物组成，对岩石元素含量的研究目前主要是运用 X 射线荧光分析技术。

本项目将使用荷兰帕纳科公司生产的 X'Pert Pro 型 X 射线衍射仪对吉木萨尔页岩油易塌地层岩样进行的矿物成分定量分析鉴定，分析过程包括全岩分析和黏土分析。

（1）全岩定量分析。

如图 7.1—图 7.3 所示分别为露头泥岩、梧桐沟组地层 P_2wt、八道湾组地层 J_1b 和西山窑组地层 J_2x 岩样的全岩定量分析 X 衍射峰图谱。

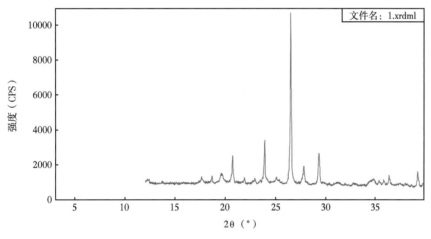

图 7.1　露头泥岩样品 X 衍射峰图谱（全岩分析）

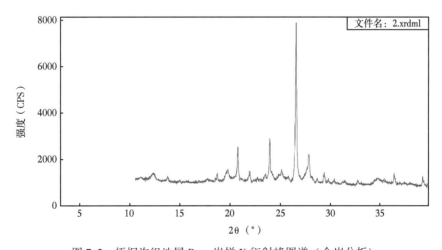

图 7.2　梧桐沟组地层 P_2wt 岩样 X 衍射峰图谱（全岩分析）

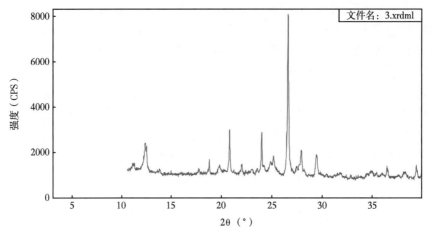

图 7.3　八道湾组地层 J_1b 岩样 X 衍射峰图谱（全岩分析）

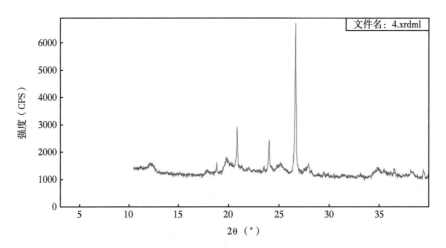

图 7.4　西山窑组地层 J_2x 岩样 X 衍射峰图谱（全岩分析）

　　由图中可以看出，做全岩 X 射线衍射分析，衍射峰中都出现一个最高峰，此峰就是黏土矿物的特征峰，由峰面积积分，再经过换算可定量求得黏土矿物的成分，其他几个弱峰则为其他矿物的特征峰。

　　将表 7.4 中全岩定量分析数据绘制到饼状图中，可清晰地反映各矿物成分的含量分布（图 7.5）。

表 7.4　样品全岩分析数据表

序号	层位	矿物含量（%）						
		黏土总量	石英	正长石	斜长石	方解石	白云石	黄铁矿
1	露头泥岩	43.77	36.00	0.00	6.16	14.06	0.00	0.00
2	P_2wt	56.71	25.28	0.00	13.82	2.78	0.00	1.40
3	J_1b	42.43	31.93	6.25	14.02	5.37	0.00	0.00
4	J_2x	76.89	19.17	0.00	3.94	0.00	0.00	0.00

　　注：露头泥岩用于优选抑制剂对比时用，序号 2、3、4 为取自油田实际岩屑。

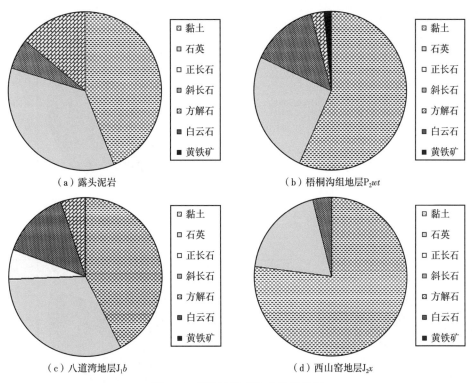

（a）露头泥岩   （b）梧桐沟组地层P$_2$wt

（c）八道湾地层J$_1$b   （d）西山窑地层J$_2$x

图 7.5 各种岩样矿物含量饼状图

可知，岩样矿物成分以黏土矿物为主，石英和斜长石次之，同时含有少量方解石、正长石和黄铁矿，不含白云石。其中，黏土矿物含量最多的是西山窑组 J$_2$x 地层岩屑样品，高达 76.89%。

（2）黏土定量分析。

黏土具体成分的判断对于设计符合工程需求的钻井液配方极其重要，黏土岩里面的蒙皂石具有吸水膨胀性，其含量的高低也影响钻井施工井壁的稳定性，尤其是对井壁应力的影响，其次黏土成分还影响泥页岩的分散性和膨胀性，这二者又决定了钻井液配方设计必须考虑的失水造壁性，抑制性、流变性、抗高温、抗污染能力。

将表 7.5 中全岩定量分析数据绘制到饼状图中，可清晰地反映各黏土矿物成分的含量分布（图 7.6）。

表 7.5 岩样黏土矿物数据表

序号	样品号	黏土矿物相对含量（%）					间层比 S（%）
		伊利石（I）	蒙皂石（S）	伊/蒙（I/S）	高岭石（K）	绿泥石（C）	
1	露头泥岩	67.94	0.00	1.11	0.00	30.95	10.00
2	P$_2$wt	11.81	0.00	44.63	0.00	43.56	25.00
3	J$_1$b	22.17	0.00	11.51	40.16	26.15	10.00
4	J$_2$x	20.04	0.00	33.48	30.99	15.49	20.00

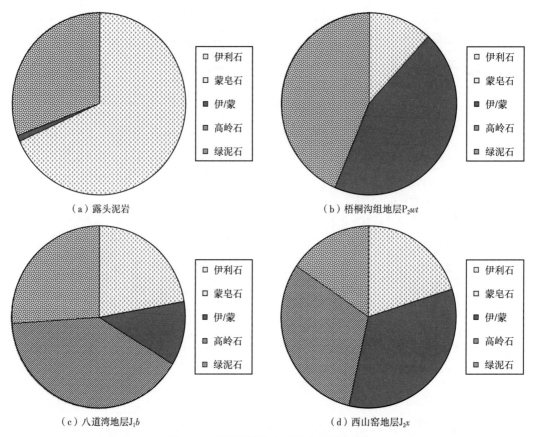

（a）露头泥岩   （b）梧桐沟组地层P_2wt

（c）八道湾地层J_1b （d）西山窑地层J_2x

图7.6 各种岩样黏土矿物含量饼状图

  露头泥岩黏土矿物以伊利石和绿泥石为主，含有少量伊/蒙混层；吉木萨尔凹陷易塌地层梧桐沟组地层 P_2wt 黏土矿物以伊/蒙混层和绿泥石为主，伊利石含量次之；八道湾组地层 J_1b 以高岭石为主，伊利石和绿泥石次之，含少量伊/蒙混层；西山窑组地层 J_2x 岩样黏土矿物伊/蒙混层和高岭石为主，绿泥石和伊利石含量次之。

7.1.3 地层温度情况

  该区共取到地层温度资料3井次（上"甜点"2井次，下"甜点"1井次），从而建立起温度梯度关系式为：

$$T = 16.72 + 0.02346D \tag{7.1}$$

式中 T——储层温度，℃；

   D——储层平均中部深度，m。

  代入芦草沟组页岩油相关参数，求得部署区上、下"甜点"地层温度分别为86.6℃、93.0℃（图7.7）。

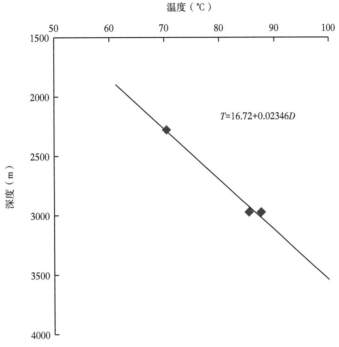

图 7.7　吉木萨尔凹陷芦草沟组页岩油地层温度分布图

7.2　低油水比水包油钻井液体系研发与实践

水包油钻井液既保持了水基钻井液的特点，又具有油基钻井液的部分优点，已被大量用于欠平衡钻井、水平钻井中，以最大限度地实现安全钻井和保护储层。体系性能稳定，流动性好，滤失量低，稳定井壁能力较强；润滑作用好，携岩能力强；较纯油基钻井液成本低，对橡胶件的伤害小，对环境污染小。

7.2.1　水包油钻井液体系研究进展

近年来，随着油气勘探开发的不断深入，水平井钻井技术得到越来越广泛的应用。水包油钻井液因密度稳定、施工方便、安全性高等优点，在水平井钻井中得到应用，成为水平井钻井的关键技术之一，在减轻地层伤害、提高钻速、发现低压油气藏和减少衰竭油藏中的井漏问题等方面发挥了重要作用。

7.2.1.1　国内外体系研究进展

（1）国外研究进展。

对水包油钻井液的研究与应用，国外从 20 世纪 70 年代开始。尽管国外水包油钻井液研究开展的较早，但因为其抗温能力比较局限，很少应用于低密度钻井液，因此也没有广泛应用。低密度钻井液在 20 世纪 80 年代末，逐渐随着低压低渗透油田的勘探开发得到了应用。国际钻井泥浆公司（IDF）研究的 SHALEDRILL（页岩钻井液）水包油钻井液体系应用得比较成功，在加拿大和英国北海地区和共应用了 8 口井，效果良好。

（2）国内研究进展。

国内对水包油钻井液的研究始于 20 世纪 80 年代初期，最开始只是将少量的油（原油或柴油）加入钻井液中，然后将一些表面活性剂复配加入，由此来提高钻井液润滑性。

7.2.1.2　体系特点及发展趋势

（1）特点。

国内外研究资料表明，水包油钻井液既保持了水基钻井液的特点，又具有油基钻井液的部分优点，已被大量用于欠平衡钻井、水平钻井中，以最大限度地实现安全钻井和保护储层。

①体系性能稳定、抗温能力强，流动性好、滤失量低，稳定井壁能力较强；

②其密度低于普通钻井液体系，欠平衡钻进时对储层伤害极小，有利于解放油气层，提高油气井产能；

③有助于防止井漏的发生和机械钻速的提高，不影响电测和核磁测井；

④较之泡沫和充气钻井液体系而言，其在使用过程中不需配备复杂设备，性能易监测、控制和调整；

⑤润滑作用好，可减少对钻井泵的伤害；

⑥较纯油基钻井液成本低，对橡胶件的伤害小，对环境污染小。

（2）发展趋势。

水包油钻井液在一些油层压力系数低、井漏严重的储层中得到了很好的应用，其未来的发展方向为：

①研制抗温、抗盐、环保的新型低成本乳化剂，提高水包油钻井液体系高温高压、高矿化度条件下的稳定性；

②加强水包油钻井液体系稳定机理方面的研究，以提高其承压、抗温、抗盐能力，从而提高水包油钻井液体系在深井水平井钻井完井作业中的推广应用价值；

③建立一套系统的、简易可行的评价水包油钻井液体系稳定性的方法。

7.2.2　低油水比水包油钻井液体系研究

7.2.2.1　钻井液体系关键技术

（1）乳化技术。

水包油乳化钻井液是一种由水和油两种互不相溶的液体通过乳化剂作用形成的外相为水、内相为油的乳状液，是一种热力学不稳定体系。乳化剂的正确选择是乳状液体系稳定的关键。选取了 Span-80、OP-10，SS-231（AEC）三种表面活性剂作为乳化剂，评价其乳化效果。选用白油作为油相。

当白油加量为 8% 时，随着乳化剂 Span-80 加量增加，乳状液的析水率先减小后略有增大。当 Span-80 加量为 0.5% 时，乳状液的析水率达到最小值 82%，说明此条件下形成的乳状液最稳定。而随着乳化剂 OP-10 和 SS-231 加量增加，乳状液的析水率变化幅度不大，当其加量为 0.5% 时，乳状液的析水率均最小，最小值分别为 90% 和 90.2%。由图 7.8 可知，Span-80 的乳化效果最好，其次是 OP-10，乳化效果最差的是 SS-231。此外，OP-10 和 SS-231 的发泡性较好，易影响钻井液性能。因此，当白油加量为 8% 时，宜选用 0.5% Span-80 作为乳化剂。

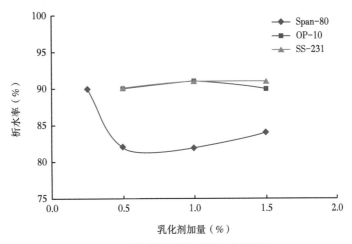

图 7.8　乳化剂对乳状液析水率的影响

当白油加量为 10% 时，随着 Span-80 加量增加，乳状液的析水率先减小后略有增大。当 Span-80 加量为 1% 时，乳状液的析水率达到最小值 78%。而随着乳化剂 OP-10 和 SS-231 加量增加，乳状液的析水率变化幅度不大。当其加量分别为 1%、1.5% 时，乳状液的析水率均达到最小值 90%（图 7.9）。因此，当白油加量为 10% 时，应加入 1% Span-80。

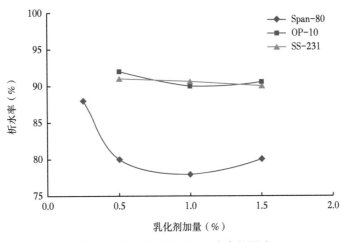

图 7.9　乳化剂对乳状液析水率的影响

当白油加量为 15% 时，随着 Span-80 加量增加，乳状液的析水率逐渐减小后趋于平稳。当 Span-80 加量为 1.5% 时，乳状液的析水率达到最小值 80%。另外，随着乳化剂 OP-10 和 SS-231 加量增加，乳状液的析水率也略有减小。当其加量为 2% 时，乳状液的析水率均为最小值 90%（图 7.10）。因此，当白油加量为 15% 时，应选用 1.5%Span-80 作为乳化剂。

（2）润滑技术。

长水平段水平井钻井过程中，钻具与井壁之间的摩擦阻力主要由钻柱的轴向摩擦阻力

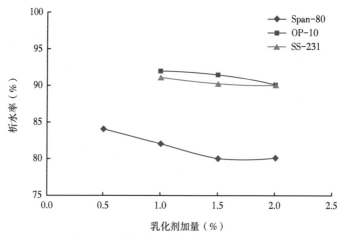

图 7.10　乳化剂对乳状液析水率的影响

及周向摩擦扭矩组成。摩阻扭矩大的原因有：钻进所需管柱的结构复杂，易与井壁底部接触；钻具与井壁底部岩屑的相互作用；固相含量高的钻井液混入细小岩屑后，润滑效果下降；水平段长、井壁稳定性差、易发生卡钻，致使钻具上提下放困难、承压严重、加压困难。因此，在长水平段水平井的施工过程中，能否预测及降低钻井摩阻问题是其成功与否的关键。因此，通过润滑技术研究，形成低油水比水包油钻井液体系良好的润滑性能。选取了石墨（工业级）、玻璃小球（工业级）、0 号柴油（工业级）、5 号柴油（工业级）四种材料评价其润滑效果。

①石墨及玻璃小球测定。

玻璃小球的润滑性能总体上优于石墨。根据"水平井钻井液完井液评价方法及标准"，大斜度段的滤饼摩擦系数为 0.0524 ~ 0.0699 即合格，水平段滤饼黏附系数为 0.0437 ~ 0.0612，合格。以吉木萨尔凹陷长水平井为例，将滤饼摩擦系数要求定为 0.0437 ~ 0.0612，由图 7.11 可知，石墨在加量不低于 0.8% 时即可满足要求，玻璃小球在加量不低

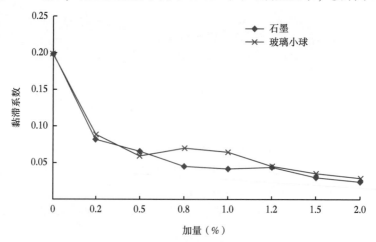

图 7.11　石墨与玻璃小球的滤饼摩擦系数比较曲线

于0.5%可满足要求。

②白油的摩擦系数测定。

实验表明，混有白油的钻井液体系润滑性优于混柴油的钻井液。由表7.6可知，钻井液在白油的加量为10%左右时，润滑效果较为理想，随着白油含量的继续增加，曲线下降较缓，润滑性能增大的效果也就不明显。为了保证长水平段钻井液的含油量，推荐长水平段钻井液中的白油加量不应低于10%，并在钻进过程中不断补充。

表7.6　白油的滤饼摩擦系数实验结果

序号	润滑剂加量（%）	AV（mPa·s）	PV（mPa·s）	YP（Pa）	初/终切力（Pa）	API失水量（mL）	摩擦系数
1	基浆	12.5	3.5	9.2	6.6/6.1	32	0.1981
2	5	57.7	31.7	19.3	11.8/9.3	25	0.104
3	10	49.6	19.7	12.4	9.7/7.8	19	0.0825
4	15	38.4	13.7	8.4	7.9/6.3	11	0.0787

（3）携岩技术。

水平井井斜角为30°~60°，携岩最为困难，形成的岩屑床极易下滑，引起环空憋堵、卡钻及固井问题。环空返速是影响井眼净化的一个关键因素。此外，钻井液黏度、钻柱是否旋转极易钻柱偏心程度对井眼净化也有影响。为增强钻井液在大斜度段的井眼净化效果，应提高低剪切速度黏度，增加悬浮能力。现场可以用3r/min和6r/min下旋转黏度作为低剪切速率屈服值的参考值。同时对于水包油钻井液体系的结构能力有更为清晰的评价，与低剪切速率屈服值形成双向参考，因此本体系同时将动塑比作为评价携岩能力的参数。

为了提高钻井液的携岩能力，需要向基浆中引入一定量的提切剂。分别向密度为1.3g/cm³的井浆加入相同浓度常用提切剂，对比提切剂对钻井液润滑性能、流变性和滤失性能的影响（表7.7）。

表7.7　提切剂对基浆性能影响实验数据

配方	FL_{API}/K（mL/mm）	YP（Pa）	PV（mPa·s）	初/终切力（Pa）	τ_o/μ_p
基浆	2.1/0.5	10.5	40	2.5/7.0	0.26
基浆+0.3% AQL-5	4.0/0.5	14.8	52	2.5/9.5	0.29
基浆+0.3% XC	2.8/0.5	23.5	42	4.0/12.0	0.56
基浆+0.3% HVIS	2.6/0.5	52.8	75	14/16	0.70

实验结果表明，提切剂XC、HVIS、AQL-5对基浆的流变性和滤失性能均有明显的影响。其中，生物聚合物XC对钻井液切力的提高值较适中，可同时满足携岩和循环压耗的要求，也具有很强的剪切稀释特性及调整流变性的功能，有利于保持井眼清洁。加入生物聚合物XC后，基浆初切力由2.5Pa上升至4.0Pa、终切由7.0Pa上升至12.0Pa，动塑比达到0.56Pa/（mPa·s）。因此，推荐采用生物聚合物XC作为该体系的提切剂。

（4）封堵技术。

随着水平井的水平段长度不断增加，水平段的井壁稳定性也呈现出大量问题。因此研究低油水比水包油钻井液体系的封堵技术，将对水平钻钻井过程中的井壁稳定、漏失等方面起到积极的作用。根据防塌钻井液作用机理可知，封堵剂对微孔隙和微裂纹地层的防塌作用非常重要，因此，开展了防塌封堵评价新方法的研究，评价与优选了膨润土粉、阳离子乳化沥青、磺化沥青、PHT、酰胺树脂五种防塌封堵剂。

在80℃温度条件下，分别测试滤纸和20μm微裂缝条件下，含有不同防塌封堵剂钻井液对应的失水量（表7.8）。

表7.8　封堵剂评价实验数据

序列	测试流体	API 失水量（mL）	
		微孔隙	微裂缝
1	基浆	70	45
2	基浆+2%阳离子乳化沥青	40	21
3	基浆+4%阳离子乳化沥青	50	13
4	基浆+6%阳离子乳化沥青	43	11
5	基浆+2%磺化沥青	22	24
6	基浆+4%磺化沥青	18	19
7	基浆+6%磺化沥青	11	14
8	基浆+2%PHT	31	14
9	基浆+4%PHT	24	9.4
10	基浆+6%PHT	14	8.2
11	基浆+2%酰胺树脂	35	28
12	基浆+4%酰胺树脂	49	24
13	基浆+6%酰胺树脂	54.5	17

滤纸对应钻井液失水量普遍比20μm微裂缝的失水量大。在微孔隙模拟条件下，磺化沥青的失水量较小，其次为PHT，而乳化沥青和酰胺树脂对应的失水量变化趋势为先减小后增加；在微裂缝模拟条件下，随着封堵剂加量的增加，钻井液失水量都不同程度地降低，其中PHT对应钻井液失水量小，依次为乳化沥青、磺化沥青及酰胺树脂。

综合模拟微孔隙和微裂纹条件下的封堵剂评价结果，可选择PHT作为钻井液体系封堵剂。

7.2.2.2　钻井液体系性能评价

为了满足长水平段对钻井液体系携岩、润滑、封堵方面的要求，在连续相配方的基础上采用白油为分散相、SP-80为乳化剂、XC为提切剂、PHT为封堵剂、石墨粉为润滑剂，最终形成油水比为（10~20）：（90~80）的低油水比水包油钻井液体系，配方如下：4%膨润土浆+1%KOH+2%SMP-2（粉）+2%SPNH+0.5%FA367+0.8%Redu1+0.3%CaO+7%KCl+0.5%CMC-LV+4%PHT+1%石墨粉+0.3%XC+1#（10%白油+1% SP-80）或2#（15%~20%白油+1.5%~2%SP-80）。

（1）流变性能评价。

对上述形成的低油水比水包油钻井液体系开展了钻井完井液体系的老化前后的流变性能评价室内实验（表7.9）。

表7.9 老化前后钻井液流变性评价结果

配方号	AV（mPa·s）	PV（mPa·s）	YP（Pa）	R_{600}	R_{300}	τ_0/μ_p	初/终切力（Pa）
1#	70	51	19	140	89	0.37	5.3/14
1#（老化）	93	69	24	186	117	0.35	5.7/15
2#	81	56	25	162	106	0.45	5.5/15
2#（老化）	99	70	29	198	128	0.41	6.5/14

1#和2#配方钻井液的流变性良好，动塑比较高，表明该钻井液体系可满足钻井工程对钻井液流变性能的要求。

（2）失水造壁性评价。

开展了钻井液体系老化前后的失水造壁性的室内评价实验（表7.10）。

表7.10 老化前后钻井液失水造壁性评价数据

配方号	老化前		老化后（100℃，16h）	
	API量（mL）	滤饼（mm）	API量（mL）	滤饼（mm）
1#	3.1	0.5	4.2	0.5
2#	3.2	0.5	3.6	0.5

1#和2#配方的API失水量较小，表明两种低油水比配方均具有良好的滤失造壁性能。

（3）抑制性能评价。

开展了泥页岩滚动回收率实验及线性膨胀率实验，评价钻井液对泥页岩分散、膨胀的抑制作用（表7.11和表7.12）。

表7.11 钻井液对泥页岩分散的抑制性能评价结果

配方号	岩样重量（g）	回收重量（g）	回收率（%）
1#	50	47.22	94.44
2#	50	46.30	92.60

表7.12 钻井液对泥页岩膨胀的抑制性能评价结果

配方号	2h线膨胀率（%）	16h线膨胀率（%）
1#	8.07	9.87
2#	9.42	11.97

2种油水比配方对泥页岩的分散、膨胀均具有较强的抑制作用，其中1#配方的滚动回收率最高为94.44%，16h的线性膨胀率为9.87%，表明该配方对泥页岩的抑制作用最强。2种低油水比配方均高于行业要求，具有强抑制能力。

（4）抗污染能力评价。

在钻井过程中，容易出现盐、钙及钻屑污染情况。因此，开展了钻井液体系的抗盐、抗钙及抗钻屑污染能力的室内评价实验。

①1#配方（10:90）抗污染能力评价。

开展了1#配方的抗盐、抗钙及抗钻屑污染能力的评价实验，主要测试钻井液体系在受到盐、钙及钻屑污染后的钻井液流变性及失水性能。

a）抗盐能力评价。

实验测试了 NaCl 的加量分别为 5%、10%、15% 和 20% 时的钻井液流变性能（图7.12）和失水造壁性（图7.13）。

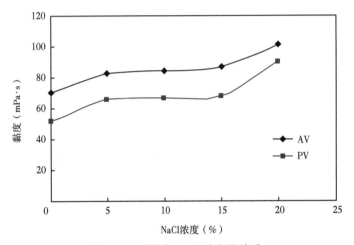

图 7.12　黏度与 NaCl 浓度的关系

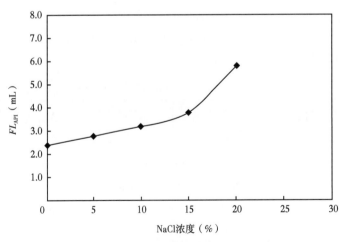

图 7.13　API 失水量与 NaCl 浓度的关系

在 NaCl 的加量为 20% 前，钻井液的黏度和失水均变化较小，达到 20% 以后，钻井液的黏度有明显的上升，其 API 失水量也有明显的增大趋势，表明该钻井液配方可抗盐 20% 左右。

b）抗钙能力评价。

实验评价了 CaCl₂ 的加量分别为 0.5%、1.0% 和 1.5% 时的钻井液流变性能（图 7.14）和失水造壁性（图 7.15）。

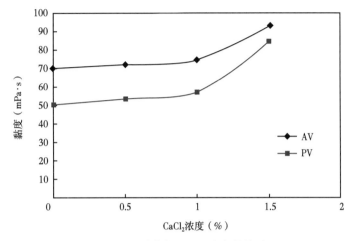

图 7.14　黏度与 CaCl₂ 浓度的关系

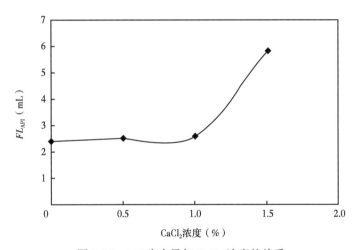

图 7.15　API 失水量与 CaCl₂ 浓度的关系

在 CaCl₂ 的加量浓度为 1.0% 前，钻井液的黏度变化较小，其 API 失水量变化较小且小于 5mL，当加量浓度超过 1.0% 以后，钻井液的黏度有明显的上升趋势，其 API 失水量也有明显的增大趋势，滤饼明显增厚且疏松，表明 2# 配方钻井液可抗 CaCl₂ 的加量为 1.0%。

c）抗钻屑污染能力评价。

实验测试了钻屑浓度分别为 3%、5% 和 7% 时的钻井液流变性能（图 7.16）和失水造壁性（图 7.17）。

钻屑浓度小于 7%，钻井液的黏度变化不大；钻屑浓度大于 7%，钻井液黏度增稠明显；随着钻屑浓度的增加，钻井液 API 失水量也有所增加，但总量均小于 5mL。表明该钻井液配方抗钻屑污染的能力较强，可以满足钻井工程要求。

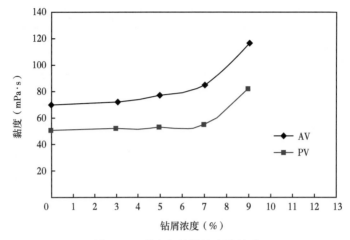

图 7.16　黏度与钻屑浓度的关系

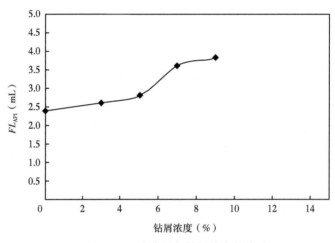

图 7.17　API 失水量与钻屑浓度的关系

②2#配方（15:85）抗污染能力评价。

开展了 2#配方的抗盐、抗钙及抗钻屑污染能力的评价实验。

a）抗盐能力评价。

实验测试了 NaCl 的加量浓度分别为 5%、10%、15%和 20%时的钻井液体系流变性能（图 7.18）和失水造壁性（图 7.19）。

NaCl 的加量浓度小于 5%，钻井液的黏度变化较小；加量浓度达到 5%以后，钻井液的黏度有明显的下降；钻井液的 API 失水量对 NaCl 的加量浓度非常敏感，表明该钻井液配方可抗盐能力较差。随着 NaCl 的加量浓度的增加，API 失水量明显增大，当 NaCl 的加量浓度大于 5%后，API 失水量超过 5mL，该配方可抗盐 5%左右。

b）抗钙能力评价。

评价了 $CaCl_2$ 的加量浓度分别为 0.5%、1.0%和 1.5%时的钻井液体系流变性能（图 7.20）和失水造壁性（图 7.21）。

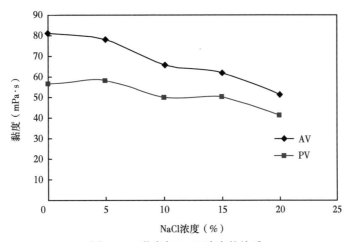

图 7.18　黏度与 NaCl 浓度的关系

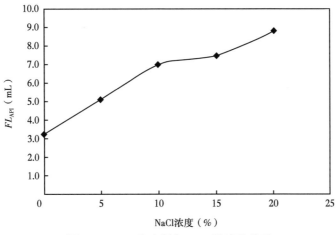

图 7.19　API 失水量与 NaCl 浓度的关系

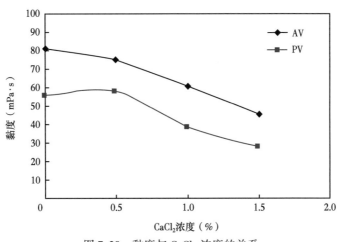

图 7.20　黏度与 CaCl$_2$ 浓度的关系

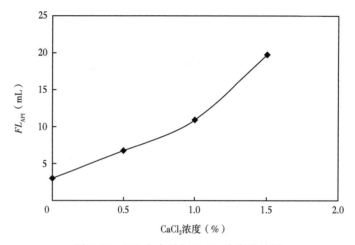

图 7.21　API 失水量与 $CaCl_2$ 浓度的关系

　　加入 $CaCl_2$ 后，钻井液的黏度明显降低，钻井液 API 失水量有明显的增大，且大于 5mL，表明该钻井液配方抗钙极限约为 0.5%。

　　c）抗钻屑污染能力评价。

　　实验测试了钻屑浓度分别为 5%、10%、15% 和 20% 时的钻井液体系流变性能（图 7.22）和失水造壁性（图 7.23）。

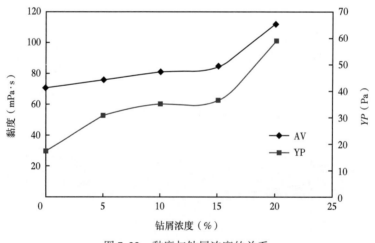

图 7.22　黏度与钻屑浓度的关系

　　随着钻屑浓度的增加，钻井液黏度略有增稠但变化不大，API 失水量小于 5mL，且增加幅度不大；当钻屑加量超过 15% 以后，钻井液的黏度、切力明显增大，表明该钻井液配方抗钻屑污染的能力较强，可抗钻屑浓度 15% 以上。

　　（5）润滑性能评价。

　　提高钻井液的润滑性是减少钻井摩阻的重要方法之一，使钻井液润滑系数小于 0.15，滤饼摩擦系数小于 0.1，可以满足大位移井的基本要求。

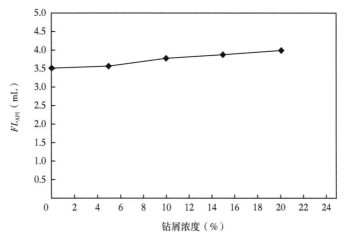

图 7.23   API 失水量与钻屑浓度的关系

由表 7.13 可知，两种低油水比配方的摩擦系数均小于 0.1，可满足水平井对钻井液润滑性的一般要求。同时，可以发现，2#配方的滤饼摩擦系数为 0.05，在井眼轨迹质量优良的条件下，钻井液润滑性可以满足更长水平段延伸长度的要求。

表 7.13   钻井液配方摩擦系数测试结果

配方号	摩擦系数
1# (10:90)	0.073
2# (15~20:80~85)	0.050

7.2.3   现场技术方案及应用情况

7.2.3.1   技术方案

（1）密度控制方案。

根据邻井密度使用情况，三开段密度控制在 1.43~1.46 g/cm³。在井下安全的情况下尽可能使用较低的密度，以利于发现油气层。钻进过程中依据 d_c 指数压力监测和井下实际情况，及时根据设计提密度的要求调整钻井液密度。

（2）流变性控制方案。

①膨润土含量控制在 3.0%~4.0%，严格控制固相含量。

②控制黏度为 45~80s，静切力为（4~8）Pa/（8~15）Pa，塑性黏度为 25~60mPa·s，动切力为 10~30Pa，动塑比为 0.4~0.5，确保良好的携岩能力。

（3）抑制性控制方案。

聚合物包被剂加量达到 1%，KCl 加量控制在 7%，保证钻井液良好的抑制性。钻进中保证钻井液中 K^+ 离子浓度大于 25000mg/L，Ca^{2+} 浓度控制在 300~500mg/L。加强对钻井液 CO_3^{2-}、HCO_3^- 含量的监测，适量加入 CaO，清除 CO_3^{2-}、HCO_3^- 的污染。

（4）失水、滤饼和润滑性控制方案。

①严格控制劣质固相含量，尤其是含砂量。

②钻井液 pH 值控制在 9~11，提高抗污染能力。

③水平段控制 API 滤失量小于 4mL，控制 FL_{HTHP} 小于 12mL。

④钻进中以 Redu1、SPNH、沥青类封堵剂改善滤饼质量，增强滤饼的防透性，形成致密、薄、韧、滑的滤饼。水平井段保持白油含量达到 15%、乳化剂含量保持在 1%，提高钻井液的润滑性。

（5）配套工程措施。

①定向钻井时每 10~15min 上下活动钻具，防止钻具黏卡。每钻进 50~100m 短提一次，防止岩屑床的堆积。

②严格控制提下钻速度，严格执行长提、短提等措施。提钻遇卡不能硬提，应少提多放，必要时接方钻杆洗井采用倒划眼等手段；

③下钻遇阻不能硬压，采取划眼措施处理。提下钻过程中遇有阻卡，应反复修井壁或划眼，直到畅通无阻再下钻到底继续钻进；

④提下钻遇阻、遇卡严禁违章操作，接方钻杆前应将钻具上提或下放至井眼通畅位置，避免憋泵现象和引起井漏。

7.2.3.2 现场应用

现场跟踪评价了 JHW001 井、JHW003 井、JHW005 井、JHW017 井和 JHW019 井的钻井液使用情况（表 7.14）。

表 7.14 现场多口井水平段钻井液性能数据表

井号	ρ （g/cm³）	AV （mPa·s）	PV （mPa·s）	YP （Pa）	τ_0/μ_p	初/终切力 （Pa）	H （mm）	API 失水量 （mL）	摩擦系数 K_f
JHW001	1.52	85	67	18.4	0.27	3.6/12.8	0.5	5.6	0.104
JHW003	1.48	70	63	7.2	0.11	1.0/2.6	0.5	2.0	0.0525
JHW017	1.47	80	55	25	0.45	4.5/12.5	0.5	1.6	0.0524
JHW019	1.39	50	42	8	0.19	2.0/7.0	0.5	2.0	0.0787

钻井液的黏度适中，失水量偏高，摩擦系数偏高。但总体性能良好，基本能够满足页岩油水平段的顺利钻进。

水平段钻进前，在钻井完井液中加入 1%WC-1、2%QCX-1、5% 阳离子乳化沥青（磺化沥青），增强滤饼的防透性，以形成致密高强度的"屏蔽环"，保护好油气层。通过加入乳化剂和调整适当的油水比，确保钻井完井液性能的稳定，保证钻井完井液的携岩能力和井眼的清洁。钻进期间存在碳酸氢根离子污染，因此加入烧碱保持 pH 值 10 以上。

在电测及下套管前，先用清洁纤维清净井眼，再加入 0.5% 的固体润滑剂。保证了电测及下套管的顺利。

其中，JHW007 井划眼或扩眼时间为 12h，为整个钻井工期的 0.74%。应用水包油钻井液体系，井眼稳定，裸眼井径规则，平均扩大率小于 8%，满足石油钻井井身质量控制规范。

7.3 多元协同钻井液技术研究与应用

多元协同钻井液技术是基于"物化封固—密度支撑—抑制水化—活度平衡"理论的新型高性能水基防塌钻井液技术，也是当前国际钻井液技术先进技术水平和主要发展方向。采用多元协同防塌钻井液技术比以往的单一防塌钻井液技术解决准噶尔盆地井壁不稳定难题具有明显的优势。因此，完善并发挥多元协同钻井液技术对油田勘探开发安全优质钻井具有重要的保障作用。

7.3.1 协同增效技术研究

7.3.1.1 抑制剂协同增效

（1）三工河组协同抑制剂配方研究。

理化特性分析可知，三工河组 J_1s 属于强分散、弱膨胀性地层，因此，应以评价抑制水化分散能力为主，优选"协同增效"抑制剂配方。

为了对比"协同增效"抑制剂配方的抑制效果，实验室优选出的几种抑制剂，分别测试了地层岩样 100℃滚动 16h 后的回收率和线性膨胀率（表 7.15）。

表 7.15　三工河组 J_1s 单一抑制剂实验数据

序号	层位	抑制剂	回收率（%）	16h 膨胀率（%）
$1^\#$	J_1s	清水	6.42	13.33
$2^\#$	J_1s	7%KCl	22.06	12.71
$3^\#$	J_1s	30%Weigh2	10.94	16.73
$4^\#$	J_1s	15%Weigh3	8.48	16.24
$5^\#$	J_1s	2%SIAT	18.5	136
$6^\#$	J_1s	2%MFG	24.3	12.92
$7^\#$	J_1s	2%JLX-B	26.7	13.08

由表 7.15 可知，水化膨胀抑制性方面，各抑制剂对应的地层线性膨胀率均较低（<20%），单一抑制剂可满足抑制水化膨胀的要求；水化分散抑制性方面，各抑制剂对地层 J_1s 水化分散均有一定程度的抑制作用，然而，依靠单一抑制剂（即使各抑制剂加量取其最大加量值），地层 J_1s 岩样滚动回收率提高幅度并不大，因此，需要对该地层抑制剂复配，以期实现多抑制剂"协同增效"抑制的效果。

为了评价不同抑制剂组合条件下的抑制效果，分别测试了几种抑制剂在不同组合溶液及体系中的 100℃滚动 16h 后的回收率（图 7.24）。

由图 7.24 可见，三元复配抑制剂配方对应的热滚动回收率较二元复配滚动回收率有所提高，但提高幅度不大，表明采用三元复配抑制剂配方的对抑制水化分散能力的提升空间有限。因此，建议地层 J_1s 采用二元协同抑制配方 7%KCl+2%SIAT（MFG、JLX-B）较为适宜。

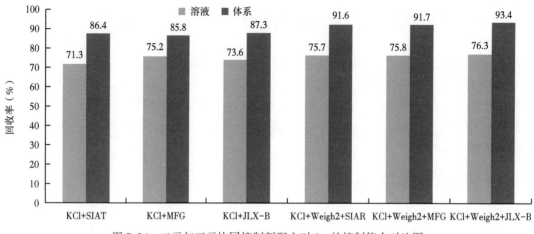

图 7.24　二元与三元协同抑制剂配方对 J_1s 的抑制能力对比图

（2）克拉玛依组协同抑制剂配方研究。

理化特性分析可知，克拉玛依组 T_2k 属于中等水化活性、中等水化分散性泥岩地层，因此，通过评价抑制地层 T_2k 水化分散能力，优选"协同增效"抑制剂配方。

为了对比"协同增效"抑制剂配方的抑制效果，实验室优选出几种抑制剂，分别测试了地层岩样 100℃ 滚动 16h 后的回收率和线性膨胀率（表 7.16）。

表 7.16　克拉玛依组 T_2k 单一抑制剂抑制性评价数据

序号	层位	单一抑制剂	热滚 16h 回收率（%）	16h 膨胀率（%）
1	T_2k	清水	15.12	16.36
2	T_2k	7%KCl	18.46	16.27
3	T_2k	30%Weigh2	15.82	17.17
4	T_2k	15%Weigh3	14.26	21.02
5	T_2k	2%SIAT	19.24	15.93
6	T_2k	2%MFG	20.36	20.18
7	T_2k	2%JLX-B	22.68	19.6

由表 7.16 可知，单一抑制剂对 T_2k 的水化分散仅有较微弱的抑制作用。因此，需要对该地层抑制剂复配，以期实现多抑制剂"协同增效"抑制的效果。

为了评价不同抑制剂组合条件下的抑制效果，分别测试了不同组合抑制剂溶液及对应钻井液体系 100℃ 滚动 16h 后的回收率（图 7.25）。

由图 7.25 可知，三元复配抑制剂配方对应的热滚动回收率较二元复配滚动回收率明显大幅提高，钻井液体系对应的泥岩滚动回收率高达 90% 左右，表明该地层采用三元复配抑制剂配方的抑制水化分散能力较好。因此，建议地层 T_2k 至少应采用三元协同抑制配方 7%KCl+2%SIAT +30%Weigh2（15%Weigh3）。

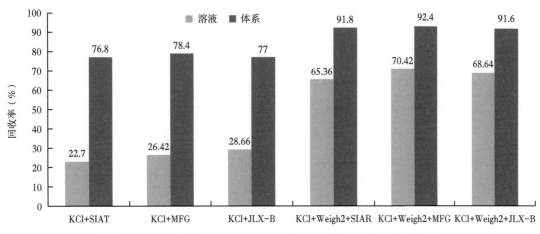

图 7.25　二元与三元协同抑制剂配方对地层 T_2k 的抑制能力对比图

7.3.1.2　协同封堵系列配方

结合失稳地层特征，开展各类封堵剂配比及组合研究，研制出协同封堵系列配方。吉木萨尔页岩油的协同封堵配方为：2%天然沥青+3%磺化沥青粉；利用高温高压滤失测定仪对系列配方封堵能力进行评价，发现高温高压滤失量小于 5mL，滤饼的渗透率为 $1.3682\times 10^{-6}\mu m^2$，降低了 1~2 个数量级，减少了滤液侵入，增强了近井壁地带封堵能力。

通过对目标地层泥岩进行了孔隙结构分析，确定其基质中的平均孔喉属于纳米级孔喉，同时发育有微米级微裂缝，是钻井液封堵剂必须致密封堵的渗流通道。通过对钻井液用封堵剂粒度分析测试，结果表明：所测试钻井液封堵剂均处于微米级尺度，没有纳米级封堵粒子存在。

7.3.1.3　多元协同稳定井壁

（1）三工河组地层稳定剂配方。

"二元 3 组合"与"二元 4 组合"的实验结果见表 7.17 和表 7.18。

表 7.17　三工河组"二元 3 组合"稳性定实验结果

序号	3 组合稳定剂	稳定性	
		回收率（%）	膨胀率（%）
1	3%KCl+2%SIAT+1%封堵剂（白沥青、磺化沥青、封堵剂）	68.26	13.54
2	5%KCl+2%SIAT+1%封堵剂（白沥青、磺化沥青、封堵剂）	73.40	13.43
3	7%KCl+2%SIAT+1%封堵剂（白沥青、磺化沥青、封堵剂）	76.45	13.26
4	3%KCl+3%SIAT+2%封堵剂（白沥青、磺化沥青、封堵剂）	80.41	13.05
5	5%KCl+3%SIAT+2%封堵剂（白沥青、磺化沥青、封堵剂）	85.03	12.69
6	7%KCl+3%SIAT+2%封堵剂（白沥青、磺化沥青、封堵剂）	86.01	10.30
7	3%KCl+2%SIAT+3%封堵剂（白沥青、磺化沥青、封堵剂）	86.42	11.12
8	5%KCl+2%SIAT+2%封堵剂（白沥青、磺化沥青、封堵剂）	86.63	10.63
9	7%KCl+2%SIAT+3%封堵剂（白沥青、磺化沥青、封堵剂）	86.82	10.10

表 7.18　三工河组"二元 4 组合"稳定性实验结果

序号	4 组合稳定剂	稳定性	
		回收率（%）	膨胀率（%）
1	3%KCl+2%SIAT+1%JLXB+1%封堵剂（白沥青、磺化沥青、封堵剂）	73.00	13.44
2	3%KCl+2%SIAT+2%JLXB+1%封堵剂（白沥青、磺化沥青、封堵剂）	73.24	13.23
3	3%KCl+2%SIAT+3%JLXB+1%封堵剂（白沥青、磺化沥青、封堵剂）	74.45	12.86
4	5%KCl+2%SIAT+1%JLXB+1%封堵剂（白沥青、磺化沥青、封堵剂）	75.40	13.20
5	5%KCl+2%SIAT+2%JLXB+2%封堵剂（白沥青、磺化沥青、封堵剂）	84.45	10.49
6	5%KCl+2%SIAT+3%JLXB+2%白沥青（白沥青、磺化沥青、封堵剂）	84.28	10.02
7	7%KCl+2%SIAT+1%JLXB+2%封堵剂（白沥青、磺化沥青、封堵剂）	84.56	11.16
8	7%KCl+2%SIAT+2%JLXB+2%封堵剂（白沥青、磺化沥青、封堵剂）	88.64	10.23
9	7%KCl+2%SIAT+3%JLXB+2%封堵剂（白沥青、磺化沥青、封堵剂）	90.55	10.10

实验结果表明，"二元 3 组合"溶液可明显提高对 J_1s 地层的稳定能力，而"二元 4 组合"溶液对 J_1s 地层的稳定能力与"二元 3 组合"相近，考虑到成本因素，选择"二元 3 组合"方案为优。J_1s 地层"二元 3 组合"最优配方为：7%KCl+2% SIAT+2%JLX。"二元 3 组合"溶液可将热滚回收率控制在近 90%，线膨胀率低于 11%。

（2）西山窑组地层稳定剂配方。

"二元 3 组合"与"二元 4 组合"的实验结果分别见表 7.19 和表 7.20。

表 7.19　西山窑组"二元 3 组合"稳定性实验结果

序号	3 组合稳定剂	稳定性	
		回收率（%）	膨胀率（%）
1	3%KCl+2%SIAT+1%封堵剂（白沥青、磺化沥青、封堵剂）	42.63	14.34
2	5%KCl+2%SIAT+1%封堵剂（白沥青、磺化沥青、封堵剂）	42.34	14.46
3	7%KCl+2%SIAT+1%封堵剂（白沥青、磺化沥青、封堵剂）	46.45	13.25
4	3%KCl+3%SIAT+2%封堵剂（白沥青、磺化沥青、封堵剂）	52.43	12.34
5	5%KCl+3%SIAT+2%封堵剂（白沥青、磺化沥青、封堵剂）	55.12	11.41
6	7%KCl+3%SIAT+2%封堵剂（白沥青、磺化沥青、封堵剂）	55.64	11.20
7	3%KCl+2%SIAT+3%封堵剂（白沥青、磺化沥青、封堵剂）	54.02	13.10
8	5%KCl+2%SIAT+2%封堵剂（白沥青、磺化沥青、封堵剂）	54.23	11.54
9	7%KCl+2%SIAT+3%封堵剂（白沥青、磺化沥青、封堵剂）	56.52	11.23

表 7.20 西山窑组"二元 4 组合"稳定性实验结果

序号	4 组合稳定剂	稳定性	
		回收率（%）	膨胀率（%）
1	3%KCl+2%SIAT+1%JLXB+1%封堵剂（白沥青、磺化沥青、封堵剂）	60.20	13.30
2	3%KCl+2%SIAT+2%JLXB+1%封堵剂（白沥青、磺化沥青、封堵剂）	63.40	11.31
3	3%KCl+2%SIAT+3%JLXB+1%封堵剂（白沥青、磺化沥青、封堵剂）	68.45	10.46
4	5%KCl+2%SIAT+1%JLXB+1%封堵剂（白沥青、磺化沥青、封堵剂）	64.40	10.32
5	5%KCl+2%SIAT+2%JLXB+2%封堵剂（白沥青、磺化沥青、封堵剂）	66.45	9.80
6	5%KCl+2%SIAT+3%JLXB+2%封堵剂（白沥青、磺化沥青、封堵剂）	66.58	9.78
7	7%KCl+2%SIAT+1%JLXB+3%封堵剂（白沥青、磺化沥青、封堵剂）	65.16	10.14
8	7%KCl+2%SIAT+2%JLXB+3%封堵剂（白沥青、磺化沥青、封堵剂）	68.34	9.73
9	7%KCl+2%SIAT+3%JLXB+3%封堵剂（白沥青、磺化沥青、封堵剂）	69.55	9.40

实验结果表明，"二元 4 组合"对 J_2x 地层的稳定能力显著优于"二元 3 组合"配方。J_2x 地层的"二元 4 组合"最优配方：7%KCl+2%SIAT+3%JLX+3%封堵剂（白沥青、磺化沥青、封堵剂）。"二元 4 组合"溶液可将热滚回收率控制在近 70%，线膨胀率低于 10%。

（3）八道湾组地层稳定剂配方。

"二元 3 组合"与"二元 4 组合"的实验结果分别见表 7.21 和表 7.22。

表 7.21 八道湾组"二元 3 组合"稳定性实验结果

序号	3 组合稳定剂	稳定性	
		回收率（%）	膨胀率（%）
1	3%KCl+2%SIAT+1%封堵剂（白沥青、磺化沥青、封堵剂）	48.35	13.32
2	5%KCl+2%SIAT+1%封堵剂（白沥青、磺化沥青、封堵剂）	50.34	13.30
3	7%KCl+2%SIAT+1%封堵剂（白沥青、磺化沥青、封堵剂）	52.41	11.46
4	3%KCl+3%SIAT+2%封堵剂（白沥青、磺化沥青、封堵剂）	60.12	10.02
5	5%KCl+3%SIAT+2%封堵剂（白沥青、磺化沥青、封堵剂）	63.32	9.58
6	7%KCl+3%SIAT+2%封堵剂（白沥青、磺化沥青、封堵剂）	67.35	8.37
7	3%KCl+2%SIAT+3%封堵剂（白沥青、磺化沥青、封堵剂）	63.60	10.10
8	5%KCl+2%SIAT+2%封堵剂（白沥青、磺化沥青、封堵剂）	64.32	9.21
9	7%KCl+2%SIAT+3%封堵剂（白沥青、磺化沥青、封堵剂）	68.65	8.54

表 7.22　八道湾组"二元 4 组合"稳定性实验结果

序号	4 组合稳定剂	稳定性	
		回收率（%）	膨胀率（%）
1	3%KCl+2%SIAT+1%JLXB+1%封堵剂（白沥青、磺化沥青、封堵剂）	62.46	13.20
2	3%KCl+2%SIAT+2%JLXB+1%封堵剂（白沥青、磺化沥青、封堵剂）	65.74	11.56
3	3%KCl+2%SIAT+3%JLXB+1%封堵剂（白沥青、磺化沥青、封堵剂）	70.26	10.42
4	5%KCl+2%SIAT+1%JLXB+1%封堵剂（白沥青、磺化沥青、封堵剂）	73.70	9.82
5	5%KCl+2%SIAT+2%JLXB+2%封堵剂（白沥青、磺化沥青、封堵剂）	78.32	8.86
6	5%KCl+2%SIAT+3%JLXB+3%封堵剂（白沥青、磺化沥青、封堵剂）	78.55	8.35
7	7%KCl+2%SIAT+1%JLXB+2%封堵剂（白沥青、磺化沥青、封堵剂）	75.66	8.40
8	7%KCl+2%SIAT+2%JLXB+2%封堵剂（白沥青、磺化沥青、封堵剂）	77.68	8.90
9	7%KCl+2%SIAT+3%JLXB+2%封堵剂（白沥青、磺化沥青、封堵剂）	79.21	8.21

　　实验结果表明，"二元 4 组合"对 J_1b 地层的稳定能力明显高于"二元 3 组合"。J_1b 地层"二元 4 组合"最优配方：5%KCl+2%SIAT+3%JLX +3%封堵剂（白沥青、磺化沥青、封堵剂）。"二元 4 组合"溶液可将热滚回收率控制在近 80%，线膨胀率低于 9%。

　　（4）克拉玛依组地层稳定剂配方。

　　"二元 3 组合"与"二元 4 组合"的实验结果分别见表 7.23 和表 7.24。

表 7.23　克拉玛依组"二元 3 组合"稳定性实验结果

序号	3 组合稳定剂	稳定性	
		回收率（%）	膨胀率（%）
1	3%KCl+2%SIAT+1%（白沥青、磺化沥青、封堵剂）	40.21	17.54
2	5%KCl+2%SIAT+1%（白沥青、磺化沥青、封堵剂）	41.62	17.43
3	7%KCl+2%SIAT+1%（白沥青、磺化沥青、封堵剂）	42.45	16.26
4	3%KCl+3%SIAT+2%（白沥青、磺化沥青、封堵剂）	43.48	16.05
5	5%KCl+3%SIAT+2%（白沥青、磺化沥青、封堵剂）	45.33	15.69
6	7%KCl+3%SIAT+2%（白沥青、磺化沥青、封堵剂）	45.52	15.30
7	3%KCl+2%SIAT+3%（白沥青、磺化沥青、封堵剂）	43.54	16.12
8	5%KCl+2%SIAT+2%（白沥青、磺化沥青、封堵剂）	44.15	15.63
9	7%KCl+2%SIAT+3%（白沥青、磺化沥青、封堵剂）	45.56	15.10

表7.24　克拉玛依组"二元4组合"稳定性实验结果

序号	4组合稳定剂	稳定性	
		回收率（%）	膨胀率（%）
1	3%KCl+2%SIAT+1%JLXB+1%（白沥青、磺化沥青、封堵剂）	41.25	16.82
2	3%KCl+2%SIAT+2%JLXB+1%（白沥青、磺化沥青、封堵剂）	43.24	16.21
3	3%KCl+2%SIAT+3%JLXB+1%（白沥青、磺化沥青、封堵剂）	45.55	15.52
4	5%KCl+2%SIAT+1%JLXB+1%（白沥青、磺化沥青、封堵剂）	47.28	15.32
5	5%KCl+2%SIAT+2%JLXB+2%（白沥青、磺化沥青、封堵剂）	49.01	14.68
6	5%KCl+2%SIAT+3%JLXB+2%（白沥青、磺化沥青、封堵剂）	49.35	14.55
7	7%KCl+2%SIAT+1%JLXB+3%（白沥青、磺化沥青、封堵剂）	47.43	13.85
8	7%KCl+2%SIAT+2%JLXB+3%封堵剂（白沥青、磺化沥青、封堵剂）	48.75	13.57
9	7%KCl+2%SIAT+3%JLXB+3%封堵剂（白沥青、磺化沥青、封堵剂）	49.12	13.23

　　实验结果表明，"二元4组合"对T_2k地层的稳定能力高于"二元3组合"。T_2k地层"二元4组合"最优配方：7%KCl+2%SIAT+2%JLX+3%封堵剂（白沥青、磺化沥青、封堵剂）。"二元4组合"溶液可将热滚回收率控制在近50%，线膨胀率低于13.5%。

　　（5）韭菜园子组地层稳定剂配方。

　　"二元3组合"与"二元4组合"的实验结果分别见表7.25和表7.26。

表7.25　韭菜园子组"二元3组合"稳定性实验结果

序号	3组合稳定剂	稳定性	
		回收率（%）	膨胀率（%）
1	3%KCl+2%SIAT+1%沥青	70.00	16.54
2	5%KCl+2%SIAT+1%沥青	71.50	16.50
3	7%KCl+2%SIAT+1%沥青	72.45	15.00
4	3%KCl+3%SIAT+2%沥青	73.50	15.00
5	5%KCl+3%SIAT+2%沥青	75.30	14.50
6	7%KCl+3%SIAT+2%沥青	75.50	15.00
7	3%KCl+2%SIAT+3%沥青	73.50	15.00
8	5%KCl+2%SIAT+2%沥青	74.10	14.50
9	7%KCl+2%SIAT+3%沥青	75.50	14.00

表 7.26 韭菜园子组"二元 4 组合"稳定性实验结果

序号	4 组合稳定剂	稳定性	
		回收率（%）	膨胀率（%）
1	3%KCl+2%SIAT+1%JLXB+1%磺化沥青	78.00	15.50
2	3%KCl+2%SIAT+2%JLXB+1%磺化沥青	79.00	15.00
3	3%KCl+2%SIAT+3%JLXB+1%磺化沥青	80.50	14.50
4	5%KCl+2%SIAT+1%JLXB+1%磺化沥青	85.50	14.30
5	5%KCl+2%SIAT+2%JLXB+2%磺化沥青	85.01	13.50
6	5%KCl+2%SIAT+3%JLXB+2%磺化沥青	85.30	13.50
7	7%KCl+2%SIAT+1%JLXB+3%磺化沥青	90.40	12.50
8	7%KCl+2%SIAT+2%JLXB+3%磺化沥青	90.50	12.00
9	7%KCl+2%SIAT+3%JLXB+3%磺化沥青	90.00	12.00

实验结果表明，"二元 4 组合"对韭菜园子 T_1j 地层的稳定能力显著高于"二元 3 组合"，"二元 4 组合"最优配方为：7%KCl+2%SIAT+2%JLX+3%磺化沥青。"二元 4 组合"溶液可将热滚回收率控制在超过 90%，线膨胀率接近 12%。

（6）梧桐沟组地层稳定剂配方。

"二元 3 组合"与"二元 4 组合"的实验结果分别见表 7.27 和表 7.28。

表 7.27 梧桐沟组"二元 3 组合"稳定性实验结果

序号	3 组合稳定剂	稳定性	
		回收率（%）	膨胀率（%）
1	3%KCl+2%SIAT+1%封堵剂 2	48.35	13.32
2	5%KCl+2%SIAT+1%封堵剂 2	50.34	133
3	7%KCl+2%SIAT+1%封堵剂 2	52.41	11.46
4	3%KCl+3%SIAT+2%封堵剂 2	60.12	10.02
5	5%KCl+3%SIAT+2%封堵剂 2	63.32	9.58
6	7%KCl+3%SIAT+2%封堵剂 2	67.35	8.37
7	3%KCl+2%SIAT+3%封堵剂 2	68.26	10.10
8	5%KCl+2%SIAT+2%封堵剂 2	69.32	9.21
9	7%KCl+2%SIAT+3%封堵剂 2	71.65	8.54

表 7.28 梧桐沟组"二元 4 组合"稳定性实验结果

序号	4组合稳定剂	稳定性	
		回收率（%）	膨胀率（%）
1	3%KCl+2%SIAT+1%JLXB+1%封堵剂2	72.46	132
2	3%KCl+2%SIAT+2%JLXB+1%封堵剂2	75.74	11.56
3	3%KCl+2%SIAT+3%JLXB+1%封堵剂2	80.26	10.42
4	5%KCl+2%SIAT+1%JLXB+1%封堵剂2	837	9.82
5	5%KCl+2%SIAT+2%JLXB+2%封堵剂2	88.32	8.86
6	5%KCl+2%SIAT+3%JLXB+3%封堵剂2	88.55	8.35
7	7%KCl+2%SIAT+1%JLXB+2%封堵剂2	90.66	8.40
8	7%KCl+2%SIAT+2%JLXB+2%封堵剂2	90.68	8.90
9	7%KCl+2%SIAT+3%JLXB+2%封堵剂2	90.21	8.21

实验结果表明，"二元 4 组合"对梧桐沟组 P_3wt 地层的稳定能力显著高于"二元 3 组合"，"二元 4 组合"最优配方为：5%KCl+2% SIAT+3%JLX +3%封堵剂 2（磺化沥青）。"二元 4 组合"溶液可将热滚回收率控制在超过 90%，线膨胀率低于 8.5%。

综合上述各地层的稳定性评价实验结果与分析，目标地层"多元协同"稳定井壁的稳定剂优化组合见表 7.29。

表 7.29 目标地层"多元协同"稳定井壁的稳定剂最优组合

层位	最优多元协同稳定剂组合	备注
J_1s	7%KCl+2%SIAT+2%磺化沥青	
J_2x	7%KCl+2%SIAT+3%JLX+3%磺化沥青	考虑煤层需要4组合
J_1b	5%KCl+2%SIAT+3%JLX+3%磺化沥青	依据实验可3组合
T_2k	7%KCl+2%SIAT+2%JLX+3%磺化沥青	T_2k_1分散性强需4组合
P_2w	5%KCl+3%SIAT+2%磺化沥青	岩层分散性强可4组合
T_1j	7%KCl+2%SIAT+3%JLX +3%磺化沥青	膨胀性和分散性强需要4组合
P_3wt	7%KCl+2%SIAT+3%磺化沥青	

7.3.2 现场技术方案及应用情况

7.3.2.1 技术方案

（1）强化钻井液的抑制性。

①以 PMHA-2、氯化钾、有机盐及氨基抑制剂来提高钻井完井液的抑制能力。

②加足阳离子乳化沥青、天然沥青干粉调整好钻井完井液对地层的封堵胶结能力，保证井眼稳定。

③控制 K^+ 含量在 20000～25000mg/L、Ca^{2+} 含量在 300～600mg/L、Cl^- 含量在 80000～150000mg/L，以防止地层黏土矿物水化膨胀和防止 HCO_3^- 污染。

（2）强化钻井液的封堵造壁性。

①用 0.8%SP-8+2%HY-2 控制钻井液滤失量，2%QCX-1 改善滤饼质量。

②加入 KR-n、RF-9、WRF-9，复配使用提高钻井液的封堵防塌能力。

（3）保持钻井液流变性的稳定性。

①钻进过程中，保持钻井液强抑制性的连续性。

②保持 pH 值在 9.5 以上。

③根据钻井液的综合性能，通过调整钻井液维护配方，控制钻井液流变性。

（4）增强润滑性能。

①合理使用好固控设备，减少钻井液中有害固相。

②液体润滑剂、固体润滑剂及 WRF-9 多元复配使用，增强体系润滑性能。

7.3.2.2 现场应用

（1）钻井情况。

通过技术攻关，采用多元协同钻井液技术成功完成 12 口水平井的井身结构由四开优化为三开，34 口水平井的井身结构由三开优化为二开。节约钻井成本和工期，为页岩油规模有效开发提供了有力保障。

（2）井径分析。

前期探井吉 172-H 井的井径扩大率为 15%~20%，而试验井的裸眼井径规则，平均扩大率小于 8%。与吉 172-H 井径扩大率相比，本体系抑制效果明显，有效保证了井眼稳定，为固井工程提供了良好井眼。

（3）钻井液性能。

跟踪评价吉木萨尔凹陷多口实钻井的钻井液性能（表 7.30）。井浆评价表明，钻井液整体性能优良，流变参数合理，能够满足携岩需要，防塌抑制性良好，为井身结构优化提供了保障。

表 7.30　吉木萨尔凹陷现场井浆性能评价数据

井号	ρ （g/cm³）	AV （mPa·s）	PV （mPa·s）	YP （Pa）	τ_0/μ_p	初/终切力 （Pa）	API 失水量 （mL）	H （mm）	K_f
JHW023	1.45	43	32	11	0.34	3.0/7.0	3.2	0.5	0.104
JHW025	1.53	39	28	11	0.39	2.0/9.0	0.5	0.5	0.0525
JHW033	1.55	53	40	13	0.33	3.0/8.0	1.6	0.5	0.0525
J10013	1.55	60	50	10	0.20	2.5/9.0	3.4	0.5	0.0787
J10017	1.52	50	39	11	0.28	2.0/6.0	4.0	0.5	0.104

参 考 文 献

刘宏宇 . 2018. 威远页岩气钻井液技术实践与认识 ［J］. 重庆科技学院学报（自然科学版），20（4）：53-55.

杨斌 . 2018. CQ-HPWBM 页岩气水基钻井液的研究 ［J］. 钻采工艺，41（3）：85-87.

于成旺，杨淑君，赵素娟 . 2018. 页岩气井钻井液井眼强化技术 ［J］. 钻井液与完井液，35（6）：49-54.

吴代国 . 2018. 页岩气钻井液技术进展研究 ［J］. 西部探矿工程，（11）：14-15.

任金萍.2019. 油基钻井液技术进展研究 [J]. 西部探矿工程, (8): 55-56.

杨灿, 王鹏, 饶开波, 等.2020. 大港油田页岩油水平井钻井关键技术 [J]. 石油钻探技术, 48 (2): 34-41.

唐代绪, 侯业贵, 高杨, 等.2012. 胜利油田页岩油水平井钻井液技术 [J]. 石油钻探技术, 34 (5): 45-48.

谭希硕, 童伏松.2013. 页岩油水平井钻井液技术在江汉油田的应用 [J]. 江汉石油科技, 23 (1): 40-44.

林永学, 王显光.2014. 中国石化页岩气油基钻井液技术进展与思考 [J]. 石油钻探技术, 42 (4): 7-13.

邱正松, 徐加放.2007. "多元协同" 稳定井壁新理论 [J]. 石油学报, 28 (2): 117-119.

闫丽丽, 李丛俊, 张志磊, 等.2015. 基于页岩气 "水替油" 的高性能水基钻井液技术 [J]. 钻井液与完井液, 32 (5): 1-6.

张启根, 陈馥.2007. 国外高性能水基钻井液技术发展现状 [J]. 钻井液与完井液, 24 (3): 74-77.

王昌军, 岳前声, 张岩, 等.2001. 聚合醇 JLX 防塌润滑性能研究 [J]. 钻井液与完井液, 18 (3): 6-8.

张黎明.1995. 稳定粘土用季铵型阳离子聚合物 [J]. 石油与天然气化工, 24 (1): 34-37.

徐四龙, 余维初, 张颖泥.2014. 页岩井壁稳定的力学与化学耦合 (协同) 作用研究进展 [J]. 石油天然气学报, 36 (1): 151-153.

邓虎, 孟英峰.2003. 泥岩稳定性的化学与力学耦合研究综述 [J]. 石油勘探与开发, 30 (1): 109-111.

沈建文.2005. 泥岩井壁稳定性力学与化学耦合机理研究 [D]. 西安: 西安石油大学.

Dye W M, Daugereau K, Hansen N A, et al. 2006. New Water-Based Mud Blances High-Performance Drilling and Environmental Compliance [J]. SPE drilling & Completion, 21 (4): 255-267.

8 吉木萨尔页岩油水平井水泥浆与固井技术

在水平井发展初期，国内外主要采用裸眼、筛管等完井方式，采用固井完井的水平井很少。随着低渗透油藏勘探开发力度的加大，固井射孔完井成为水平井最有效的层段分隔和可以进行选择性增产措施的一种完井方式。新疆油田在吉木萨尔页岩油区部署的多口水平井采用固井完井，通过技术攻关，在水平井套管设计、套管下入、水泥浆体系、水泥环完整性评价等方面取得了多项技术突破。

8.1 韧性水泥浆体系研究与性能评价

8.1.1 韧性水泥石力学性能评价

固井施工中，由于某些原因在水泥石中形成许多初始缺陷，在射孔和压裂等作业中产生的冲击载荷作用下，初始缺陷的裂纹尖端处会形成高度的应力集中。依断裂力学理论，随着应力水平的发展，一旦断裂强度因子大于材料的断裂韧性，裂纹将迅速扩展，继而产生宏观的裂纹、裂缝，造成油气层段窜槽，给射孔后开发和改造油层挖掘潜力等增产措施带来极大困难。

增韧剂及其配套添加剂的选取主要从几方面进行：

（1）纤维种类、长度和加量的优选；

（2）加入胶乳，利用胶乳在水泥浆中能够填充以及成膜等特点，改善水泥石力学性能；

（3）水泥石性能（抗压强度、抗折强度、动态弹性模量、泊松比、抗冲击功、射孔性能）评价。

通过水泥石的主要性能参数评价了大型压裂对水泥石要求。

8.1.1.1 水泥环厚度

小间隙固井临界水泥环厚度小于19.05mm，即图8.1中虚线 a 的左侧，最大等效应力梯度急剧减小；水泥环厚度19~25.4mm，即虚线 a 和 b（水泥环厚度38.1mm）之间时，最大等效应力梯度变化依然很大；水泥环厚度38.1~50.8mm，即虚线 b 和 c（水泥环厚度50.8mm）之间时，最大等效应力梯度的变化减小；水泥环厚度继续增大，即虚线 c 和虚线 d（水泥环厚度76.2mm）之间以至虚线 d 右侧的部分，最大等效应力梯度明显趋缓直至几乎不变。

由此可知，水泥环厚度设计在38.1~50.8mm是较为合适的。由于页岩油区块采用 ϕ152.4mm 井眼下入 ϕ114.3mm 套管，考虑井眼扩大率10%，水泥环厚度为26.67mm，小于模拟值。因此，为满足后期大型压裂，水泥环其他性能要求较高。

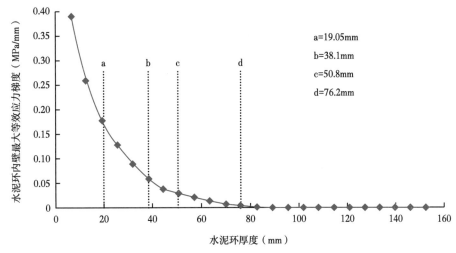

图 8.1 水泥环厚度与等效应力梯度曲线图

8.1.1.2 弹性模量

取 5~10GPa 不同弹性模量的 6 块水泥石，在相同条件下，逐渐加压，可以看到当弹性模量 E 小于 6GPa 时曲线消失，那就是说明弹性模量小于 6GPa，水泥环在加压时不会产生微裂缝，如图 8.2 所示。

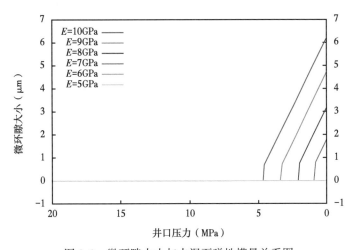

图 8.2 微环隙大小与水泥石弹性模量关系图

8.1.1.3 抗压强度

取 12~22MPa 不同抗压强度的 6 块水泥石，在相同条件下，逐渐加压，可以看到当抗压强度大于 18MPa 时曲线消失，那就是说明抗压强度大于 18MPa，水泥环在加压时不会产生微裂缝，如图 8.3 所示。

通过以上几点，可以得出为满足页岩油水平井 80MPa 大型多级压裂，水泥环基本性能需满足弹性模量小于 6GPa，抗压强度大于 18MPa。

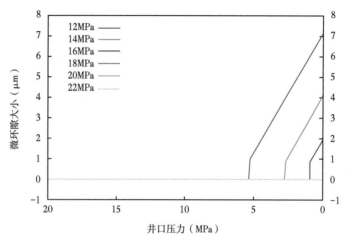

图 8.3　微环隙大小与水泥石抗压强度关系图

8.1.2　韧性水泥浆配套外加剂优选

8.1.2.1　弹性材料优选

（1）弹性材料的粒度分布。

漂珠做为减轻剂，因其价格低廉而受到广泛应用，但是受自身密度的限制而作为超低密度水泥浆减轻材料时需慎重考虑。美国 3M 公司生产的一种细小的 HGS 中空玻璃微球，按耐压程度分多个级别，其密度范围为 $0.32\sim0.60g/cm^3$，其在一定情况下也具有一定的弹性。

①国产漂珠。

由于漂珠大多是密闭的空心玻璃体，因此，只需要很少的水即可润湿漂珠表面，从而配制出一般减轻剂难以实现的超低密度水泥浆，并使体系表现出相对更高的抗压强度。漂珠本身的低密度，是漂珠低密度水泥浆能在较低密度下获得高于常规低密度水泥浆的抗压强度的主要原因。各地生产的漂珠，化学成分和物理性能基本相同，仅受煤种、煤粉的细度以及燃烧程度的影响略有差别，见表 8.1 和图 8.4。

表 8.1　漂珠的化学性能和物理性能

组分及性能	国产漂珠	Spherelite	Litefil
SiO_2（%）	55~59	55	65
Al_2O_3（%）	35~36	29	35
Fe_2O_3（%）	3~5	5	4
CaO（%）	1.5~3.6	1.6	
MgO（%）	0.84		
粒径（μm）	40~250	40~250	60~315
壁厚［为直径的百分比（%）]	5~30		
密度（g/cm^3）	0.5~0.7	0.685	0.7
堆积密度（kg/m^3）	310~395	370	400

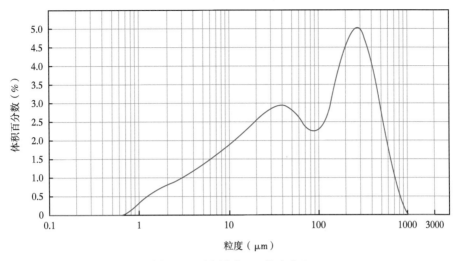

图 8.4 国产漂珠 001 粒度分布

②HGS 中空玻璃微球。

HGS 中空玻璃微球是美国 3M 公司人工制造的空心微珠，是一种碱石灰硼硅酸玻璃，直径 10~90μm，壁厚 2~3μm，不溶于水和油，具有不可压缩性，呈低碱性，与大多数的体系兼容性好，有降低黏度和改善流动度的功能，其耐高温，化学稳定，破碎压力 2000~18000psi，拉伸强度、抗压强度、弹性模量均优于漂珠。3M 微珠粒度分布如图 8.5 所示。

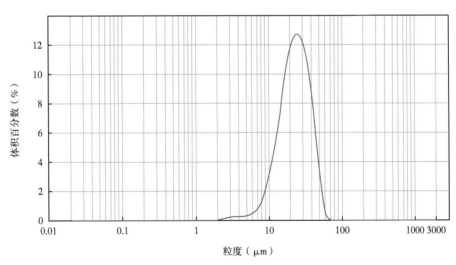

图 8.5 3M 微珠粒度分布图

从图 8.4、图 8.5 中可知，国产微珠粒度分布范围较宽，大约 90% 为 180μm，颗粒较粗。人造中空玻璃微球粒度分布范围较窄，大约 90% 为 90μm，颗粒细分布均匀。

（2）弹性材料耐压性评价。

对不同减轻剂进行耐压试验。将混有减轻材料的水泥浆称量密度后装入稠化仪浆杯，在增压稠化仪上进行升温升压试验，恒压 30min 后卸机，将稠化仪浆杯中水泥浆分层倒出，分别测量其上、中、下密度，计算出水泥浆密度差，从而折算出浆体内减轻材料的耐压强度。不同减轻材料耐压性见表 8.2。

表 8.2　减轻材料耐压性评价表

水泥浆密度（g/cm³）	减轻材料	耐压密度差（g/cm³）			耐压能力（MPa）
		40MPa	50MPa	60MPa	
1.50 配方	国产微珠	0.02	0.06	0.11	40
1.60 配方	国产微珠	0.01	0.03	0.08	50
1.30 配方	3M 微珠 HGS6000	0.01	0.03	0.06	50
1.50 配方	3M 微珠 HGS6000	0.00	0.02	0.05	50
1.50 配方	3M 微珠 HGS10000	0.00	0.01	0.01	60
1.40 配方	3M 微珠 HGS18000	0.00	0.00	0.02	60
1.50 配方	3M 微珠 HGS18000	0.00	0.00	0.01	60

通过试验可以看出微珠具有一定的抗压能力，但是其具有的抗压能力不能满足大型压裂 80MPa 的环境，且随着微珠使用量的加大，水泥浆的密度会相应地降低，无法满足高压区水平井固井压稳油层的要求。

8.1.2.2　韧性材料优选

水泥石的强度与韧性为相互对立的存在，新疆油田 $1.9g/cm^3$ 的常规水泥浆体系及胶乳水泥浆体系形成的水泥石，强度均能达到 18MPa 以上，但是韧性却远不能满足大型压裂对水泥石的性能要求。为了进一步提高水泥石的韧性，又不改变水泥浆密度及水泥石强度，通过室内实验，对以下三种材料进行了对比，见表 8.3。

表 8.3　不同韧性材料同加量下的脆性系数表

材料名称	24h 强度（MPa）		脆性系数
	抗压强度	抗折强度	
短纤维复合材料	14.21	3.22	4.41
JB-1	12.65	4.60	2.75
弹性颗粒	9.01	4.04	2.23

从表 8.3 可以看出相同加量条件下，三种韧性材料都能改善提高水泥石的韧性，但纤维复合材料由于纤维有一定长度，易堵塞管线，且脆性系数远高于其余两种材料。加入韧性材料的水泥石脆性系数均减小，抗冲击韧性相应增加，水泥石在射孔和下套管中等措施中被震裂的风险大幅降低。

8.1.2.3　降失水材料优选

常见的降失水剂有微粒材料和水溶性高分子材料两类。项目组选用 ST900L、D168 和胶乳作为水泥浆降失水剂。ST900L 和 D168 均为水溶性高分子聚合物类的降失水剂，ST900L 为国产降失水剂，D168 为进口降失水剂。当水泥浆运动的时候，ST900L、D168 主要通过包裹较小的颗粒和水分子起到降失水的作用，当水泥浆静止后 ST900L、D168 在水泥水化前期与水泥生成 $CaSO_4$ 和活性盐，$CaSO_4$ 和活性盐产生同离子效应和盐效应，改变水泥颗粒表面的吸附层，提高水化矿物的溶解度，使水泥浆的水化诱导期提前结束，加速水泥水化进程，温度越高水化进程越快。

胶乳是一种的聚合物悬浮胶粒体系，属于微粒类降失水剂，是直径 $\phi 200 \sim \phi 500nm$ 的聚合物球形颗粒分散在黏稠的胶体体系中，再加入一定的表面活性剂以防止聚合物颗粒聚结而形成的。通常这种体系的固相含量为 30% ~ 50%，乳液密度为 $1.02g/cm^3$。胶乳由于胶乳中胶粒的粒径比水泥颗粒粒径小得多，而且具有良好的弹性，在形成滤饼时，一部分胶粒桥塞充填于水泥颗粒间的空隙中，使滤饼渗透率降低。另一方面部分胶粒在压差作用下在水泥颗粒间聚积成膜，覆盖在滤饼上进一步使其渗透率降低，起到降失水作用。

实践经验证明，当胶乳应用于油井水泥时，具有下列特性：

（1）能较好地黏结油润和水润界面；

（2）胶乳水泥弹性大减少了射孔或钻井过程中水泥环的破坏概率；

（3）增加了水泥石抗井内流体腐蚀的能力；

（4）由于聚合物增黏和堵孔作用，降低了水泥浆滤失量；

（5）降低了渗透性；

（6）提高防钻井液污染的能力；

（7）提高界面胶结质量。

实验选用的三种类型的降失水剂均能将 API 失水量控制在 50mL/min 内，失水量与降失水剂加量具有良好的线性关系。

8.1.2.4 分散剂及稳定剂优选

分散剂的加入可以削弱和拆散水泥颗粒之间的成团连接，释放自由水，改变水化产物性状，降低内摩擦阻力，破坏胶凝，降低塑性黏度。它可以提高水泥浆的可泵性，降低一定流速下的泵压，实现低排量下的紊流，提高对钻井液的顶替效率和固井质量，在不破坏水泥浆流变性的条件下，减少水的用量，配出较高密度的水泥浆，还可使稠化曲线趋于直角，提高水泥石强度和抗渗透能力。

分散剂 TX 与 SXY-2 与水泥浆有很好的配伍性，见表8.4 与表8.5。考虑到 SXY-2 价格便宜，性能稳定，具有抗高温的能力，建议选择 SXY-2。

表 8.4 水泥浆与分散剂的配伍性表

分散剂	加量（%）	流动度（cm）	初稠（Bc）	备注
SXY-2	0.5	25	24	红色固体粉末
TX	0.5	25	24	黑色固体粉末
CF	1.5	28	16	红色液体

表8.5　减阻剂加量与水泥浆性能变化表

减阻剂加量（%）	R_{300}	R_{200}	R_{100}	R_6	R_3	τ_0/μ_p	初/终切力（Pa）	初稠（Bc）
0.4	131	104	77	31	27	0.32	11/17	31
0.5	106	80	54	23	20	0.18	10/15	24
0.7	97	68	42	10	7	0.09	4/9	14
0.9	80	58	36	10	6	0.11	3/7	11
1.0	70	52	33	6	3	0.13	2/4	8

稳定性是水泥浆重要性能指标之一。稳定性较差的水泥浆所形成的水泥浆柱其致密程度从上到下不均匀，而且胶结强度不断减弱。研究设计的四种不同密度水泥浆柱上、中、下部密度差不超过0.02g/cm³，并且浆体无自由水析出，沉降稳定性良好，体系均能满足游离液为0mL，满足水平井固井要求，见表8.6。

表8.6　水泥浆沉降稳定性研究数据表

水泥浆密度（g/cm³）	水泥浆温度（℃）	水泥浆柱上部密度（g/cm³）	水泥浆柱中部密度（g/cm³）	水泥浆柱下部密度（g/cm³）	游离液（mL）
1.30	75	1.30	1.30	1.31	0
1.50	75	1.50	1.50	1.51	0
1.89	75	1.89	1.89	1.89	0
2.10	75	2.10	2.10	2.10	0

8.1.2.5　膨胀材料优选

水泥浆的凝固过程是一个溶解、水化、结晶和硬化的过程。在该过程中，水泥浆体的网架结构及微孔隙形成不断变化，从而使水泥石的物理、机械性能发生变化。水泥浆水化反应会使固相体积不断增大，液相不断减小，形成的体系结构，再在吸水的作用下，出现了许多细的微孔隙结构，而宏观上表现为体积收缩。这是水泥浆的水化反应的固有特点。由于水泥浆水化导致的体积收缩会造成环空窜流，层间封隔失效。因此必须在水泥浆中加入弥补水泥水化过程中防止体积收缩的膨胀剂。膨胀剂能够提高水泥石的膨胀性能，使体系具有微膨胀性，能有效闭合整个封固段包括水平段的环空微隙。

水平井固井由于存在窄边效应，所以对水泥浆的体积收缩控制，保证水泥环的封固质量，使水泥浆具有一定的膨胀能力是很有必要的。采用几种常用膨胀剂开展实验和对比。通过实验，得到表8.7的实验结果。在相同加量下，水泥石均比未加入膨胀剂体积有所增加，其中D174在相同加量下膨胀率最大，但考虑到D174为进口材料，从经济角度出发，优选SUP作为水泥浆体系的膨胀剂较为合适。

表 8.7 水泥浆膨胀率实验数据表

药品名称	加量	温度（℃）	L2（环间距 2）（mm）17.77	L1（环间距 1）（mm）17.77	膨胀率（%）0
SUP	2%膨胀剂		17.93	17.77	0.057
	3%膨胀剂		18.68	17.77	0.325
	5%膨胀剂		19.10	17.77	0.475
SNP	2%膨胀剂	70	17.79	17.77	0.007
	3%膨胀剂		18.22	17.77	0.161
	5%膨胀剂		19.00	17.77	0.439
D174	2%膨胀剂		18.76	17.77	0.354
	3%膨胀剂		19.29	17.77	0.548
	5%膨胀剂		19.66	17.77	0.677

8.1.2.6 早强剂优选

水泥浆密度低，则需要大量的减轻剂和拌和水来降低密度，浆体密度越低，所需减轻剂和拌和水量越大，使水泥石抗压强度降低；井底温度低也会导致水泥石早期强度发挥缓慢，因此应优选低温下性能优良的早强剂提高体系的早期强度。选用了常用的几种低温早强剂 SW-1A、ZQ-1、SWT 和 CS-2 进行对比实验，结果见表 8.8。

表 8.8 早强剂优选表

名称	水泥浆配方	实验条件	强度（MPa）	
			24h	48h
SW-1A			9.3	15.4
SWT	G+微珠+微硅+早强剂	40℃/常压	8.6	13.7
ZQ-1			9.9	12.6
CS-2			7.5	11.8

加入早强剂 SW-1A，水泥石早期强度发挥快，有助于防气窜，阻止地层流体的侵入。

8.1.3 韧性水泥浆体系水泥石性能评价

通过室内对各种水泥浆外加剂优选评价，形成的水泥浆体系通过不同比例的复配后，形成了基本的韧性水泥浆体系，通过以下水泥浆及水泥石性能的评价最终形成适合新疆油田长水平井固井的韧性水泥浆体系。

8.1.3.1 抗冲击性能评价

水平井固完井后期要实施射孔和压裂增产措施。水泥石要承受很大的瞬间外力作用。或者在后期开采中，地层变形，会在水泥石上附加一定的压力，仅仅依靠提高水泥石强度无法满足上述情况下水泥石保持完整性，保持有效层间封隔的要求。水泥石韧性不满足要

图 8.6　简支梁抗冲击试验仪

求，会产生微裂缝甚至碎裂，导致层间封隔失效，窜流发生。后期维护及补救需要花费大量人力物力，且很难得到理想的封隔效果。

抗冲击性能是直观地利用简支梁摆锤试验仪测试水泥石块的抗冲击能力。由一定质量的摆锤以一定高度自由释放，摆锤遇到水泥石石块的瞬间会产生一个冲击力，使水泥石断裂，水泥石吸收掉的功会在表盘上直观地读出。利用该实验方法可以定量地测试出水泥石块的抗冲击功。另一种采用射钉枪模拟射孔的方法，射击水泥石块，可以通过水泥石的碎裂程度得到水泥石的抗冲击能力，该方法可以定性评价水泥石的抗冲击性能。抗冲击试验仪如图 8.6 所示，水泥石块破碎结果如图 8.7 所示，水泥石抗冲击测试结果见表 8.9。

图 8.7　不同加量射钉枪破碎图

表 8.9　韧性水泥石抗冲击性能表

项目	增韧剂加量 （%）	抗冲击功 （J）	单位面积抗冲击功 （J/cm²）	单位面积抗冲击功增加量 （%）
JB-1	0	0.55	1.53	
	3	0.69	1.92	25.5
	5	0.77	2.14	39.9
弹性颗粒	3	0.65	1.81	18.3
	5	0.93	2.58	68.6
	10	1.16	3.22	110.5

加入增韧剂后的水泥石抗冲击功显著提高，韧性水泥浆能提高水泥石的抗冲击能力。图 8.7 中由左至右分别为加入 15%、5% 和 0% 增韧剂的韧性水泥石。可以看到钢钉穿过加入 15% 韧性水泥石的通道是一条完整且规则的通道，加入 5% 的韧性水泥石的通道不完整并开裂，没有加入韧性材料的水泥石经过射钉枪射孔，完全碎裂。韧性水泥石表现出柔性增大、刚性降低的特点。

8.1.3.2　抗折强度评价

材料在外力作用下，未发生明显变形就突然破坏的性质称脆性，具有此性质的材料称脆性材料。材料在冲击、振动作用下产生较大变形尚不致破坏的性质称为韧性，具有此性质的材料称为韧性材料。水泥石属于脆性材料，通过在水泥浆中添加韧性材料改变水泥石内部结构，使水泥石具备一定的韧性。其评价方法除了采用抗冲击功评价，抗折强度评价也是一种常用的方法之一。

抗折强度采用简支梁法进行测定（图 8.8），即采用抗折强度试验仪测试水泥石块被剪断前承受的最大力，换算成抗折强度，测试结果见表 8.10。

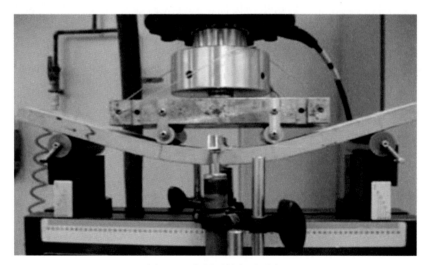

图 8.8　水泥石抗折试验仪

表 8.10　韧性水泥石抗折强度和抗压强度性能表

	温度（℃）	密度（g/cm³）	抗压强度（MPa）	抗折强度（MPa）
国产配方	80	1.50	16.5	5.2
		1.90	19.5	6.3
国外配方		1.50	15.6	7.6
		1.90	18.1	12.6

8.1.3.3　水泥浆胶结强度评价

固井注完水泥后，地层与水泥环，套管与水泥环这两个界面的胶结质量是影响油井使用寿命的关键因素。固井二界面胶结良好有利于在后续增产过程中可以采用更为多样化的措施，从而延长油井的开采年限。而固井二界面胶结质量差会使得界面的封固系统失效，引发严重的环空窜流问题。

地层与水泥环的胶结强度受到注水泥封固地层条件、钻井液类型和钻井液在地层形成的滤饼情况和水泥浆自身性能等因素影响。水泥浆的密度、滤失性能以及水泥浆硬化过程中的体积收缩特性会极大影响界面胶结质量，该性能可用胶结强度来评价。

提高水泥浆胶结强度可采用在水泥浆中加入韧性或弹性材料，改变水泥石的弹性变形能力，控制体系在硬化过程中体积收缩程度的方法提高界面胶结强度（表8.11），从而达到提高固井质量，保证层间封隔效果及延长油井使用的目的。

表 8.11 胶结强度实验数据表

养护时间（24h）	国产配方（JB-1）				国外配方（弹性颗粒）			
增韧材料（%）	0	2	3	5	0	2	3	5
胶结强度（MPa）	1.15	1.60	1.75	1.92	1.17	1.64	1.77	1.98
强度提高（%）	0	39.1	52.2	67	0	40.1	51.2	69.2

从上述表8.11实验结果可以得出，增韧材料加入后能够明显提高水泥石的界面胶结强度。

8.1.3.4 水泥石弹性模量和泊松比评价

固井完成后，水泥环要承受地层蠕动引起的外力，射孔及后期压裂增产措施等作业，水泥环在上述情况下可能产生微环空、微裂缝甚至碎裂的风险。根据 SPE 56535 的研究结果得出，增强水泥石抵抗裂纹发展的能力，就要设法提高水泥石的动态断裂韧性；水泥石须具有膨胀性，并且水泥石弹性模量必须小于地层岩石弹性模量。几种材料弹性模量参考及韧性水泥石弹性模量检测见表8.12与表8.13。

表 8.12 弹性模量参考表

材料	密度（g/cm³）	弹性模量（MPa）	泊松比
钢制套管	7.8	200000	0.27
页岩	1.8	30984	0.35
砂岩	2.28	24062	0.25
水泥	1.89	11000	0.17

表 8.13 韧性水泥石弹性模量检测表

水泥浆密度（g/cm³）	实验条件	增韧剂含量（%）	弹性模量（MPa）	泊松比
国外 1.60		30	2201.3	0.198
国产 1.60		5	5184.7	0.181
国外 1.80		14	2781.0	0.196
国产 1.80	常温/围压 5MPa	5	5439.2	0.183
国外 1.90		10	3513.0	0.194
国产 1.90		5	5734.7	0.188
国产 1.90		4	5968.3	0.189

从表 8.13 中可以看出，不同增韧材料随着加量的增加，水泥石弹性模量逐步降低。

对比表 8.12、表 8.13，加入增韧材料后，采用国产或进口外加剂的增韧水泥浆体系弹性模量均小于地层弹性模量，满足要求。

8.1.3.5 防气窜性能评价

气窜与液体的密度控制、钻井液的驱替效率、水泥浆的性能好坏、封固段的地层类型以及固井技术的好坏等因素有关。研究表明，气窜机理看主要可从下面三个方面来解释。第一，由于钻井液顶替效率不高和水泥浆体积收缩导致套管与水泥及套管与井壁之间形成微间隙，为天然气窜提供了有利的通道。第二，水泥浆在凝结过程中，其内部结构力不断增强，与井壁和套管的连接力（胶凝强度）不断增加，水泥环重量逐步悬挂在套管和井壁上，导致水泥浆失重。当作用于井眼环空内的浆柱（钻井液和水泥浆）压力逐渐降到低于天然气层压力时，天然气就会侵入环空，造成油气水的窜流。第三，在水泥浆凝固期间，由于水泥浆中的孔隙水随着水化和滤失而不断减少，使水泥浆中的孔隙压力不断降低，当地层气体压力大于孔隙压力时，气体就窜入水泥浆内，在水泥浆内部形成通道。综合以上三个方面可以看出，造成油气水窜的主要因素都和水泥浆失重有关。

（1）水泥浆沉降失重。

水泥浆失重是由于水泥浆体系稳定性差、水泥颗粒大量沉降，并用无胶凝作用砂浆的失重实验进行了例证。该机理可对由于水泥浆体系稳定性差、上下分层或自由水窜通而导致的水泥浆失重进行比较合理的解释，但由于建立在实验现象观察和实验现象解释基础之上，亦无具有明确意义的水泥浆失重物理模型和数学模型。

该机理建立于极端情况基础之上，即水泥浆体系严重失稳、水泥颗粒大量沉降，但是，正如前文所言，在一般情况下，由于降失水剂的大量运用，大多数水泥浆体系是稳定或比较稳定的，不存在体系严重失稳、水泥颗粒大量沉降的问题，因此，该机理不具备普遍性和代表性，不能解释大多数水泥浆在凝结过程中的失重现象。

（2）水泥浆体积收缩失重。

该机理认为，在水泥浆凝结过程中，水泥浆柱、井壁、套管外表面构成封闭的液压体系，并根据封闭液压体系液相体积收缩导致体系压力降低的原理，得出水泥浆失水、水化体积收缩导致水泥浆有效浆柱压力下降的结论，并用以解释水泥浆在凝结过程中的失重。

（3）水泥浆胶凝悬挂失重。

水泥浆顶替就位后，会在其内部迅速形成一种具有一定强度的、与地层和套管表面搭接的空间网架结构。同时，由于水泥浆失水和水化体积收缩，水泥浆柱在自身重量和上部浆柱压力的作用下有向下回落的趋势，二者联合作用，形成水泥浆整体胶凝悬挂失重效应，使部分水泥浆柱重量被悬挂在地层和套管表面上，致使水泥浆有效浆柱压力降低、水泥浆发生失重。水泥浆胶凝强度越大，网架结构的悬挂能力越强，被悬挂的水泥浆柱重量越多，水泥浆有效浆柱压力越低，因此，随水泥浆凝结过程的进行、随水泥浆胶凝强度的增加，水泥浆有效浆柱压力不断降低。目前，该机理已为国内外固井界普遍接受。

（4）水泥浆静胶凝强度评价。

利用水泥浆静胶凝强度分析仪测试，通过评价水泥浆有液态到固态过程中，水泥浆静胶凝强度由 48Pa 到 240Pa 的过渡时间。水泥浆静胶凝强度发展度过该区间的速度越快，水泥浆发生窜流的风险越低。该评价方法能够考察水泥浆防窜性能，是目前被广泛认可的一种水泥浆防窜性能评价方法。国产及国外水泥浆静胶凝测试结果如图8.9—图8.12所示。韧性水泥浆60℃条件下不同密度静胶凝评价见表8.14。

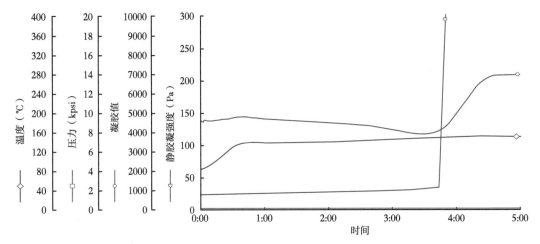

图8.9　国产水泥浆密度1.50g/cm³ 静胶凝曲线图

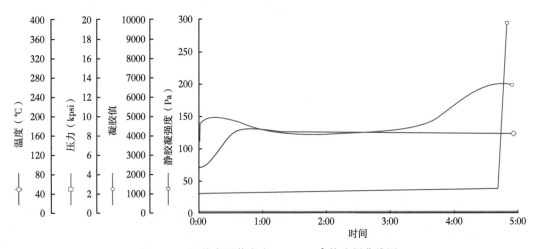

图8.10　国外水泥浆密度1.50g/cm³ 静胶凝曲线图

表8.14　韧性水泥浆60℃条件下不同密度静胶凝评价

水泥浆密度 （g/cm³）	发挥时间（min）		过渡时间 （min）
	48Pa	240Pa	
国产 1.50	224	228	4
国外 1.50	247	252	5
国产 1.90	198	201	3
国外 1.90	212	217	5

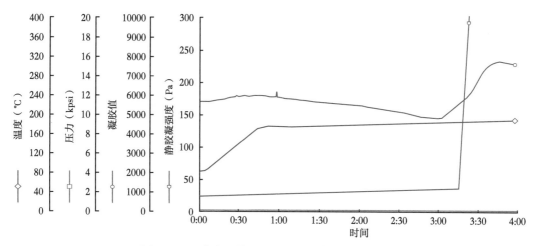

图 8.11　国产水泥浆密度 1.90g/cm³ 静胶凝曲线图

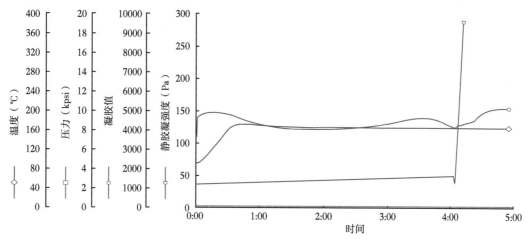

图 8.12　国外水泥浆密度 1.90g/cm³ 静胶凝曲线图

通过图 8.9~图 8.12 及表 8.14 得出，不同韧性水泥浆体系静胶凝强度 48Pa 到 240Pa 发挥时间均不超过 5h，体系防气窜性能好。

8.1.4　韧性水泥浆体系配方

通过颗粒级配及复配技术对优选后的水泥浆外加剂进行 63 组实验，形成韧性水泥浆体系配方如下：

G 级+7%D181+4%WG+4%SW-1A+2%KQ-C+4%SUP+2%ST300C+6%ST900L+1% SXY-2+0.1%ST500L+0.7%ST200R+44%H2O+0.5%DL-500。

该体系的水泥石强度满足 8.1.1 节中 24h 抗压强度大于 18MPa，弹性模量小于 6GPa 的需求。该韧性水泥浆体系性能先进性见表 8.15。

表 8.15　自研韧性水泥浆体系与国内外韧性水泥浆体系性能对比表

项目	自研体系		国内先进体系		进口体系	
	领浆	尾浆	领浆	尾浆	领浆	尾浆
密度（g/cm³）	1.5	1.9	1.5	1.9	1.5	1.9
失水（mL）	42	28	56	42	38	24
稠化时间（50Bc/min）68℃×42MPa×35min	250	175	251	113	214	165
游离液（%）	0	0	0	0	0	0
24 抗压强度（MPa）	17.8	19.5	16.9	18.4	16	18.1
7d 弹性模量（GPa）	5.2	5.9	4.1	4.7	2.7	4.1

8.2　页岩油长水平井眼固井工艺与实践

8.2.1　水平井段非均布载荷下套管强度设计

在页岩油水平井分段多级压裂中，大液量、大排量、高泵压和多级压裂致使套管服役工况苛刻。压裂时通过微地震监测，微裂缝沿套管轴向方向有分布，裂缝内压力引起地层局部地应力发生改变，在套管圆周上某部位作用着岩石压力，又叫岩石接触压力或岩石侧压力。在套管柱上仍然作用着静液柱压力，这样在套管横截面圆周上作用着两种大小不同的外挤压力，把它叫做非均布压力。

目前国内外套管柱强度设计大多是按均布外载荷考虑的，即有效外挤压力按静液柱压力分布规律计算。对于井壁稳定的地层是可行的，但对于塑性蠕变地层、吸水膨胀地层、易坍塌地层、页岩油气压裂等会不可避免地引起非均布外挤压力，即在套管圆周上除了作用着均布的液柱压力外，还存在着非均布的岩石挤压力。理论研究和室内实验表明，在非均布外挤条件下套管的抗挤强度要比均布外挤条件下低得多。为了防止套管挤毁事故，在塑性蠕变盐岩、泥岩等复杂地质条件下进行套管强度设计时，按上覆岩层压力计算有效外挤压力，应当说是很安全的，但结果仍然发生了套管挤毁现象。其重要原因之一，就是没有考虑非均布外挤压力的影响。

在现场应用中，由于只考虑了均布载荷的作用，一旦发生非均布外载时，大部分套管柱均不能抵抗非均布外挤压力的作用而发生失稳破坏。例如，有的套管柱强度设计是按上覆岩石压力均布作用来设计的，但仍然发生了套管挤毁事故，其原因就在于未考虑非均布载荷的影响。非均布载荷对套管的影响主要表现为：

（1）在非均布载荷作用下，套管的抗挤强度会大大降低；

（2）在非均布载荷作用下，套管柱的破坏是局部失稳破坏而不是强度破坏，因此，在非均布载荷下套管的抗挤毁能力较差；

（3）为了避免和减少非均布载荷对套管柱临界抗挤强度的影响，必须提高固井质量，最大限度地避免或减少水泥窜槽和套管偏心等；

（4）复杂地质条件下套管柱强度设计时，必须考虑非均布外载的影响，否则会造成套管挤毁事故。

为了定量分析非均布外载对套管临界抗挤强度的影响，并用这一理论进行套管柱强度设计和计算，首先要建立非均布外载条件下套管柱的力学模型。

8.2.1.1 非均布载荷下套管力学模型

如图8.13所示，为套管柱在非均布外载条件下的径向力学模型，即套管横截面上的受力。为了研究方便，取单位长度圆环进行研究。在图8.13中，套管内部和外部作用着均布的静液柱压力，而包角（圆心角）2α 为的圆弧上还作用着岩石压力 q。图8.13中，R 为套管半径，t 为壁厚，p_e 为管外液柱压力，p_i 为管内液柱压力。

由图8.13可知，此套管圆环上的受力是轴对称的。所以，可取圆环的一半来研究。如图

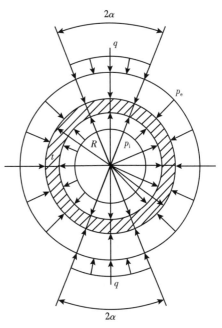

图8.13 径向非均布外载力学模型

8.14a所示为套管基本载荷图，而基本力法系统如图8.14b所示。先不考虑套管内外作用的液柱压力，因为它们是均布的，可以叠加。

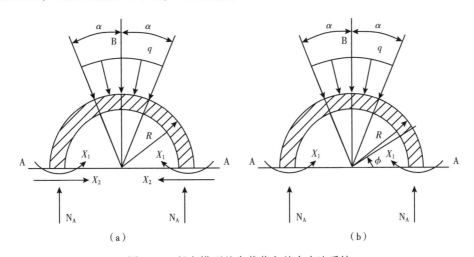

（a） （b）

图8.14 径向模型基本载荷和基本力法系统

由轴对称原理，经过复杂的数学推导，可得到套管圆周上任意一点（φ）处的应力 σ 计算公式如下：

当 $\varphi \in \left[0, \dfrac{\pi}{2} - \alpha\right]$ 时，

$$\sigma = \frac{3}{2}qk^2\left(\frac{2}{\pi}\alpha - \sin\alpha\cos\varphi\right) + \frac{1}{2}qk\sin\alpha\cos\varphi \tag{8.1}$$

当 $\varphi \in \left[\dfrac{\pi}{2} - \alpha, \dfrac{\pi}{2}\right]$ 时,

$$\sigma = \frac{3}{2}qk^2\left(\frac{2}{\pi}\alpha + \cos\alpha\sin\varphi - 1\right) + \frac{1}{2}qk\cos\alpha\sin\varphi \qquad (8.2)$$

$$k = D/t, \ D \text{ 为套管外径}$$

式中 k——套管径厚比。

由 $\dfrac{\partial\sigma}{\partial\alpha} = 0$ 得到最大应力时的包角,即临界包角表达式如下:

$$\alpha_c = \arcsin\left[\frac{6k}{(3k-1)\pi}\right] \qquad (8.3)$$

计算表明,临界包角一般为 $\alpha_c = 40° \sim 45°$。

令 $\sigma = \sigma_t$（σ_t 为套管屈服强度,单位为 MPa）而得到套管柱失稳破坏的非均布外挤压力的临界值 q_c。即

当 $\varphi \in \left[0, \dfrac{\pi}{2} - \alpha\right]$ 时,

$$q_c = \frac{\sigma_t}{\dfrac{3}{2}k^2\left(\dfrac{2}{\pi}\alpha - \sin\alpha\cos\varphi\right) + \dfrac{1}{2}k\sin\alpha\cos\varphi} \qquad (8.4)$$

当 $\varphi \in \left[\dfrac{\pi}{2} - \alpha, \dfrac{\pi}{2}\right]$ 时,

$$q_c = \frac{\sigma_t}{\dfrac{3}{2}k^2\left(\dfrac{2}{\pi}\alpha + \cos\alpha\sin\varphi - 1\right) + \dfrac{1}{2}(1 - \cos\alpha\sin\varphi)} \qquad (8.5)$$

式（2.7）和式（2.8）是当包角（2α）一定时,套管横截面圆周上任意点处的临界抗挤强度计算式。

套管圆周上任意点发生失稳破坏的非均布载荷临界值如下:

当 $\varphi \in \left[0, \dfrac{\pi}{2}\alpha\right]$ 时,

$$q_c = \frac{\sigma_t - \dfrac{1}{2}k(p_e - p_i)}{\dfrac{3}{2}k^2\left(\dfrac{2}{\pi}\alpha - \sin\alpha\cos\varphi\right) + \dfrac{1}{2}k\sin\alpha\cos\varphi} \qquad (8.6)$$

当 $\varphi \in \left[\dfrac{\pi}{2} - \alpha, \dfrac{\pi}{2}\right]$ 时,

$$q_c = \frac{\sigma_t - \frac{1}{2}k(p_c - p_i)}{\frac{3}{2}k^2\left(\frac{2}{\pi}\alpha + \cos\alpha\sin\varphi - 1\right) + \frac{1}{2}k(1 - \cos\alpha\sin\varphi)} \tag{8.7}$$

根据上述力学模型的求解，通过编程计算可以得到套管柱在非均布外载作用下，沿套管圆周上弯矩、剪力、轴力及应力应变的分布规律。

8.2.1.2 套管有效载荷计算

（1）套管有效内压力计算。

吉木萨尔地区油藏埋深 2800~4000m，以水平井开发为主，长水平段分段多级压裂投产，套管最大内压载荷来自于"大液量、大排量、高泵压"压裂施工，采用套管压裂，井口套管内压按地层压裂时的井口最高泵压考虑，井底套管内压按液柱压力+井口泵压考虑。井口最高泵压按套管抗内强度的 80% 进行限压，出现砂堵，压力超过限压时，应降排量或停泵。

$$p_d = 9.81 \times 10^{-3} \times \rho_n \times H + p_b \tag{8.8}$$

式中　p_d——井底液柱压力，MPa；

　　　p_b——井口泵压，MPa；

　　　ρ_n——压裂液密度，g/cm^3；

　　　H——井深，m。

计算出最大内压力后，有效内压力等于管内最大内压力减去管外地层盐水柱压力，这样更安全。所以：

$$p_i = p_d - 9.81 \times 10^{-3} \times \rho_w \times H \tag{8.9}$$

式中　p_i——有效内压力，MPa；

　　　ρ_w——地层水密度，g/cm^3，取 1.02~1.05。

（2）套管有效外压力计算。

有效外压力是套管柱可能受到的最大外压力与管内最小压力之差。非塑性地层视其岩石结构坚固、强度大，在钻井过程中和固井后地层不会出现缩径和垮塌等现象。对于这种稳定地层外挤压力的计算不考虑岩石侧压力的作用，只考虑管外最大静液压力与管内最小静液压力的差：

$$p_o = 9.81 \times 10^{-3} \times [\rho_m - (1 - k)\rho_n] \times H \tag{8.10}$$

式中　p_o——有效外挤压力，MPa；

　　　ρ_m——钻井液密度，g/cm^3；

　　　k——管内钻井液掏空系数或漏失系数，$k=1$ 为全掏空；

　　　ρ_n——管内流体密度，g/cm^3；

　　　H——井深，m。

对于易垮塌、膨胀地层及各种塑性蠕变地层等不稳定地层，套管柱有效外挤压力计算比较复杂，可用下式计算：

$$p_o = \frac{\mu}{1-\mu} \times p_V - 9.81 \times 10^{-3} \times (1-k)\rho_n \times H \qquad (8.11)$$

$$p_V = 9.81 \times 10^{-3} \rho_V H \qquad (8.12)$$

式中　μ——岩石泊松比；

　　　p_V——上覆岩层压力，MPa；

　　　ρ_V——上覆岩层岩石密度，g/cm^3。

对于页岩油藏采用"大液量、大排量、高泵压"压裂施工，压裂引起地层局部地应力发生改变，在套管圆周上某部位作用着非均布载荷，套管抗挤强度按非均布载荷作用下的抗挤强度考虑，地层外挤压力按地层闭合压力考虑。套管有效外压力等于地层闭合压力与管内静液压力的差：

$$p_o = p_{bh} - 9.81 \times 10^{-3} \times \rho_n \times H \qquad (8.13)$$

式中　p_{bh}——地层闭合压力，MPa；

　　　ρ_n——管内流体密度，g/cm^3。

地层闭合压力是指已存在裂缝张开的最小缝内流体作用在裂缝面的平均压力，可通过现场阶梯注入测试、回流测试、平衡实验法或压后压降分析方法确定。现场压裂施工前，一般都要进行压裂测试，压裂地层后停泵观察停泵压力下降情况，可以将停泵压力+管内液柱压力近似看作地层闭合压力。

8.2.1.3　非均布抗挤强度计算

（1）确定载荷包角。

因为在设计时套管还未下井无法预测包角的大小，为了安全起见，按临界包角计算。因为非均布载荷一般都发生在地质条件十分复杂的井段，一旦出现非均布外载套管将会发生挤毁事故。

$$\alpha = \alpha_c = 45° \qquad (8.14)$$

（2）套管的屈服强度。

套管屈服确定可按如下公式计算。

①用套管钢级计算：

$$\sigma_t = \frac{s\$ \times 1000}{145} \qquad (8.15)$$

式中　σ_t——套管屈服强度，MPa；

　　　$s\$$——套管钢级代号，如 N80，$s\$=80$。

②用管体屈服强度计算：

$$\sigma_t = \frac{10p_y}{0.785\pi(d_o^2 - d_i^2)} \qquad (8.16)$$

式中　p_y——套管管体屈服强度，kN；

　　　d_o，d_i——套管外径和内径，cm。

③确定临界非均布抗挤强度：

$$q_c = \frac{2\sigma_t - k(p_e - p_i)}{0.621k^2 + 0.146k}$$ (8.17)

8.2.1.4 非均布载荷下套管设计实例

以页岩油 JHW017 水平井为例，说明非均布载荷下套管强度设计过程。JHW017 井的井身结构为：

一开：ϕ444.5mm 钻头钻至井深 500m，下入 ϕ339.7mmJ55×9.65mm 表套；

二开：ϕ241.3mm 钻头钻至井深 3268m，下入 ϕ177.8mmTP125V×10.36mm 技套；

三开：ϕ152.4mm 钻头钻至井深 5220m，下入 ϕ114.3mmTP125V×7.37mm 油套。

该井完钻井深 5220.87m，垂深 3290.6m，井斜角 85.5°，方位角 237°，水平位移 2100.22m，水平段长 1752m，钻井液密度 1.44g/cm³，漏斗黏度 63s。

采用固井射孔完井，桥塞分段压裂 23 级，压裂时井口限压 77MPa（套管抗内压强度的 80%）考虑。

套管有效载荷计算过程如下：

压裂液密度 1.02g/cm³，地层水密度 1.05g/cm³，井底套管有效内压力：

$$p_i = 9.81 \times 10^{-3} \times 1.02 \times 3290.6 + 77 - 9.81 \times 10^{-3} \times 1.05 \times 3290.6 = 76(\text{MPa})$$

吉木萨尔页岩油梧桐沟组地层压力系数 1.27，地层闭合压力 69.1MPa，井底套管有效外压力：

$$p_o = 69.1 - 9.81 \times 10^{-3} \times 1.02 \times 3290.6 = 36.2(\text{MPa})$$

套管强度校核结果如表 8.16、图 8.15 所示。

表 8.16 套管强度校核表

规格 （mm）	钢级	壁厚 （mm）	抗内压强度 （MPa）	抗挤强度 （MPa）	非均布抗挤强度 （MPa）	抗挤安全系数 （径向/横向）
114.3	TP125V	7.37	97.2	101.6	22.81/19.47	0.63/0.54
114.3	TP125V	8.56	113.0	119.5	30.98/26.57	0.86/0.73
114.3	TP140V	8.56	123.6	130.6	35.03/30.04	0.97/0.83
114.3	TP125V	9.65	127.2	133.2	39.54/34.06	1.09/0.94

从图 8.15 可以看出，吉木萨尔页岩油 JHW017、JHW020 水平井水平段选用 ϕ114.3mm TP125V×7.37mm 套管不能满足压裂非均布载荷下的抗挤要求，JHW020 井钻第一个桥塞时 ϕ92mm 磨鞋在井深 3475.2m 遇阻，离射孔段（3492.2~3493.2m）顶部距离 17m，提钻换 ϕ85.7mm 磨鞋通过，说明套管局部变形（套管通径 ϕ96.39mm），需要提高钢级、壁厚，选用 ϕ114.3mmTP125V×9.65mm 套管才能满足压裂非均布载荷下的抗挤要求。

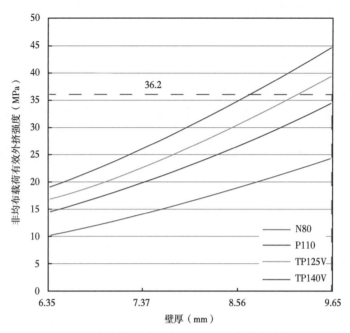

图 8.15　吉木萨尔页岩油 φ114.3mm 套管优选图版

8.2.2　长水平段套管降阻及下入技术

8.2.2.1　井眼摩擦系数研究

套管井下摩阻预测是借用钻井杆柱的受力分析模型来进行的。自 20 世纪 80 年代以来，国外的一些学者先后建立了各种以"软绳"模型为基础的模型，这些模型大多是针对钻柱建立的。"软绳"模型认为井下管柱是一条不承受弯矩的软绳，但可承受扭矩。若井眼直径与管柱直径之比较大，且管柱刚度较小，井眼不出现严重狗腿度的情况下，则管柱刚度对其受力的影响比较小，在分析中可采用"软绳"模型。约翰西克在 1983 年就首次对全井管柱受力进行了研究，在研究过程中作了以下几点假设：

（1）管柱与井眼中心线一致；

（2）管柱与井壁连续接触；

（3）假设管柱为一条只有重量而无刚性的柔索；

（4）忽略管柱中剪力的存在；

（5）除考虑钻井液的浮力外忽略其他与钻井液有关的因素。

通过对井眼内安装扶正器和未安装扶正器套管柱的受力与变形进行分析，推导出大位移井中套管柱的摩阻计算模型。未安装扶正器的套管柱与安装扶正器的套管柱受力存在某些差别，主要表现在：后者的套管柱不与井壁接触，井壁对管柱的支承力集中在扶正器上，同时由于刚性效应，必须考虑初始弯曲的影响；而未安装扶正器井段的套管柱可以认为与井壁连续接触，管柱变形曲线与井眼轴线重合，需要考虑剪切力作用。除此之外，二者的基本假设相同。

套管柱细长，一方面随井眼轴线弯曲，另一方面像柔索或链条一样紧贴井壁，并假设：

（1）井壁规则光滑；

（2）完井管柱与井壁紧密结合；

（3）完井管柱与井壁间为滑动摩擦；

（4）完井管柱的弯矩、剪切力和法向接触力为连续分布。

由上面这些假设可以看出模型考虑了管柱的刚度是一种"硬绳"模型，其模型如下：

$$\begin{cases} \dfrac{\mathrm{d}F_\mathrm{t}}{\mathrm{d}x}-F_\mathrm{f}+F_{\tau z}\dfrac{\mathrm{d}\theta}{\mathrm{d}x}-F_{\tau y}\sin\theta\dfrac{\mathrm{d}\alpha}{\mathrm{d}x}-W\cos\theta=0 \\[2mm] \dfrac{\mathrm{d}F_{\tau y}}{\mathrm{d}x}+F_y+F_\mathrm{t}\sin\theta-F_{\tau y}\cos\theta\dfrac{\mathrm{d}\alpha}{\mathrm{d}x}=0 \\[2mm] \dfrac{\mathrm{d}F_{\tau z}}{\mathrm{d}x}+F_z-F_\mathrm{t}\dfrac{\mathrm{d}\theta}{\mathrm{d}x}-W\sin\theta+F_{\tau y}\cos\theta\dfrac{\mathrm{d}\alpha}{\mathrm{d}x}=0 \\[2mm] \dfrac{\mathrm{d}M_x}{\mathrm{d}x}=0 \\[2mm] \dfrac{\mathrm{d}M_y}{\mathrm{d}x}+F_{\tau y}-M_x\sin\theta\dfrac{\mathrm{d}\alpha}{\mathrm{d}x}+M_z\cos\theta\dfrac{\mathrm{d}\alpha}{\mathrm{d}x}=0 \\[2mm] \dfrac{\mathrm{d}M_z}{\mathrm{d}x}+F_{\tau y}-M_x\dfrac{\mathrm{d}\theta}{\mathrm{d}x}-M_y\cos\theta\dfrac{\mathrm{d}\alpha}{\mathrm{d}x}=0 \end{cases} \tag{8.18}$$

式中　F_t——管柱轴向力，N；

　　　W——管柱浮重，N；

　　　F_f——摩擦力，N；

　　　x——井深；

　　　$F_{\tau z}$，$F_{\tau y}$——剪切力，N；

　　　F_y，F_z——接触力，N；

　　　M_x——扭矩，N·m；

　　　M_y，M_z——弯矩，N·m；

　　　θ——井斜角；

　　　α——方位角。

由于假定完井管柱在已经给定剖面形状的井眼内与井壁贴合在一起，弯矩与曲率之间的关系式为：

$$\begin{cases} M_y=-EI\dfrac{\mathrm{d}\theta}{\mathrm{d}x} \\[2mm] M_z=-EI\sin\theta\dfrac{\mathrm{d}\alpha}{\mathrm{d}x} \end{cases} \tag{8.19}$$

式中　EI——刚度。

从式（8.18）可以看出，扭矩 M_x 为常数，在上提和下放管柱时 $M_x = 0$。经整理并略去高次微分项，可以得出接触力 F_y，F_z 的表达式如下：

$$\begin{cases} F_y = EI \dfrac{d^2}{dx^2}(\sin\theta \dfrac{d\alpha}{dx}) - F_t \sin\theta \dfrac{d\alpha}{dx} \\ F_z = -EI \dfrac{d^3\theta}{dx^3} + F_t \dfrac{d\theta}{dx} + W\sin\theta \end{cases}$$ (8.20)

因此接触法向力后为：

$$F_n = \sqrt{F_y^2 + F_z^2}$$ (8.21)

如果不考虑管柱的刚度，即 $EI = 0$，则可以得到约翰西克的方程：

$$F_n = \sqrt{(F_t \cdot \sin\theta \frac{d\alpha}{dx})^2 + (F_t \frac{d\theta}{dx} + W\sin\theta)^2}$$ (8.22)

最后得摩擦力 F_f 为：

$$F_f = \mu \times F_n$$ (8.23)

摩擦系数的确定是实际应用中摩阻计算的基础，它在水平井套管受力分析中有着十分重要的作用。国内外学者在研究水平井中摩阻的同时，也提出了许多确定摩擦系数的方法和模型。这里大多是经验的成分，通过对比预测和实测的大钩载荷来校核摩擦系数的大小，一般认为摩擦系数在 0.2~0.5。

摩擦系数在很大程度上依赖于钻井液类型和井眼情况。摩擦系数计算模型使井壁与套管相互作用的复杂系统过于简单化，没有考虑水动力的作用，且忽略了岩性、岩石剪切力等影响，因而其使用受到了限制。井眼摩擦系数不仅仅是指物理学中的滑动摩擦，而是包括了滑动摩擦系数在内的综合摩擦系数，主要取决于钻井液及其滤饼的润滑性、岩石性质和井眼几何形状以及管柱结构等。应用实际大钩载荷校正预设的井眼摩擦系数来获取比较真实的摩擦系数。

摩擦系数是一个非常重要的参数，它的变化将会引起套管轴向载荷的极大变化。在确定摩擦系数的时候也是采取了摩擦系数拟合法，即：先预设一个井眼摩擦系数，然后计算出一个大钩载荷，再通过实际大钩载荷来校正计算值，从而修改井眼的摩擦系数，直到计算的大钩载荷和实际大钩载荷的误差达到精度范围内为止。这时候得出的摩擦系数就为计算套管段的平均摩擦系数。用该方法得出的摩擦系数不是一个测量值，而是一个与钻井液密度、管柱结构和井眼几何参数有关的计算值，并且该值以实测大钩载荷为基础，其主要误差为模型误差和实测大钩载荷误差。所以要求实测大钩载荷尽量地贴近实际，在测量大钩载荷时一定要注意上提或下放都要缓慢进行，尽量减少动载的影响。

由于摩擦系数在很大程度上取决于钻井液类型和井眼本身的情况，要得到一个具有使用价值的有效摩擦系数值，需要收集同一地区大量的有效摩擦系数值，并进行统计和比较。常用钻井液的井眼摩擦系数见表 8.18。

表 8.17　摩擦系数值表

钻井液体系	套管内摩擦系数	裸眼内摩擦系数
水基钻井液	0.24	0.29
油基钻井液	0.17	0.21
盐水钻井液	0.3	0.3

目前文献中认为提升套管时，对于大多数的套管而言摩擦系数在 0.21~0.3，在下放套管时摩擦系数在 0.27~0.43。公式中的井眼摩擦系数不仅仅是指物理学中的滑动摩擦，而是包括了滑动摩擦系数在内的综合摩擦系数，主要取决于钻井液及其泥饼的润滑性、岩石性质和井眼几何形状以及管柱结构等。另外，式中"+"表示下放管柱，"−"表示上提管柱。同时影响摩擦系数的因素也包括岩石性质、钻井液质量、压差及接触面积。水平井往往都具有长段裸眼，建立裸眼中的分段摩擦系数可以改进摩阻计算精度。但是如果太精细，现场将不便操作和程序过于复杂，因此建立以砂岩为基准的摩擦系数修正方法。用E-P极压润滑仪测量水基钻井液和砂岩的摩擦系数，然后根据不同的岩石分别予以修正。例如测得水基钻井液与岩石的摩擦系数为 0.30，那么摩擦系数取值修正如下表：

表 8.18　修正的摩擦系数表

岩石	摩擦系数	备注
砂岩	0.3	不修正
泥岩、灰岩	0.25	
砂岩+泥饼质量不良	0.35	
砂岩+钻屑床沉积	>0.5	

8.2.2.2　通井钻具组合与套管刚度匹配技术

为了保证套管下入设计井深，在下套管之前通常要采用原有钻具进行通井划眼作业，特别是大尺寸管柱长水平段水平井下套管作业前，必须要采用刚度适当的钻具进行通井作业，对卡钻、狗腿度大的井段进行重点扩划眼。通井钻具结构应充分考虑所钻井井眼轨迹和入井管柱的特殊性，通过计算下部钻柱和入井套管的刚度，对比分析其尺寸、刚度和长度因素，模拟套管刚度通井，综合考虑该井的井眼准备情况，设计通井钻具结构进行通井作业。当所设计的通井钻具组合的刚度大于套管刚度时，理论上说明套管比钻具更加柔软，更容易下入设计井深。充分有效地做好通井钻具组合与即将下入套管的刚度匹配工作，并针对下入套管的尺寸和刚度特点，制定科学合理的通井钻具结构，确保套管成功下至设计井深的前提条件。目前，钻井施工现场所使用的通井钻具与套管刚度匹配的计算公式，是把扶正器作为铰支，只计算中间扶正器的刚度。然而，实际上钻铤对整个下部钻具刚度的影响是不能忽略的。因为一个扶正器的长度大概为一根钻铤的 1/9，而惯性矩却比钻铤大很多。采用加权法对下部钻具组合的刚度进行计算，充分考虑了扶正器与钻铤的组合刚度，并得出了不同钻具组合与套管的刚度匹配关系。油田现场用的刚度匹配计算方法得出实际的双扶通井钻具组合，现场使用的刚度匹配公式是把如图 8.16 所示的扶正器假设为绞支，只考察中间钻铤与套管的刚度匹配关系。

图 8.16　通井钻具组合示意图

于是得到通井钻具与套管的刚度匹配比值 m 为：

$$m = \frac{k_{钻铤}}{k_{套管}} = \frac{\mathrm{EI}_{钻铤}}{\mathrm{EI}_{套管}} = \frac{I_{钻铤}}{I_{套管}} = \frac{D_{钻铤}^{4} - d_{钻铤}^{4}}{D_{套管}^{4} - d_{套管}^{4}} \tag{8.24}$$

式中　$D_{钻}$——钻铤外径，mm；

　　　$D_{套}$——套管外径，mm；

　　　$d_{钻铤}$——钻铤内径，mm；

　　　$d_{套}$——套管内径，mm；

　　　$k_{钻铤}$——钻铤刚度系数；

　　　$k_{套管}$——套管刚度系数；

　　　$I_{钻铤}$——钻铤惯性矩；

　　　$I_{套管}$——套管惯性矩。

当 $m \geqslant 1$ 时说明钻铤的刚度大于套管刚度，套管在井下比钻铤更柔软，理论上套管应能下至预定位置。当 $m < 1$ 时，则需重新设计刚度更大的通井钻具组合，以保证套管的顺利下入（不考虑其他因素的影响）。

由于扶正器的加入，将使整体钻具组合的刚度产生变化，而且这种变化是不可忽略的。可以把如图 8.17 所示的钻具组合重新简化成另一种材料力学模型，为了更为普遍化，中间可以加入若干个刚度不等，长度不等，各小段均质的梁。

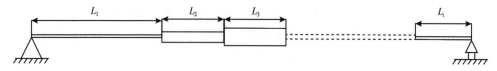

图 8.17　钻具组合简化示意图

采用加权平均法，计算钻具组合的等效惯性矩为：

$$I_{钻} = \frac{\sum\limits_{i=1}^{n} I_i L_i}{\sum\limits_{i=1}^{n} L_i} \tag{8.25}$$

式中　I_i——第 i 段的惯性矩；

L_i——第 i 段的长度，mm。

于是得到的刚度匹配关系值 m。

$$I_{钻} = \frac{\sum_{i=1}^{n} I_i L_i}{I_{套管} \times \sum_{i=1}^{n} L_i} \tag{8.26}$$

可以反过来验证不考虑扶正器刚度的情况时，可以设 $I_i = I_{钻铤}$，则式（8.25）和式（8.26）相等。由此说明，式（8.26）更具有普遍性。

因此，可得出不同钻具组合的刚度匹配关系，在不同的钻具组合情况下，与所下入套管的刚度匹配关系。在计算的时候，应该把钻具组合最上面的扶正器作为最后一个计算的单元梁，由于扶正器是最可能与井壁发生接触的部位，以此作为简支梁的铰链较为合理。计算结果见表8.19。

表 8.19　不同钻具组合刚度匹配关系表

通井钻具组合类型	刚度比 m
钻头+钻铤（1根）+扶正器+钻铤（若干）（单扶钻具）	$\dfrac{I_{钻} L_{钻} + I_{扶} L_{扶}}{I_{套管}(L_{钻} + L_{扶})}$
钻头+钻铤（1根）+扶正器+钻铤（1根）+扶正器+钻铤（若干）（双扶钻具）	$\dfrac{I_{钻} L_{钻} + I_{扶} L_{扶}}{I_{套管}(L_{钻} + L_{钻})}$
钻头+扶正器+钻铤（1根）+扶正器+钻铤（1根）+扶正器+钻铤（若干）（三扶钻具）	$\dfrac{2I_{钻} L_{钻} + 3I_{扶} L_{扶}}{I_{套管}(2L_{钻} + L_{扶})}$
钻头+钻铤（2根）+扶正器+钻铤（若干）	$\dfrac{2I_{钻} L_{钻} + I_{扶} L_{扶}}{I_{套管}(L_{钻} + L_{扶})}$
钻头+钻铤（2根）+扶正器+钻铤（1根）+扶正器+钻铤（若干）	$\dfrac{3I_{钻} L_{钻} + 2I_{扶} L_{扶}}{I_{套管}(3L_{钻} + L_{扶})}$
钻头+钻铤（3根）+扶正器+钻铤（若干）	$\dfrac{3I_{钻} L_{钻} + I_{扶} L_{扶}}{I_{套管}(3L_{钻} + L_{扶})}$

根据不同的钻具组合，将相应的数据代入表8.19中公式即可计算不同钻具组合的刚度比，计算结果见表8.20。

表 8.20　不同通井钻具组合刚度模拟结果表

通井次数	钻具组合	JHW00421 井模拟结果
第二次	6½in 牙轮钻头（水眼 16×16×16）＋ 4in 加重钻杆 1 根+161mm 扶正器+4in 加重钻杆 2 根+161mm 扶正器+4in 斜坡钻杆+4in 加重钻杆（直井段）5 柱+4in 斜坡钻杆 	1.07

通井次数	钻具组合	JHW00421井模拟结果
第三次	6½in 牙轮钻头（水眼 16×16×16）＋120mm 钻铤 1 根＋150mm 扶正器＋120mm 钻铤 2 根＋150mm 扶正器＋4in 加重钻杆 1 根＋150mm 扶正器＋4in 加重钻杆 2 根＋4in 斜坡钻杆＋4in 加重钻杆（直井段）5 柱＋4in 斜坡钻杆	1.44

近钻头三扶通井刚度比为 1.87，虽有助于套管下入，但刚度较大明显大于套管刚度，通井较为困难。根据表 8.20 的计算结果，可以看出，采用远钻头三扶通井，将大大提高套管下入的可能性，为下入套管提供了可靠的依据。

8.2.2.3　套管扶正器类型与安装位置优化

水平井眼中套管柱偏心会影响水钻井液顶替效率和固井质量，解决办法是在套管柱上合理安放扶正器使套管柱居中。水平井套管柱多采用滚轮扶正器、整体式弹性扶正器（图 8.18）。其中，滚轮扶正器能够将滑动摩擦转变成滚动摩擦，若选型和使用得当，除了使套管柱居中，还能够降低下套管阻力，提高套管柱下入能力。

（a）整体式弹性扶正器　　　　　　（b）滚轮扶正器

图 8.18　套管扶正器外观图

为确保套管扶正器滚轮不陷入井壁或岩屑床，确保滚轮沿井壁滚动是滚轮扶正器选型和使用的关键所在。若水平井眼中岩屑床太厚，或井壁岩石强度低，滚轮扶正器将难以发挥减阻作用。考虑到吉木萨尔油田页岩储层为中等强度地层，ϕ139.7mm 油层套管选用轮径较大、本体外径较小的螺旋滚轮扶正器（内径 ϕ141mm、外径 ϕ206mm、本体外径 ϕ196mm、轮径 35mm、轮数 10 个）。制定套管扶正器选型与安装方案为：浮鞋后 2m 短套管上安装 1 个滚轮扶正器；短套管至造斜点之间每根套管安放 1 个滚轮扶正器或整体式弹性扶正器（其中两种扶正器同时使用并交替安放）；油层套管未封固段，每50m安装一个刚性扶正器；共使用各类套管扶正器182个，所有套管扶正器均靠套管接箍端安装。

采用上述套管扶正器使用方案之后，本井下套管过程十分顺利。下套管过程大钩载荷记录曲线如图8.19所示，据此反算出套管段摩阻系数仅0.10~0.15，裸眼段摩阻系数仅0.15~0.20，均低于通井钻具组合对应值。合理选用套管扶正器，特别是滚轮扶正器，确实能够降低下套管阻力，提高长水平段套管柱下入能力。

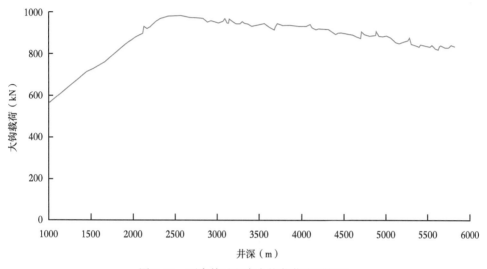

图8.19　下套管过程中大钩载荷监测记录

8.2.2.4　水平井套管柱安全下入能力分析

摩阻扭矩是影响大斜度井下套管设计和下入的关键因素。套管摩阻扭矩主要来自井壁岩石和外层套管对它的阻力，摩阻力与支持力和摩阻系数有很大关系，它关系到套管能否下入到预定的井深，对后续的工作影响很大。因此在套管下入前一定要对套管进行设计，预测其能否顺利下入。

（1）方案设计阶段，设定安全下入的摩阻系数门限值。

在方案设计阶段，充分调研了国内外的成功实施的案例，在邻井下入分析的基础上，利用专业的固井设计软件模拟确定了井眼摩阻系数试算为0.38时，套管柱可以安全下入，如图8.20所示。当摩阻系数超过0.38时，模拟显示套管柱下入钩载为负值，说明套管不能安全下入，如图8.21所示。

（2）根据实钻轨迹，进一步修正安全下入的摩阻系数门限值。

合理选择套管柱摩阻计算模型、摩阻系数，并考虑套管柱屈曲风险及附加阻力，模拟计算下套管过程中大钩载荷。分别计算出不同摩阻系数条件下下套管过程中大钩载荷及套管鞋到达井底时套管柱轴向力分布。此外，还设定套管柱漂浮长度3000m（以套管鞋为起点），对漂浮下套管方案进行模拟分析。模拟计算结果分别如图8.21和图8.22所示。以图例"0.5/0.3+PF3000"为例，"0.5/0.3"分别表示裸眼段和套管段对应的摩阻系数，"PF3000"表示套管柱漂浮段长3000m。

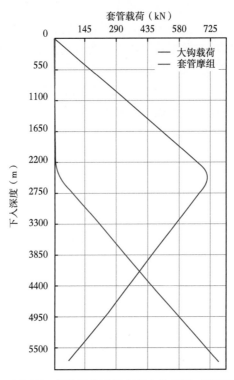

图 8.20　JHW00421 井设计轨迹安全下入分析图（摩阻系数 0.38）

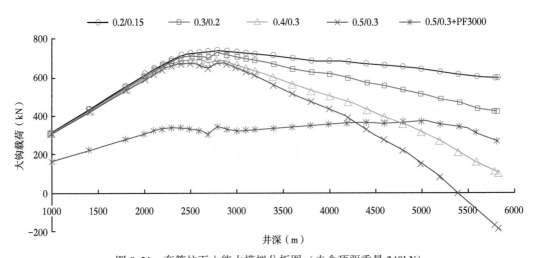

图 8.21　套管柱下入能力模拟分析图（未含顶驱重量 240kN）

通过分析，可以看出以下规律及结果。

①当摩阻系数较小（0.2/0.15、0.3/0.2）时，下套管过程中套管柱无螺旋屈曲（注：
ϕ215.9mm 水平井眼中，ϕ139.7mm 套管的螺旋屈曲临界载荷为 419.36kN），大钩载荷始
终大于 0，该条件下套管柱能够依靠自身重力作用顺利下至井底，无需采用漂浮下套管技术。

②当摩阻系数较大（0.4/0.3）时，下套管过程中部分套管柱螺旋屈曲，但是屈曲后

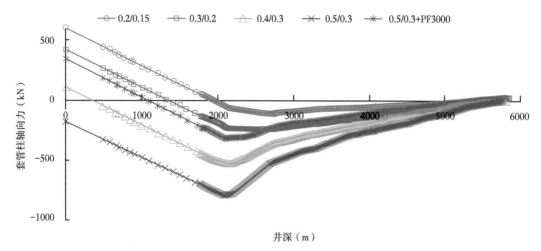

图 8.22 套管鞋到达井底时套管柱轴向力分布图

附加阻力相对较小，大钩载荷最小值为 99.96kN，该条件下套管柱能够依靠自身重力作用下至井底，无需采用漂浮下套管技术。

③当摩阻系数很大（0.5/0.3）时，下套管过程中部分套管柱螺旋屈曲，并且屈曲后附加阻力非常大，大钩载荷最小值 −184.49N，该条件下套管柱不能依靠自身重力作用下至井底，需要采用漂浮下套管技术。

④当摩阻系数很大（0.5/0.3）时，采用漂浮下套管技术能够避免套管柱螺旋屈曲，确保大钩载荷始终大于 0，套管柱顺利下至井底。

（3）结合通井数据，评估安全下入能力。

基于上述模拟计算分析，可以将裸眼段摩阻系数不大于 0.4、套管段摩阻系数不大于 0.3 作为是否需要采用漂浮下套管技术的判据。

在优化通井钻具后，对通井数据进行了跟踪，详见表 8.21。记录通井过程中的摩阻和离底旋转的扭矩，以此来反推摩阻系数为 0.25，摩阻系数不大于采用漂浮下套管技术的门限值，本井的井筒环境可以满足常规技术套管安全下入。

表 8.21 通井摩阻与扭矩跟踪记录表

序号	通井记录井深（m）	上提摩阻（N）	旋转扭矩（N·m）
1	4330	10000	10000
2	5100	25000	12000
3	5580	29000	15000
4	5860	31000	16000

2019 年 7 月 17 日，JHW00421 井顺利完钻，实钻斜深 5830m、水平段长 3100m，创中国石油天然气集团公司陆上最长水平段和国内非常规油气藏最长水平段两项纪录。2019 年 8 月 2 日，顺利完成 ϕ139.7mm 油层套管安全下入和油基钻井液固井，3100m 水平段固井质量声幅评价为优质（图 8.23），创国内陆上套管固井完井最长水平段纪录。

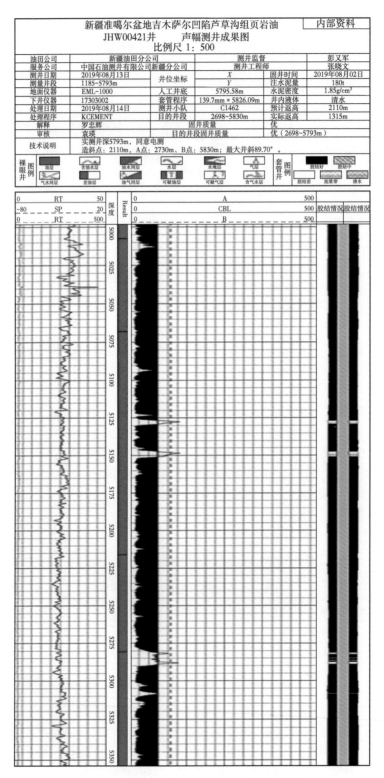

图 8.23 JHW00421 井水平段固井声幅评价图

8.3 页岩油水平井固井井筒完整性研究

页岩油长段水平井固井水泥浆凝固后，套管内部承受井筒流体压力，水泥环外部地层岩石承受地应力的作用。压裂液加压改造过程中，套管内流体压力增大，导致套管膨胀，并在射孔周边产生应力集中现象，可能导致水泥环本体压缩破坏或拉张破坏，会引起水泥环丧失封隔地层和套管的作用。压裂后的液体返排过程中，套管内流体压力减小，套管收缩，可能导致套管—水泥环之间产生微间隙，导致第一、第二界面胶结破坏。因此，在分析水泥石应力时考虑生产过程的井筒温度和压力的变化对于预测水泥环完整性和层间封隔有效性是具有重要意义的。

为此，采用厚壁圆筒弹性力学理论，建立了套管/水泥环/地层复合体完整性力学机理分析模型。将水泥环的应力状态及其力学参数代入相应的强度准则中，即可判断水泥环是否失效以及其失效形态。此模型综合考虑了地应力场的影响、套管中温度场和压力场对水泥环完整性失效的影响规律[21]。研究指出套管中压力和温度的改变会显著影响水泥环应力的大小和分布。同时，结合吉木萨尔页岩油水平井实例，开展固井水泥石力学特性实验，获取水泥石的主要力学参数。利用建立的力学模型进行实钻水平井压裂—返排期的水泥环完整性评价，并开展水泥石力学性能优化和破坏极限的模拟，为水平井储层改造及固井材料优化实践提供科学依据。

8.3.1 套管—水泥环—地层组合体力学模型建立

目前，国内外非常规油气都采用长段水平井体积压裂的开发模式。在大规模体积压裂过程中，地层压力由原始储层压力增大至压裂注入压力，返排期间地层压力逐渐随压裂液返排而逐渐降低。因此，采用厚壁筒组合体弹性力学，建立均匀地应力条件下的水泥环应力分布极为重要。

8.3.1.1 假设条件

（1）套管保持线弹性，在井下工况下不产生屈服破坏；

（2）地层是均质各向同性且为线弹性，在钻井等施工过程中井壁保持稳定，且井壁呈光滑的圆柱体；

（3）注水泥过程完好，界面环空无间隙，水泥凝结过程中体积不发生变化，且套管/水泥环、水泥环/地层两界面在施加井筒载荷之前胶结良好；

（4）井筒载荷作用中套管/水泥环/地层复合体保持平衡，不考虑动态效应的影响；

（5）水泥浆完全凝结成水泥环后，地应力完全加载在水泥环上。

由于套管/水泥环/地层组合体力学模型呈轴对称，因此物理力学模型为极坐标系下的平面应变问题（图8.24），相

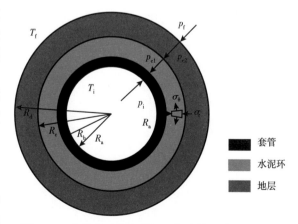

图 8.24 非均匀地应力作用下复合体系统力学模型

关的变量包括：径向位移、径向应力、周向应力以及剪切应力。其中，套管内表面承受着由于井筒流体引起的井筒温度和压力升高而产生的径向作用应力；外部地层岩石外表面承受地应力的作用；中间部位是最为关注的水泥环，它内外表面受力情况综合考虑套管以及地层的影响。

力学分析时，井筒内温度为 T_i，地温保持 T_f 不变。假设套管的导热性良好，且套管内外表面之间的热损失可忽略不计，因此套管外表面的温度也为 T_i。在整个固结系统中，沿着水泥环径向的温度分布为：

$$T = T_i - (T_i - T_f) \frac{\ln(R/R_b)}{\ln(R_c/R_b)} \tag{8.27}$$

式中　R——水泥环上距离井筒中心的距离，m；

R_b——水泥环内表面半径，m；

R_c——水泥环外表面半径，m。

8.3.1.2　本构方程

根据复合厚壁筒弹性力学理论，平面应变问题假设中，z 方向的应变量为 0，因此，$\varepsilon_z = 0$。厚壁筒径向与周向应力必须满足平衡关系：

$$\frac{d\sigma_r}{dr} + \frac{\sigma_r - \sigma_\theta}{r} = 0 \tag{8.28}$$

因此，复合厚壁筒组合体的本构方程如下：

$$\begin{cases} \varepsilon_r = \dfrac{1}{E} \left[(1-\mu^2)\sigma_r - (\mu+\mu^2)\sigma_\theta + (1+\mu)\alpha ET \right] \\ \varepsilon_\theta = \dfrac{1}{E} \left[(1-\mu^2)\sigma_\theta - (\mu+\mu^2)\sigma_r + (1+\mu)\alpha ET \right] \end{cases} \tag{8.29}$$

式中　α——材料的热膨胀系数，m/K；

E——材料的弹性模量，Pa；

μ——材料的泊松比，无因次；

E_r——厚壁筒径向应变，m；

E_θ——厚壁筒周向应变，m；

E_z——厚壁筒轴向应变，m；

σ_r——厚壁筒径向应力，Pa；

σ_θ——厚壁筒周向应力，Pa；

σ_z——厚壁筒轴向应力，Pa。

8.3.1.3　应变方程

将式（8.29）代入式（8.28）中，可得：

$$\frac{1}{r}(1-2\mu)(\varepsilon_r - \varepsilon_\theta) + (1-\mu)\frac{d\varepsilon_r}{dr} + \mu\frac{d\varepsilon_\theta}{dr} - \alpha(1+\mu)\frac{dT}{dr} = 0 \tag{8.30}$$

根据径向位移与径向应变、周向应变之间的几何方程：

$$\begin{cases} \varepsilon_r = \dfrac{\mathrm{d}\delta}{\mathrm{d}r} \\ \varepsilon_\theta = \dfrac{\delta}{r} \end{cases} \tag{8.31}$$

可将式（8.30）简化，并进行积分，可得厚壁筒组合体位移方程：

$$\begin{cases} \varepsilon_r = \dfrac{\mathrm{d}\delta}{\mathrm{d}r} = \alpha \dfrac{1+\mu}{1-\mu}\left(T - \dfrac{1}{r^2}\int_r^r Tr\mathrm{d}r\right) + C_1 - \dfrac{C_2}{r^2} \\ \varepsilon_\theta = \dfrac{\delta}{r} = \alpha \dfrac{1+\mu}{1-\mu}\dfrac{1}{r^2}\int_r^r Tr\mathrm{d}r + C_1 + \dfrac{C_2}{r^2} \end{cases} \tag{8.32}$$

式中　δ——厚壁筒径向位移，m；

　　　r_i——厚壁筒内表面半径，m；

　　　C_1，C_2——积分常数。

8.3.1.4　边界位移方程

结合厚壁筒组合体相关部分的应力、应变边界条件，可确定积分常数 C_1，C_2。同时，也可确定套管、水泥环以及底层的径向位移。

（1）对于套管而言：套管外表面由于受到井筒内液体压力以及井筒温度的影响，满足：

$$\begin{cases} \sigma_r = -p \\ \sigma_\theta = \dfrac{p\,\bar{r}}{t} \end{cases} \tag{8.33}$$

其中　　　　　　　　　　　　　　　$p = p_i - p_{c1}$

　　　套管平均半径为：

$$\bar{r} = (R_a + R_b)\,/2$$

式中　p_i——套管内压，Pa；

　　　p_{c1}——套管/水泥环界面压力，Pa；

　　　R_a——套管内半径，m；

　　　R_b——套管外半径，m；

　　　t——套管厚度，m。

（2）对于水泥环而言：水泥环由受到套管和地层的共同作用、以及温度的影响。

在水泥环的内表面上，满足 $r = R_b$，此时：

$$\begin{cases} \sigma_r = -p_{c1} \\ \sigma_\theta = p_{c1}\left(\dfrac{R_c^2 + R_b^2}{R_c^2 - R_b^2}\right) - p_{c2}\left(\dfrac{2R_c^2}{R_c^2 - R_b^2}\right) \end{cases} \tag{8.34}$$

在水泥环的内表面上，满足 $r = R_b$，此时：

$$\begin{cases} \sigma_r = -p_{c1} \\ \sigma_\theta = p_{c1}\left(\dfrac{R_c^2 + R_b^2}{R_c^2 - R_b^2}\right) - p_{c2}\left(\dfrac{2R_c^2}{R_c^2 - R_b^2}\right) \end{cases} \tag{8.35}$$

式中　p_{c2}——水泥环/地层界面压力，Pa；

　　　R_c——水泥环外半径，m。

（3）对于地层而言：地层由受到二界面压力和地应力的共同作用、以及温度的作用。在地层内表面上，满足 $r = R_c$，此时：

$$\begin{cases} \sigma_r = -p_{c2} \\ \sigma_\theta = p_{c2}\left(\dfrac{R_d^2 + R_c^2}{R_d^2 - R_c^2}\right) - p_f\left(\dfrac{2R_d^2}{R_d^2 - R_c^2}\right) \end{cases} \tag{8.36}$$

（4）组合体边界位移方程。

依据上述边界几何条件，依据应变—本构方程，得出厚壁筒组合体各边界的径向位移方程：

①套管外表面：

$$\delta_{r=R_b}^{\text{casing}} = \frac{R_b(p_i - p_{c1})}{E_s}\left[\frac{\bar{r}}{t}(1 - \mu_s^2) + (\mu_s + \mu_s^2)\right] + (1 + \mu_s)R_b\alpha_s T \tag{8.37}$$

②水泥环内表面：

$$\delta_{r=R_b}^{\text{cement}} = \frac{R_b}{E_c}\left\{(1 - \mu_c^2)\left[p_{c1}\left(\frac{R_c^2 + R_b^2}{R_c^2 - R_b^2}\right) - p_{c2}\left(\frac{2R_c^2}{R_c^2 - R_b^2}\right)\right] + p_{c1}(\mu_c + \mu_c^2)\right\} + (1 + \mu_c)R_b\alpha_c T \tag{8.38}$$

③水泥环外表面：

$$\delta_{r=R_r}^{\text{cement}} = \frac{R_c}{E_c}\left\{(1 - \mu_c^2)\left[p_{c1}\left(\frac{2R_b^2}{R_c^2 - R_b^2}\right) - p_{c2}\left(\frac{R_c^2 + R_b^2}{R_c^2 - R_b^2}\right)\right] + p_{c2}(\mu_c + \mu_c^2)\right\} + (1 + \mu_c)R_c\alpha_c T \tag{8.39}$$

④地层内表面：

$$\delta_{r=R_c}^{f_{\text{comaiiion}}} = \frac{R_c}{E_f}\left\{(1 - \mu_f^2)\left[p_{c2}\left(\frac{R_d^2 + R_c^2}{R_d^2 - R_c^2}\right) - p_f\left(\frac{2R_d^2}{R_d^2 - R_c^2}\right)\right] + p_{c2}(\mu_f + \mu_f^2)\right\} + (1 + \mu_f)R_c\alpha_f T \tag{8.40}$$

式中　E_s，E_c，E_f——套管、水泥石、地层岩石弹性模量，Pa；

　　　μ_s，μ_c，μ_f——套管、水泥石、地层岩石泊松比；

　　　α_s，α_c，α_f——套管、水泥石、地层岩石热膨胀系数，m/K。

8.3.1.5　水泥环应力方程

在水泥环胶结良好的情况下，套管、水泥环以及地层径向变形处于连续状态，则其径向位移应该满足：

$$\begin{cases} \delta_{r=R_b}^{\text{casing}} = \delta_{r=R_b}^{\text{cement}} \\ \delta_{r=R_c}^{\text{cement}} = \delta_{r=R_c}^{\text{formation}} \end{cases} \tag{8.41}$$

从而求得水泥环上的径向、周向、轴向应力以及最大剪应力（式8.42）。如图8.25所示为固井水泥环在内、外压力作用下径向和周向应力分布规律。

$$\begin{cases} \sigma_r^{cement} = p_{c1}\dfrac{R_b^2}{R_c^2 - R_b^2}\left(1 - \dfrac{R_c^2}{r^2}\right) - p_{c2}\dfrac{R_c^2}{R_c^2 - R_b^2}\left(1 - \dfrac{R_b^2}{r^2}\right) \\[3mm] \sigma_\theta^{cement} = p_{c1}\dfrac{R_b^2}{R_c^2 - R_b^2}\left(1 + \dfrac{R_c^2}{r^2}\right) - p_{c2}\dfrac{R_c^2}{R_c^2 - R_b^2}\left(1 + \dfrac{R_b^2}{r^2}\right) \\[3mm] \sigma_z^{cement} = \mu_c(\sigma_r^{cement} + \sigma_\theta^{cement}) - \alpha_c E_c T \\[3mm] \tau_{max} = \dfrac{(p_{c1} - p_{c2})R_b^2 R_c^2}{R_c^2 - R_b^2}\dfrac{1}{r^2} \end{cases} \tag{8.42}$$

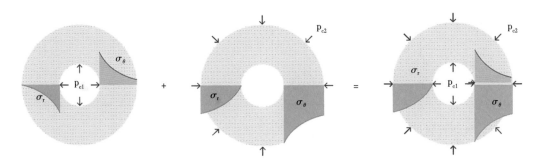

图 8.25　在井筒内外压力作用下水泥环受力分析

8.3.2　水泥环破坏形态及评价方法

利用上述套管—水泥环—地层组合体弹性力学模型，求解水泥环的应力状态，并将水泥石力学参数代入相应的强度准则（Mohr-Coulomb 准则和拉伸破坏准则），即可判断水泥环是否失效及其失效形态（图8.26）。通常，水泥浆凝固后，套管内部承受由于井筒流体压力，水泥环外部地层岩石承受地应力的作用。压裂过程中套管内流体压力增大，导致套管膨胀，可能导致水泥环压缩破坏或拉张破坏。压裂液返排过程中，套管内流体压力减小，套管收缩，可能导致套管—水泥环之间产生微间隙。

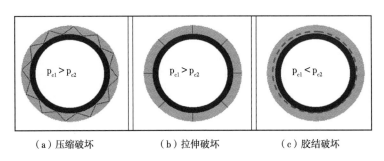

（a）压缩破坏　　　　　（b）拉伸破坏　　　　　（c）胶结破坏

图 8.26　水泥环在内外压力作用下的失效形态

8.3.3 实例分析

结合吉木萨尔页岩油典型井，开展固井封固段水泥环完整性影响因素分析，主要针对水泥石强度参数进行敏感性分析，寻找最佳参数组合，并模拟出最佳技术对策。JHW00421 井目的层二叠系芦草沟组（$P_2l_2^{2-2}$），终靶点垂深为 2747.1 m，井口偏移距为 174m，水平井眼方位为 260°，井斜角为 84°～87°。为实现超长水平段（设计 3000m）安全钻井，采用三开井身结构（表 8.22），水平井段采用 ϕ215.9mm 钻头钻进，下入 ϕ139.7mmP110 级油层套管，套管弹性模量为 206GPa，泊松比为 0.3。压裂时管内流体注入压力为 70～85MPa，水泥环第一和第二胶结面的胶结强度为 2.6MPa。

表 8.22　JHW00421 井井身结构参数

开钻次序	井深（m）	钻头尺寸（mm）	套管尺寸（mm）	套管下入地层层位	水泥浆返高（m）
一开	500	444.5	339.7	N	地面
二开	2691	311.2	244.5	P_2l	1808
三开	5754	215.9	139.7	P_2l	2140

8.3.3.1 水泥石强度参数测试

水泥石自身力学性能是其保持完整性的基础条件，不同水泥浆配方制成的水泥石在力学特性方面差异显著。因此，开展水泥石强度与弹性参数测试是后续的水泥环破坏分析的数据基础。采集吉木萨尔页岩油水平井段固井的 6 块水泥石样品，水泥石密度为 1.6g/cm³。采用单轴抗压强度和三轴压缩强度测试，获得主要参数为单轴抗压强度、杨氏模量、泊松比、内聚力、内摩擦角等，结果见表 8.23 与表 8.24。

表 8.23　JHW00421 井油层固井水泥石单轴应力测试结果

水泥石单轴测试				
编号	密度（g/cm³）	弹性模量（GPa）	变形模量（GPa）	泊松比	峰值应力（MPa）
C1	2.2	3.26	2.21	0.18	13.4
C3	2.4	3.72	2.7	0.16	14.31
C6	2.5	4.14	2.51	0.15	14.72

表 8.24　JHW00421 井油层固井水泥石三轴应力测试结果

水泥石三轴测试				
编号	密度（g/cm³）	围压（MPa）	弹性模量（GPa）	峰值应力（MPa）	内聚力（MPa）
C2	2.3	5	2.39	39.74	8.449
C4	2.4	8	5.09	43.61	内摩擦角
C5	2.5	12	9.96	67.50	27.8°

8.3.3.2 压裂时水泥环应力与失效分析

该井压裂时水泥环所受径向应力为压缩力,靠近套管一侧径向应力绝对值大,靠近井壁一侧径向应力绝对值小,径向应力为 2.1~3.7MPa,远小于水泥环的抗压强度;靠近套管一侧切向应力大,靠近井壁一侧切向应力小,切向应力不超过 2MPa,小于水泥环抗拉强度(3MPa),如图 8.27 所示。根据径向应力、切向应力,以及水泥石的抗压强度、抗拉强度的对比分析,认为水泥环不会发生压缩、拉伸破坏。以水泥环内表面、外表面的考察对象,根据内、外表面上的正应力与切应力绘制莫尔应力圆,发现应力圆位于包络线之下。分析结果表明,该井在固井质量合格的条件下水平井段压裂期间水泥环不会发生压缩破坏。

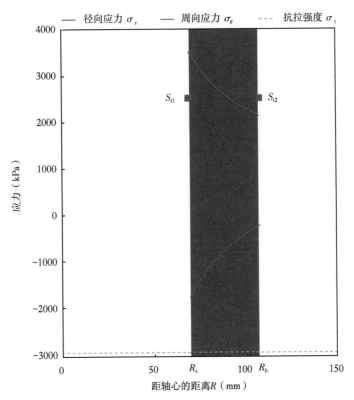

图 8.27 JHW00421 井压裂期间水泥环径向与周向应力分布图

8.3.3.3 返排期水泥环微间隙失效分析

根据水泥环微间隙理论模型,井筒降压时,出现微间隙的主要影响因素为井筒内外压差、水泥石的杨氏模量、抗压强度及泊松比等。如图 8.28 所示,模拟分析认为:当该井压裂后返排期间,水泥石的抗压强度、泊松比对水泥环微间隙的影响程度不大。而在井筒内外压差为 20MPa 时,水泥环微间隙随杨氏模量变化出现台阶式的变化,杨氏模量小于 6GPa 时水泥环无间隙,当杨氏模量大于 6GPa 时水泥环出现间隙失效,微间隙达到 30μm。在水泥石力学性能确定的前提下,水泥环微间隙与井筒内外压差近似呈正比。

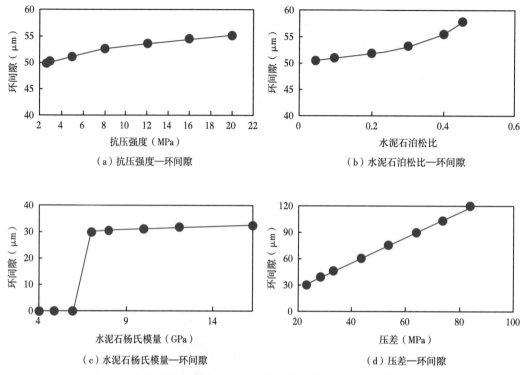

（a）抗压强度—环间隙   （b）水泥石泊松比—环间隙

（c）水泥石杨氏模量—环间隙   （d）压差—环间隙

图 8.28　压裂液返排期水平井段水泥环微间隙主要影响因素变化规律

　　假设压裂液返排期，水泥环微间隙大于 0.1mm 视为水泥环失效，研究认为压裂液返排期出现微间隙失效时的井筒内外临界压差与水泥石杨氏模量呈反比（图 8.29）。由图 8.29 可知，该井水泥石弹性模量约 3.5 ~ 4.1GPa，返排的内外井筒临界压差需小于 25MPa。

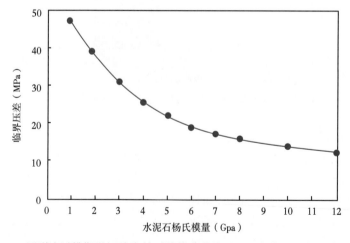

图 8.29　压裂液返排期微间隙失效时井筒内外临界压差与水泥石杨氏模量关系

　　非常规油气开发多采用水平井多级或体积压裂的方式开发，水平井段压裂过程中套管内流体压力增大，套管膨胀，可能导致水泥环压缩破坏或拉张破坏。压裂液返排过程中，套管内流体压力减小，套管收缩，可能导致套管—水泥环之间产生微间隙。因此，水平井段固井水泥环的主要失效形式为压裂期的径向压缩或周向拉伸破坏，以及返排期的微间隙失效。吉木萨尔页岩油开发层为芦草沟组，其埋深为 2000~5000m。随埋深增大其破裂压力不断增加，但均未超过 100MPa。在固井质量合格的条件下吉木萨尔页岩油水平井压裂期间水泥环不会发生失效。研究认为，固井顶替效率对水泥石强度影响较大，建议压裂射孔段设计应避免固井水泥的混浆带位置。水泥环微间隙理论研究认为，返排期水泥环微间隙失效的主要影响因素为井筒内外压差和水泥石的杨氏模量。压裂液返排期出现微间隙失效时的井筒内外临界压差与水泥石杨氏模量呈反比。因此，需优化固井水泥浆配方，加入一定比例的韧性材料降低水泥石弹性模量，同时适当控制井口回压和返排液量，降低井筒内外压差，防止水泥环失效。

参 考 文 献

齐奉忠，刘硕琼，沈吉云 . 2017. 中国石油固井技术进展及发展建议 [J]. 石油科技论坛，36（1）：26-31.

于永金，靳建洲，齐奉忠 . 2016. 功能性固井工作液研究进展 [J]. 钻井液与完井液，33（4）：1-7.

宋建建，许明标，周俊，等 . 2018. 针状硅灰石微粉改善固井水泥浆性能研究 [J]. 硅酸盐通报，37（8）：2656-2661.

王伟山，黄德祥，邓最亮，等 . 2016. 新型晶核型早强剂的性能与早强机理分析 [J]. 新型建筑材料，（5）：9-13.

刘慧婷，刘硕琼，齐奉忠 . 2014. 紧密堆积优化固井水泥浆体系研究进展 [J]. 硅酸盐通报，33（9）：2269-2274.

齐宏科，马军志 . 2006. 纤维韧性水泥浆技术在中原油田的应用 [J]. 钻采工艺，29（6）：121-124.

高元，杨广国，陆沛青，等 . 2019. 一种大温差弹韧性水泥浆 [J]. 钻井液与完井液，36（1）：97-101.

田宝振，覃毅，高飞，等 . 2019. ZG112 深井低密度高强度韧性水泥浆固井技术 [J]. 石油钻采工艺，41（3）：288. 293.

丁志伟，杨俊龙，汪瑶，等 . 2017. 低温高强韧性水泥浆在致密油水平井的应用 [J]. 钻井液与完井液，34（2）：106-110.

刘钰龙 . 2017. 吴起油田防水窜固井技术研究与应用 [J]. 石油化工应用，36（4）：59-62.

杨远光，张继尹，马思平 . 2009. 油井水泥低温早强剂室内研究 [J]. 西南石油大学学报（自然科学版），31（1）：141-144.

窦益华，韦堃，罗敬兵 . 2019. 水泥环缺失对水平井套管强度安全性影响分析 [J]. 石油机械，47（9）：17-22.

彭泉霖，何世明，章景城，等 . 2015. 水泥环缺陷对套管强度影响研究现状及展望 [J]. 钻采工艺，38（4）：35-37.

刘奎，高德利，王宴滨，等 . 2016. 局部载荷对页岩气井套管变形的影响 [J]. 天然气工业，36（11）：76-82.

庞秉谦，杨松，窦益华，等 . 2009. 套管磨损与水泥环缺陷位置对套管应力的影响 [J]. 石油机械，37（10）：1-3.

肖平，张晓东，梁红军，等.2011.通井钻具组合刚度匹配研究［J］.机电产品开发与创新，24（3）：33-34.

贾培娟，吴易霖，杨涛，等.2015.苏里格水平井中完通井钻具组合优化［J］.石化技术，（1）：101-102.

刘崇建，黄柏宗，徐同台.2001.油气井注水泥理论与应用［M］.北京：石油工业出版社.

田中兰，石林，乔磊.2015.页岩气水平井井筒完整性问题及对策［J］.天然气工业，35（9）：70-76.

席岩，李军，柳贡慧，等.2019.页岩气水平井多级压裂过程中套管变形研究综述［J］.特种油气藏，26（1）：1-6.

唐汝众，张士诚，俞然刚.2012.高内压下固井水泥环损坏机理研究［J］.钻采工艺，35（1）：14-16.

夏元博，刘爱萍.2011.套管试压对固井第一界面水力密封失效的影响［J］.钻井液与完井液，28：4-6.

赵效锋，管志川，吴彦先，等.2013.均匀地应力下水泥环应力计算及影响规律分析［J］.石油机械，41（9）：1-6.

李军，陈勉，柳贡慧，等.2005.套管水泥环及井壁围岩组合体的弹塑性分析［J］.石油学报，26（6）：99-103.

9 吉木萨尔页岩油水平井钻井
提速技术实践

近年来，新疆油田吉木萨尔页岩油开发区域逐渐向复杂、深部区块展开，钻井地质条件越来越复杂，面临的钻井技术难题显得愈来愈突出，部分地层普遍表现的机械钻速低、井下复杂多等问题，导致综合经济效益低，严重制约了页岩油开发节奏。目前国内外在油田勘探开发中针对复杂地质条件下的钻探都不断尝试新工艺、新技术以提高钻井速度，并且获得了相当多的成功经验。

为了实现吉木萨尔页岩油开发的"好中求快""高效安全"钻井需求，必须采用新工艺、新方法、新工具，进一步提高机械钻速。近年来，在吉木萨尔不同区块和地层，有针对性地试验新型提速技术，为加速页岩油开发步伐起到积极的推动作用。

本章建立了吉木萨尔页岩油标准井的岩石力学剖面，开展个性化 PDC 钻头研发与试验，通过多口井的试验改进，目前吉木萨尔页岩油 PDC 钻头型号基本定型。同时，还积极开展旋转导向工具、螺杆导向工具的钻井提速试验，取得了很好的效果。作者将实践成果加以总结，分别制定了二开结构水平井和三开结构水平井钻井提速技术模板，为后期吉木萨尔页岩油高效开发提供技术保障。

9.1 基于岩石力学参数的钻头选型方法

钻井是以钻头作为破岩工具，钻速快慢很大程度上取决于所选钻头型号与地层岩性是否匹配。适合的钻头选型，不但可以提高钻速，也可以减少在钻井复杂的发生，从而达到高速、低成本、安全钻井的目的。准确评价地层岩石力学特性，优选相适应的钻头类型，对于提高深井机械钻速和钻头进尺具有重要意义。

在钻井过程中，可供选用的钻头很多，而地层又千差万别，选择钻头时往往是根据现场经验选择认为比较合适的钻头。如此，给钻头选型带来了很大的盲目性。钻头选型与岩石的机械物理性质、钻头的结构参数等多种因素有关。然而，建立钻头使用和地层之间的定量的理论模型显然是不现实的，在已知岩石可钻性和岩石强度参数，构建钻头类型和这些参数之间的统计关系，这种方法更有效和适用。

9.1.1 钻头选型方法

钻头选型方法及原则主要包括：基于岩石可钻性的钻头选型方法和基于岩石抗压强度的钻头选型方法。作者将分别进行阐述。

9.1.1.1 基于岩石可钻性的钻头选型方法

岩石可钻性级值与钻头类型之间存在着内在的联系，通过系统的研究，并根据测井数据解释得到连续的岩石可钻性剖面，建立岩石可钻性级值与钻头类型的对应关系，选出与地层可钻性相适应的钻头类型。

地层的岩石可钻性反映的是地层抗破碎的难易程度。我国在石油钻井中，把岩石可钻性由软到硬分成10级，级值越高，表示地层越难钻。可钻性已把岩石的性质由强度、硬度等一般性的概念引向了钻孔等实际工作有联系的概念，钻头厂家也把地层"软""硬"作为设计制造钻头的依据，因此岩石可钻性与钻头类型由于生产需要早已存在了一种相互对应的关系。中国石油天然气集团公司根据我国八大油田地层可钻性测定值范围以及分布规律，同大量的钻头统计资料对比，提出了地层可钻性级别与钻头类型之间的对应关系（表9.1），形成了用岩石可钻性优选钻头型号的方法。

表9.1 岩石可钻性与钻头选型推荐表

地层级别		Ⅰ~Ⅲ	Ⅲ~Ⅳ	Ⅳ~Ⅵ	Ⅵ~Ⅷ	Ⅷ~Ⅹ
可钻性级值		KD<3	3≤KD<4	4≤KD<6	6≤KD<8	8≤KD<10
地层分类		黏软 SS	软 S	软~中 S~M	中~硬 M~H	硬 H
IADC 编码	铣齿 钻头	1-1	1-2	1-3 2-1 1-4 2-2	2-3 3-1 2-4 3-2	3-3 3-4
	镶齿 钻头	4-1 4-2 4-3	4-4	5-1 5-2 5-3 5-4	6-1 6-2 6-3 6-4	7-1 7-2 7-3 7-4

通过处理测井资料可建立连续的岩石可钻性变化规律剖面，随后可按表9.1的对应关系，选择出与地层可钻性相适应的钻头型号。

9.1.1.2 基于岩石抗压强度的钻头选型方法

通过测井资料计算地层抗压强度参数，结合钻头厂家的岩石抗压强度与钻头类型的推荐表，形成利用岩石抗压强度进行钻头类型优选的方法和技术。

钻头类型选择要涉及众多的地层影响因素，与钻头选型关系最为密切的地层特性是地层抗压强度。根据地震、测井资料建立的岩石力学参数模型，在室内岩心试验的基础上，可方便、快捷求取抗压强度，并得出连续的抗压强度剖面，可为选择钻头类型提供依据。在实际应用中，利用测井资料及其他方法求取地层的抗压强度，则可方便地按所建立的地层抗压强度与钻头选型推荐表（表9.2）的对应关系，选择出与该地层层段相适应的钻头型号。

表9.2 地层岩石抗压强度与钻头选型推荐表

钻头类型 （IADC）	地层硬度	地　层	地层岩石类型	抗压强度 （MPa）
11/12	很软	抗压强度低的黏性软地层	黏土、粉砂岩、砂岩	<25
11/13 43	软	抗压强度低和可钻性好的软地层	黏土岩、泥灰岩、褐煤、砂岩、凝灰岩	25~50
12/13 51/52	中软	抗压强度低且夹有硬层的软至中等地层	黏土岩、泥灰岩、褐煤、砂岩、粉砂岩，硬石膏，凝灰岩	50~75

续表

钻头类型（IADC）	地层硬度	地层	地层岩石类型	抗压强度（MPa）
21/21 51/53	中等	抗压强度高，研磨性夹层少的中等至硬地层	泥岩、灰岩、硬石膏、砂岩（钙质）	75~100
21/23 53/61	中硬	抗压强度很高、非研磨性的硬和致密地层	灰岩、硬石膏、白云岩	100~200
31/34 62/63	硬	抗压强度很高、有一些研磨性夹层的硬和致密地层	页岩（钙质）、砂岩（硅质）、粉砂岩	100~200
63/73/83	极硬	极硬和研磨性极强的地层	石英岩、火成岩	>200

目前，吉木萨尔页岩油现场钻井主要使用江汉牙轮钻头和新疆某公司 PDC 钻头。表 9.3 为该公司 PDC 钻头型号及地层对应表。抗压强度与钻头对应关系的建立，可以按量化的地层性质优选钻头，提高了钻头选择的科学性与实用性。基于岩石可钻性和抗压强度指标的两种优选钻头类型方法，在应用中需要相互借鉴、修正，最终可选择出合适的钻头型号。

表 9.3 新疆某公司部分 PDC 钻头与地层对应表

牙轮钻头	牙轮钻头机械钻速（m/h）		地层硬度	岩石类型	FS/FM/FI/SE 刀翼数					TBT 代号		TI 刀翼数		
	水基	油基			4	5	6	7	8+	17	18	10	20	30
111/124	15-30	18-33	很软	黏土、粉砂岩、砂岩										
116/137 437	9-15	12-18	软	黏土岩、泥灰岩、褐煤、凝灰岩										
126/139 517/527	4.5-9	6-12	中软	黏土岩、泥灰岩、褐煤、砂岩、粉砂岩、硬石膏、凝灰岩										
211/217 517/537	2.5-6	3-6	中等	泥岩、泥灰岩、砂岩（钙质）、硬石膏										
211/236 537/617	1.5-2.5	1.5-3	中硬	石灰岩、白云岩、硬石膏										
311/347 627/637	1-1.5	1-1.5	硬	页岩（钙质）、黏土岩、砂岩（硅质）										
637,737,837	1	1	很硬	石英岩、火成岩										

9.1.2 PDC 钻头个性化设计原则

9.1.2.1 岩石性质与组分

PDC 钻头主要适用于泥岩、砂岩、以泥质胶结为主且胶结松散的小粒径砾岩、膏岩和灰岩等地层。试验统计表明：对于砂岩、泥岩互层，当地层单轴抗压强度低于 70MPa，泥岩成分占岩石总量的 40% 以上时，PDC 钻头的使用效果最好。火成岩通常不适合 PDC 钻头。

9.1.2.2 布齿密度与尺寸

由抗压强度确定 PDC 切削齿直径与布齿密度（表 9.4）。对于软到中硬地层，选用直径较大的 PDC 复合片，采用低密或中密布齿的钻头；在强度较大、研磨性较高的地层中，选用直径小的 PDC 复合片，增加切削齿数，提高钻头使用寿命，但较多的切削齿会降低机械速度。常用的 PDC 钻头切削齿尺寸为 8mm、13mm、16mm 和 19mm（表 9.5）。

表 9.4 PDC 钻头布齿密度确定原则

岩石硬度	抗压强度（psi）	布齿密度
很低	0~8000	低布齿密度
中等	8000~16000	中等布齿密度
高	16000~32000	高布齿密度
极高	32000~50000	高布齿密度（超强齿）

表 9.5 PDC 钻头切削齿尺寸确定原则

岩石硬度	抗压强度（psi）	切削齿尺寸
很低	0~8000	19~24mm
中等	8000~16000	16~19mm
高	16000~32000	13~16mm
极高	32000~50000	8~13mm（超强齿）

9.1.2.3 切削齿负前角的确定

普通 PDC 齿为了保证一定寿命，负前角一般为 20°、25°、30°，钻头吃入能力差，攻击性不强。根据地层硬度适时调整切削齿负前角，使钻头能获得较高的机械钻速和寿命（表 9.6）。

表 9.6 PDC 钻头切削齿负前角推荐原则

岩石硬度	抗压强度（psi）	切削齿负前角
很低	0~8000	15°、18°、20°
中等	8000~16000	17°、20°、25°
高	16000~32000	20°、25°、30°
极高	32000~50000	25°、30°、35°

9.1.2.4 冠部形状的确定

常见钻头冠部形状有三种：长抛物线型、中等抛物线型、短抛物线型。它是决定钻头攻击性的重要因素之一。不同冠形 PDC 钻头的攻击性依次为：长抛物线型>中等抛物线型>短抛物线型。

钻头冠部形状决定了钻头的方向敏感性，内、外锥深度是其重要参数。内锥深度决定了钻进的稳定性，内锥越深，钻头的稳定性越高。锥面是指锥顶与保径之间的部分，其长度通常由切削齿的密度确定。一般来说，随着地层强度增加，应该相应地增加锥面长度。按照岩石硬度分类，推荐的钻头冠型见表9.7。

表 9.7　PDC 钻头冠部选择原则

岩石硬度	抗压强度（psi）	冠部形状
很低	0~8000	长抛物线型
中等	8000~16000	中等抛物线型
高	16000~32000	短抛物线型

9.2　地层抗钻特性参数与钻头选型

依据第 4 章的研究成果，利用岩石力学计算模型，结合该地区已钻井的测井、录井资料建立了地层岩石力学参数剖面（图 9.1），参考邻井使用钻头情况，按层段优化了该地区钻头选型（表 9.8）。

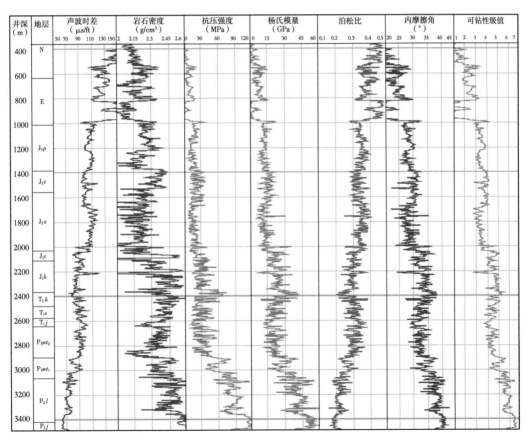

图 9.1　吉 174 井岩石力学特性参数剖面

表 9.8　吉木萨尔致密油水平井岩石可钻性评估及钻头选型

地层	底界深度（m）	井段类型	地层可钻性级值	推荐钻头
Q	0~285	表层	1~2	MP2G、ST115G
N	805	直井段	2~3	S19956（锐石）
E	1004			DF1904UM（深远）
K_1tg	1130			FR1925S（新锋锐）
J	2403		4~5	FX46SX3（帝陛艾斯）
T	2776			FX56SX3（帝陛艾斯）
P_3wt	3104	定向段	4~5	SDI513MHBPX（史密斯）
				SDI516MHUPX（史密斯）
				DF200DPS（史密斯）
				SFD54H3（帝陛艾斯）
P_2l	3358	水平段	5~6	MDSI616UQPX（史密斯）
				MDSI516UQPX（史密斯）
				MDI516UBPX（史密斯）

9.2.1　PDC 钻头选型

一开（0~500m）：黄色未成岩黏土、灰色、杂色砂砾石层，褐红色泥岩与泥质粉砂岩互层。地层胶结松软，可钻性好，一般为 1~2 级，钻头选型以钢齿钻头为主，可选用 MP2、ST115G 等。

二开直井段（500m~造斜点）：侏罗系以上地层以绿灰色、棕褐色泥岩、褐灰色砂质泥岩为主，侏罗系至三叠系主要含灰色泥岩、砂岩、粉砂岩以及砂砾岩互层，西山窑组和八道湾组含有煤层。岩石可钻性为 2~5 级，岩石抗压强度为 15~45MPa，弹性模量为 15~30 GPa，泊松比为 0.3~0.4，选用新疆某钻头公司的破岩能力较强，有较好穿越能力的 X3 齿四刀翼或者五刀翼 PDC 钻头。

二开定向段（造斜点至芦草沟组顶部）：地层为梧桐沟组，岩性主要为灰色泥岩、砂质泥岩夹砂岩、砾状砂岩和砂砾岩，岩石可钻性为 4~5 级，岩石抗压强度为 30~65MPa，弹性模量为 15~30GPa，泊松比为 0.2~0.35。该井段砂砾岩夹层多，在梧桐沟组底部存在粒径较大砾岩，同时该井段为造斜井段，要求 PDC 钻头必须具有较强的造斜和方位稳定性。因此，选用某钻头公司新型的五刀翼双排齿 PDC 钻头。这种钻头在设计上减少了钻头体直径和叶片宽度，增加了刀翼的高度，使得钻头与井壁之间的岩屑上返空间增加，改善了岩屑通过能力。此外，多喷嘴设计，强化钻头清洗和冷却能力，防止钻头泥包。高热稳定性切削齿设计，抗研磨性好，能在较长时间保持锋利状态，提高机械钻速，同时还具有较强的方位控制能力和较长钻头寿命，能有效提高单只 PDC 钻头进尺。

三开水平段（芦草沟组顶部—完钻井深）：地层为芦草沟组，岩性主要为砂岩、泥岩和白云岩等，岩性致密，井壁稳定性好。岩石可钻性为 5~6 级，岩石抗压强度为 60~120MPa，弹性模量为 30~60GPa，泊松比为 0.2~0.3，岩石的可钻性较差，要求 PDC 钻头具有较强攻击性和抗研磨能力，较长的寿命。因此，该井段仍然选择五刀翼单排齿 PDC 钻头。

9.2.2 个性化钻头研发与试验

为降低钻头成本，新疆油田公司与新疆 DBS 钻头公司联合研发个性化 PDC 钻头。根据三维定向段和长位移水平段轨迹特点，通过模拟井底流场、力平衡与强度分析、优化切削齿角度及刀翼轮廓，选用抗冲击和抗研磨优异的 H3 复合片，设计出定向段五刀翼 13mm 齿 7 个喷嘴的钢体 SFD54H3 钻头和水平段五刀翼浅内锥 13mm 齿 7 个喷嘴的胎体 MM64H3 钻头。

如表 9.9 所示，通过现场试验，自主研发个性化 PDC 钻头机械钻速略优于进口 Smith 公司钻头，单只钻头进尺明显高于进口钻头，单只钻头节约成本 3~5 万元。

表 9.9 自主研制 PDC 钻头试验结果对比

井段类型	井号	钻头类型	进尺（m）	机械钻速（m/h）
定向段	JHW005	SDI513MHBPX	316	6.6
	JHW007	SDI516MHUPX	271	4.29
	JHW015	SFD54H3	458	6.27
	JHW018	SFD54H3	408	5.37
水平段	JHW001	MDSi516UQPX	900	5.83
	JHW003	MDSi516UQPX	650	6.83
	JHW016	MM64H3	879	7.26
	JHW018	MM64H3	1418	5.95

9.2.3 高效 PDC 钻头应用效果

新疆油田在吉木萨尔凹陷持续开展岩石力学特性和岩石矿物组分研究，针对不同深度区域和不同井段，优选个性化提速工具配合高效 PDC 钻头，同时不断强化钻井参数，2013—2019 年钻井速度稳步提升。

2012—2019 年，通过岩石力学特性评价试验，现场累计试验 20 余种型号 PDC 钻头，优选出适合该地区的高效 PDC 钻头序列，大幅度提高了机械钻速，自主研发钻头性能与国外钻头基本相当，推广应用 60 余口井，大幅度降低钻头费用。

9.2.3.1 先导试验阶段

由图 9.2 和表 9.10 可知，先导试验区直井段机械钻速为 11.63~30.2m/h，较前期探井提高了 72.6%，实现了一趟完成进尺，钻头数量由 3 只减少至 1 只。定向段机械钻速为 5.37~5.5m/h，较前期探井提高了 279.3%，国产钻头成功钻穿梧桐沟组底界砾岩，实现一趟钻完成定向段，钻头数量由 2 只减少为 1 只。水平段机械钻速达到 6.7m/h，较前期探井提高了 147.2%，钻头数量由 2 只减少至 1 只。自研 PDC 钻头创造了新疆油田单只 PDC 钻头完成 1418m 水平段进尺新纪录，机械钻速高达 7.3m/h。

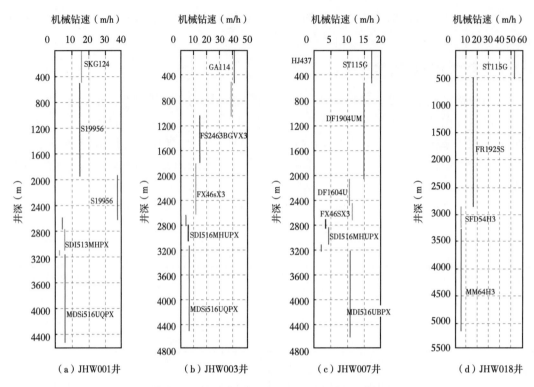

图 9.2 页岩油先导试验区水平井钻头试验情况

表 9.10 先导试验区 PDC 钻头试验对比分析表

井段类型	试验钻头型号	筛选钻头型号	机械钻速（m/h）			钻头数量（只）	
			探井	试验井	提速比例	探井	试验井
直井段	S19956 DF1904UM FR1925S FX46SX3 FX56SX3	FR1925S FX46SX3 FX56SX3	10	17.26	72.60%	3	1
定向段	SMD517 SDI513MHBPX SDI516MHUPX MD517HX DF200DPS SFD54H3	SMD517 SDI513MHBPX SDI516MHUPX SFD54H3（自研）	1.16	4.4	279.3%	2	1
水平段	MDSI616UQPX MDSI516UQPX MDI516UBPX	MDSI516UQPX MDI516UBPX MM64H3（自研）	2.71	6.7	147.2%	2	1

9.2.3.2 开发试验阶段

2016—2017 年，吉 37 井区试验井试验 Smith 公司两种型号 PDC 钻头，水平井段钻井平均机械钻速达 9.48~12.19m/h（表 9.11）。

表 9.11 吉 37 井区 PDC 钻头试验对比分析表

井号	钻头型号	厂家	井段（m）		进尺（m）	纯钻（h）	ROP（m/h）	备注
JHW023	SI516MHBPX	史密斯	2325	2328	3	10	0.3	旋转导向
	FS2463BGX3	新锋锐	2328	2752	424	60	7.07	
	SFD56H3	DBS	2752	2800	48	23	2.08	
	SDI513MHUPX	史密斯	2800	2875	75	20	3.75	
	SDI516MPXG	史密斯	2875	4145	1270	134	9.48	
JHW025	FX46sVX3	DBS	2338	2656	318	38	8.37	旋转导向
	SF55H3	DBS	2656	2701	45	27	1.67	
	GFS20BODVCPS	史密斯	2701	2848	147	60	2.45	常规螺杆
	SFD56H3	DBS	2848	2866	18	12	1.5	
	SDI516MPXG	史密斯	2866	3576	710	128	5.52	旋转导向
	SDI516MHUBPX	史密斯	3576	4210	634	52	12.19	

9.2.3.3 扩大试验阶段

2018—2019 年，在岩石力学参数评价基础上，结合地层岩性特点和导向工具配合定向 PDC 钻头需求，考虑导向力和工具面稳定性等因素，通过模拟力平衡与强度分析，优化切削齿角度及刀翼轮廓。

其中，水平井的造斜段 P_3wt 灰色泥岩、砂质泥岩夹砂岩和砂砾岩（砂砾岩夹层多），岩石抗压强度 30~65MPa，可钻性 4~5 级；水平段 P_2l 砂岩、泥岩和白云岩，岩性致密，抗压强度 60~120MPa，可钻性 5~6 级。

改进 5 刀翼 16mm 齿浅内锥胎体 516 钻头，增大排屑槽，调整了复合片，提高钻头吃入深度；优化心部及肩部布齿，防崩齿，适合快速钻进。平均单只钻头进尺 946m，较前期完钻井提高 92.4%。

另外，积极改进 MI419 胎体钻头。与同型号 SI419 钢体钻头相比，抗冲击性和研磨性明显提高，保径及切削齿磨损较少，钻头平均机械钻速由 3.5m/h 提高至 5.1m/h（图 9.3）。

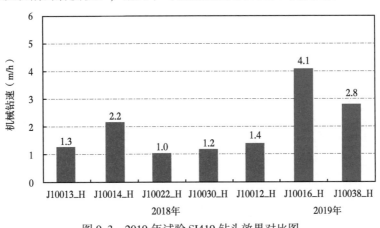

图 9.3 2019 年试验 SI419 钻头效果对比图

9.3 钻井高效辅助破岩工具试验

近两年，新疆油田在吉木萨尔页岩油积极开展高效辅助破岩工具的钻井提速试验，取得显著效果。具体包括：BPM+定制4刀翼"犀牛齿"钻头、大功率螺杆导向钻具+水力振荡器、旋转导向工具等。

9.3.1 BPM+定制4刀翼"犀牛齿"钻头

2019年，在吉木萨尔页岩油深层区块，三开结构水平井的直井段试验BPM+定制4刀翼"犀牛齿"钻头，钻井提速试验效果显著。9口试验井平均机械钻速为4.57m/h（最高15.6m/h），较2018年提高107%、较2019年其他工具提高46%。

如图9.4所示，BPM由3部分组成：（1）旋转动力发生器，持续输出大扭矩载荷，辅助PDC钻头高效破岩；（2）液动冲击器，产生轴向脉冲载荷，降低定向作业中的托压问题；（3）轴向冲击器，提供相对恒定的钻压，有效保护钻头和井下工具。

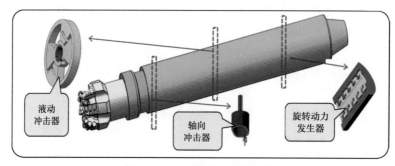

图9.4　BPM提速工具结构图

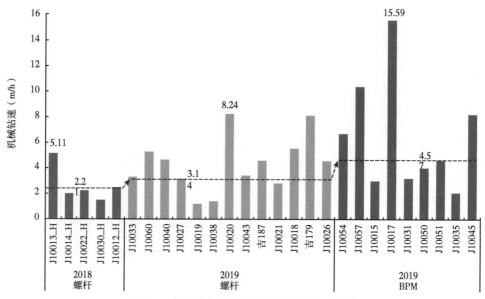

图9.5　吉木萨尔深层三开直井段机速对比图

9.3.2 大功率螺杆+水力振荡器

2019 年，吉木萨尔页岩油大面积开发，有限的旋转导向资源严重制约了水平井提速，推广输出扭矩和功率更高的大功率螺杆，为钻头提供更强的破岩动力。同时，在水平段钻进时配合水力振荡器降低作业摩阻，保障钻头处足够的钻压。

新型大功率螺杆采用新型高性能橡胶配方，使用纳米材料补强橡胶性能，提高螺杆输出功率。水平井采用的水力振荡器分为两个部分：脉冲发生器和轴向推进器（图 9.6）。其性能参数见表 9.12。

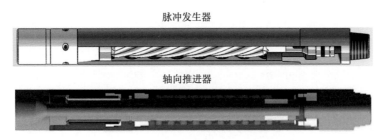

图 9.6　水力振荡器结构示意图

表 9.12　水力振荡器规格及工作参数

规格（mm）	120	172	203
工作流量（L/s）	14~19	25~38	45~52
轴向推力（KN）	16.2~26.2	22.7~31.3	32.1~56.3
轴向振幅（mm）		15~22	
径向振幅（mm）		3~5	
振动传播速度（m/s）		300~500	
振动传播范围		以工具为基准上下各250m	

与 2018 年常规螺杆钻具相比，浅层区域二开水平井造斜段提速 100%、水平段提速 129%，深层区域三开水平井造斜段提速 142%、水平段提速 96%（图 9.7）。

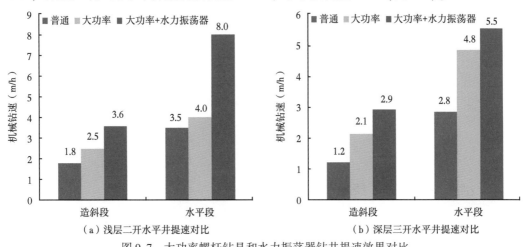

（a）浅层二开水平井提速对比　　（b）深层三开水平井提速对比

图 9.7　大功率螺杆钻具和水力振荡器钻井提速效果对比

9.3.3　旋转导向钻具

吉木萨尔页岩油水平井推广应用旋转地质导向工具，轨迹控制和钻井提速效果显著。2016年，在 ϕ215.9mm 的水平井眼条件下，水平段机械钻速较吉 172 先导试验区提高 18%~51%。在 ϕ311.2mm 定向段中，机械钻速较吉 172 先导试验区提高 47%~62%（表 9.13）。实钻井眼轨迹光滑，保证了后期完井管柱顺利下入。

表 9.13　水力振荡器规格及工作参数

井段 类型	井眼尺寸 （mm）	井号	进尺 （m）	定向工具	机械钻速 （m/h）	提速比例 （%）
水平段	152.4	JHW003	1369	常规定向	6.14	—
	215.9	JHW023	1270	旋转导向	9.28	51.14
	215.9	JHW025	1339	旋转导向	7.29	18.72
定向段	215.9	JHW003	510	常规定向	3.82	—
	311.2	JHW023	472	旋转导向	5.6	46.59
	311.2	JHW025	318	旋转导向	6.18	61.78

同时，开展旋转导向工具钻井参数（钻压和转速）敏感性试验，明确页岩油地区转速为提高机械钻速的主控因素，将转速提高至 90~110r/min，造斜段提速 19%、水平段提速 54%。现场试验分析（图 9.8），认为旋转导向工具的最优钻井参数如下：（1）转速为 90~110r/min；钻压为 60~100kN；钻井液排量为 30L/S；钻井液 R_6 值为 8~10。

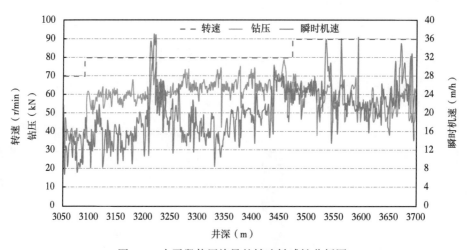

图 9.8　水平段使用旋导的转速敏感性分析图

9.3.4　水平井钻井提速技术模板

对于吉木萨尔页岩油二开水平井，直井段优选高效 PDC 钻头序列并持续改进，造斜段和水平段在 2018 年提速模板基础上完善了大功率螺杆+水力振荡器+国产 PDC 钻头的提速技术组合，进一步强化水平段螺杆提速。表9.14为吉木萨尔页岩油二开水平井钻井提速技术模板。

表9.14 吉木萨尔页岩油二开水平井钻井提速技术模板

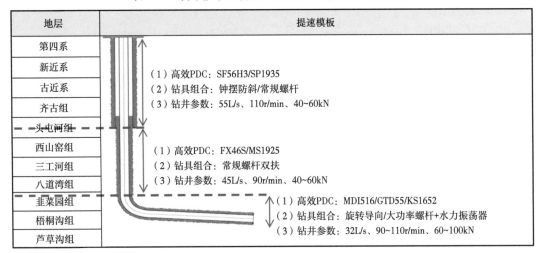

对于吉木萨尔页岩油三开水平井，深层区域通过2019年技术攻关和现场实践，已初步形成了提速模板，直井段定型了高效PDC钻头序列（直导眼三开试验BPM工具取得突破），造斜段、水平段形成了旋转导向和大功率螺杆两套提速方案（表9.15）。

表9.15 吉木萨尔页岩油二开水平井钻井提速技术模板

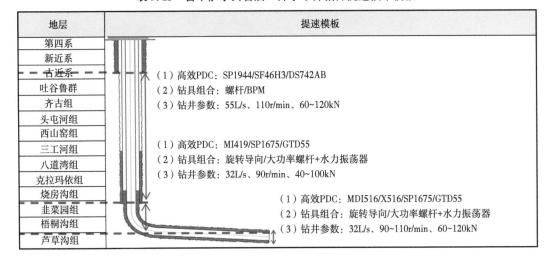

参 考 文 献

杨虎，杨明合，周鹏高．2017．准噶尔盆地复杂深井钻井关键技术与实践［M］．北京：石油工业出版社．

文乾彬，杨虎，孙维国，等．2015．吉木萨尔凹陷致密油大井丛"工厂化"水平井钻井技术［J］．新疆石油地质，36（3）：334-337．

文乾彬，杨虎，石建刚，等．2014．昌吉油田致密油长位移丛式水平井钻井技术［J］．新疆石油地质，35（3）：356-360．

杨睿，张拓铭 . 2019. 吉木萨尔凹陷芦草沟组页岩油水平井钻井技术［J］. 新疆石油天然气，15（3）：36-40.

张瀚之，翟晓鹏，楼一珊 . 2019. 中国陆相页岩油钻井技术发展现状与前景展望［J］. 石油钻采工艺，41（3）：265-271.

臧艳彬 . 2018. 川东南地区深层页岩气钻井关键技术［J］. 石油钻探技术，46（3）：7-12.

马鸿彦，王大宁，张杰，等 . 2019. 旋转导向系统在深层页岩油水平井的应用［J］. 钻采工艺，42（4）：16-19.

宋明水 . 2019. 济阳坳陷页岩油勘探实践与现状［J］. 油气地质与采收率，26（1）：1-12.

张小锋，段元向，赵小猛 . 2019. 川南页岩气井钻井工艺配套技术［J］. 石化技术，（5）：143-144.

樊好福，臧艳彬，张金成，等 . 2019. 深层页岩气钻井技术难点与对策［J］. 钻采工艺，42（3）：20-23.

王敏生，光新军，耿黎东 . 2019. 页岩油高效开发钻井完井关键技术及发展方向［J］. 石油钻探技术，47（5）：1-10.

武强，齐昌利，郭俊磊，等 . 2018. 页岩油水平井高效 PDC 钻头设计及应用［J］. 设备管理与维修，（11）：76-77.

杨灿，王鹏，饶开波，等 . 2020. 大港油田页岩油水平井钻井关键技术［J］. 石油钻探技术，48（2）：34-41.

10 吉木萨尔页岩油水平井工厂化钻井技术

2012年准噶尔盆地吉木萨尔凹陷页岩油勘探获得重大突破，展示了该地区具有巨大的勘探开发潜力，但储层覆压渗透率总体小于0.1mD，原油黏度大，油井无自然产能，前期探井试验表明，采用常规技术投资大，单井产量低，无法实现页岩油有效开发。美国巴肯油田页岩油成功开发经验表明，采用长水平段水平井配合大规模分段压裂技术和"工厂化"作业模式是解决该问题的有效途径。为此，开展吉木萨尔凹陷页岩油长水平段水平井"工厂化"钻完井配套技术，对实现该区页岩油有效开发具有十分重要意义。

页岩油气钻完井成本占页岩油气开发总成本的70%以上，是制约其能否实现有效开发的最关键因素。美国页岩油开发不仅在水平井钻完井技术上取得了很多的创新，而且创新提出了"工厂化"钻井，显著提高钻井效率，降低钻井成本。而我国在"工厂化"钻井作业配套技术研究方面，还处于起步阶段，有诸多难题有待研究。针对吉木萨尔凹陷昌吉油田页岩油特点，借鉴国外页岩油开发经验，以"非常规的理念、非常规的技术"为思路，围绕低成本战略，按照研究思路（图10.1），开展"工厂化"钻井关键系列技术，包括："工厂化"水平井平台部署与井场设计、"工厂化"水平井钻机配套与批钻程序、"工厂化"水平井钻井液重复利用技术和"工厂化"水平井钻井工程设计要点等方面的研究和现场试验。

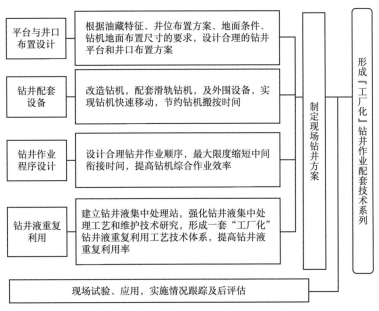

图10.1 "工厂化"钻井关键技术研究思路框图

本章建立了"工厂化"钻完井平台优化模型，设计出 12 口水平井大偏移距"工厂化"平台，可实现 4 部钻机同时联合作业，单个平台节约井场面积 58.33%；创立了三维长水平段水平井"工厂化"钻井配套技术，研究了钻机快速移动、批量钻井作业程序、钻井液重复利用、电动钻机工业网电代油等"工厂化"钻井关键技术。钻井效率提高 21.34%，回收钻井液重复利用率达 70%。

长水平段水平井"工厂化"钻完井技术在吉木萨尔页岩油应用 10 口井，部分成果在准噶尔盆地其他地区推广应用 30 余口井。通过工厂化平台作业，井场面积减少 58.3%，降低了井场和道路征地费用，减少地表植被破坏。钻井液重复利用 1400 余立方米，节约了钻井液费用，减少了水资源消耗和废弃物排放，降低了环境污染。通过"网电代油"，节约柴油消耗 272t，大幅度降低了能耗，减少工业废气排放，实现了节能减排。试验证明，水平井"工厂化"钻完井技术是实现页岩油有效开发的重要手段，可为其他非常规油气藏和低渗透油气藏有效开发提供借鉴。

10.1　国内外工厂化水平井钻井技术进展

致密油气钻完井与压裂成本占致密油气开发总成本的 70%以上，致密油气的工程成本是制约其能否实现有效开发的最关键因素。北美在页岩气、致密油开发上，不仅在水平井钻完井、水平井分段压裂技术上取得了很多的创新，在管理上也创新了工厂化钻井、工厂化压裂的有效做法，显著提高了工程效率，降低了工程成本，实现了页岩气、致密油等非常规资源的有效动用。

10.1.1　工厂化批钻模式

工厂化钻井是丛式井场批量钻井（Pad Drilling）和工厂化钻井（Factory Drilling）等新型钻完井作业模式的统称，是指在同一地区集中布置大批相似井、使用大量标准化的装备和服务，以生产或装配流水线作业的方式进行钻井和完井的一种高效低成本的作业模式。工厂化钻井作业模式的发展历程如图 10.2 所示。

10.1.1.1　丛式平台井口

工厂化钻井丛式井组设计各家做法有所区别，但大同小异，或一排井设计，或两排井设计（图 10.3），每个井场一般为 6~8 口井。采用丛式井组设计有利于集中作业，便于提高效率，有效减少非生产时间。在丛式井组设计中，优化井场布局十分关键，既要考虑钻机高效搬运、安装，也要考虑水处理集中、服务和供应集中等问题，还要考虑交叉压裂作业的设备摆放等问题。

10.1.1.2　批钻作业程序

工厂化批钻作业模式即利用快速移动式钻机对丛式井场的多口井进行批量钻完井，一种是批量钻完井后钻机搬走，采用工厂化压裂模式进行压裂、投产；另一种模式是以流水线的方式，实现边钻井、边压裂、边生产，钻完一口压裂一口，这也是目前巴肯致密油在开发上采用的作业模式，以一个 6 口井的井场为例，这种最新的同步作业模式可节省 62.5%的时间，作业效率进一步提升。不同的工厂化钻井效率对比如图 10.4 所示。

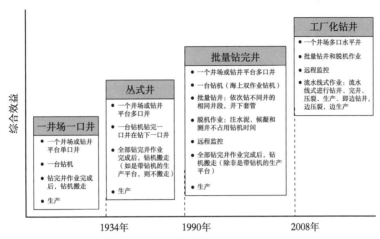

图 10.2　钻井作业模式的发展历程

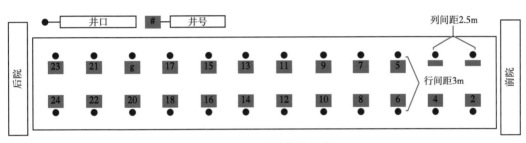

图 10.3　工厂化钻井并行井组

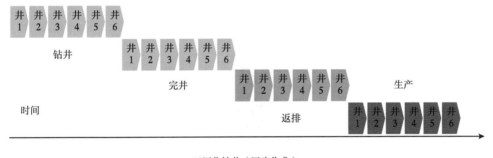

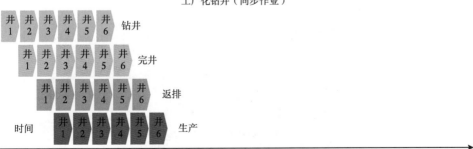

图 10.4　巴肯致密油优化前与优化后工厂化钻井示意图

10.1.1.3　效率学习曲线

北美页岩气、致密油开发的技术进步，产生了良好的学习曲线，特别是钻完井学习曲线的加速效应十分显著，与之相应的就是效率提高、成本下降。钻井的过程也是认识地层、完善工艺技术、积累经验的过程，随着认识的深入，钻井速度会逐步提高，形成钻完井学习曲线。为加快学习曲线，一方面要及时分析已钻井的各种资料，从最小的代价中分析普遍的规律，最大限度减少损失，另一方面要系统性开展试验，积极探索出最适用的技术组合，从而最大幅度提高钻井速度，降低钻完井成本。

10.1.2　工厂化钻机装备

10.1.2.1　移动式钻机

为了缩短钻机搬运时间，提高钻井效率，国外在页岩气、致密油开发中针对丛式水平井钻机进行了大量改进。快速移动钻机采用模块化设计，移动方式主要有轨道式、步进式和整体拖动式三种，使用交流变频电驱动，钻井液处理系统相对简化，钻机移动时间比较短，典型移运性钻机及性能见表 10.1。

表 10.1　典型钻机及其性能

典型钻机	移动类型	公司	钻机功率	移动性能
Predator	轨道式	Atlas 公司	950HP	井间移动只需 4h
B 系列	步进式	Nabors 钻井公司	两台 1150HP	1h 移动 30m
JD 车载钻机	整体拖动式	JD 钻机公司	650~2000HP	车载系统，最高移动速度可达 45km/h

道达尔公司苏南合作项目采用轨道式移动钻机（图 10.5），双向液压缸驱动，15m 井间距移动约几个小时。为尽可能减少搬运，采用电动钻机，发动机房不动，顶驱、钻具

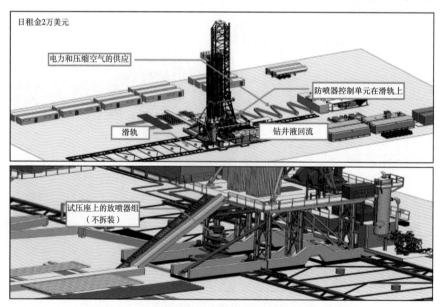

图 10.5　道达尔公司苏南合作项目丛式井移动钻机

（仍立在钻台上）随钻机移动，循环罐系统仅一、二号罐做小幅搬运，由于搬运的设备少，钻机搬迁时间短，钻机效率可显著提高。

10.1.2.2 钻机自动化

国外为提高钻机作业效率，尽可能减少用人，钻机设计上自动化程度都比较高，配有顶驱、自动化井口设备、自动排管系统、自动送钻、数字化司钻操控系统等，作业数据能够实现卫星传送。为减少接、卸单根时间，采用13.5m甚至更长的长单根钻进，配合钻机自动化设备，以进一步提高作业效率（图10.6）。

图 10.6　配备自动送钻系统钻机

为了适应非常规资源的开发，国外在钻机的研发上体现出了体积小、移运性好、安全性高、自动化程度高的特点，如 Drillmec 钻井公司的液压绞车（HH）系列钻机。HH 钻机采用伸缩式液缸，井架可伸缩。将 HH1200hp 钻机与常规 1500hp 钻机相比，钻机高度从50m 降为 30m。钻机井架和部分钻台为拖挂式，顶驱和铁钻工无需从井架上拆卸即可进行搬运。拖挂式设计提高了钻井泵、管架等部件的移运性，该钻机由于采用了模块化设计，组装和拆卸可在几小时内完成。

HH 钻机具有较高的自动化水平，包括液压顶驱、管子自动操作系统、可移动转盘、垂直管架系统等，HH 钻机由于具有较高的自动化水平，可大量减少人工，钻台只需 4 人。HH 钻机可提高钻井效率 30%，减少 30% 的非生产时间，减少占地面积 50%，减少搬安成本 40%。

10.1.2.3 表层小型钻机

国外在页岩气、致密油丛式水平井钻井上，均采用车载小型钻机批量钻表层井眼，并下入表层套管，完成固井作业。表层采用小型钻机批钻作业节省了大钻机的占用日费，节省了每口井表层固井的候凝时间，也有利于充分发挥大钻机的作用，更加专业化，更加高效。

10.1.2.4 工厂化钻井应用效果

工厂化钻井是钻井作业模式的一次重大改革，自 2008 年开始应用于北美的页岩气开发以来，其应用规模迅速扩大，推动了北美钻井数量和进尺的快速增长（图 10.7）。

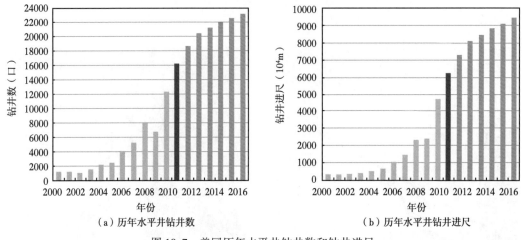

（a）历年水平井钻井数　（b）历年水平井钻井进尺

图 10.7　美国历年水平井钻井数和钻井进尺

通过工厂化钻井，钻井效率大幅提升。美国近几年水平井钻机月速度对比可以看出，从 2005 年以来，水平井钻机月速度从 2600m 提升到了 4700m（图 10.8）。

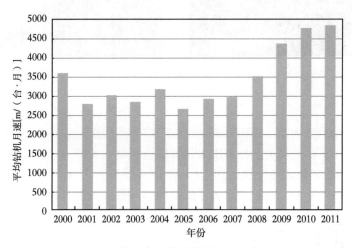

图 10.8　美国水平井平均钻机月速度对比

如图 10.9 所示为美国西南能源公司近几年在费耶特维尔页岩气产区的钻井指标对比，水平井钻井周期从 17 天降为 2011 年的 8 天，水平段长却从 810m 增加到 2011 年的 1474m。其中 2011 年共钻水平井 650 口，有 104 口水平井钻井周期不超过 5 天。尽管平均水平段长度逐年增加，但单井的钻完井成本并没有增加，说明单位进尺的钻完井成本逐年下降。

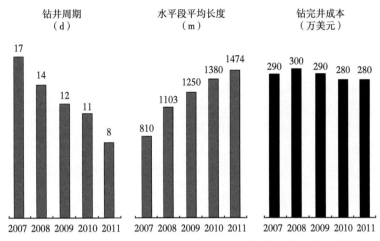

图 10.9 美国西南能源公司在费耶特维尔页岩气产区水平井钻井情况

工厂化作业是页岩气开发作业模式的一次重大突破，促成了美国"页岩气革命"，其应用已推广到致密油等领域。随着石油公司、服务公司对工厂化钻井的重视和研发推动，各种新型钻井作业系统将不断出现。随着页岩气等非常规油气开发活动在全球逐渐升温，工厂化作业将在全球范围内得到推广应用，工厂化作业的流程将不断创新，作业效率和生产效益将不断提升。

10.2 工厂化水平井平台部署与井场设计

"工厂化"钻井是一个系统工程，需要多个专业的紧密配合，在平台部署与井场设计时，要综合考虑钻井、压裂、地面以及后期管理等多因素影响，根据这些因素，建立优化模型，使得整体投资最优。

根据吉木萨尔页岩油特点，选择井控程度高、油藏埋深浅、油层发育厚度较大的区域，结合"工厂化"钻井和压裂作业需要，优选试验区，部署 38 口水平井，试验井组水平段相互平行，钻井方向平行于最小水平主应力方向，水平段间距为 300m，水平段长度为 1300m 和 1800m。该区地势平坦，交通便利，为"井工厂"作业提供了有利条件，但地表为农田和公益林，为环境保护敏感地区，征地面临巨大挑战，同时新疆地区降雨量少，水资源不足，给后期大规模水力压裂带来了困难。平台布置和井组优化设计的原则是用尽可能少的平台布置合理数量的井，以降低征地费用，减少环境破坏。

因此，平台与井口布置设计时，需要考虑有以下几个因素。

（1）满足试验区页岩油开发方案要求。根据页岩油开发部署，需要 4 口井当年达到建产要求，而前期探井单井钻井周期 150d 左右，加上压裂时间，扣除冬季不能作业时间，实际一部钻机一年只能完成 1 口井，即使钻井提速前提下，单部钻机只能完成 2 口井。

（2）考虑钻井能力和井眼轨迹控制能力。根据井位部署，如果井口间距过大，不利于钻机快速移动，间距过小，井下防碰风险高，根据国内外经验，井口间距为 5~30m。若单部钻机完成 3 口井以上，距井口偏移距大于 270m，增大了三维轨迹控制难度，同时也会增加水平井钻井成本，因此，平台数量和井口布置方式，需要找出一个平衡点。

（3）综合考虑钻井和压裂施工车辆及配套设施的布局，尽可能缩小井场面积。考虑"工厂化"钻井和压裂，设备较多，井场需求面积较大，要充分考虑钻井井场和压裂井场共用，尽可能缩小井场面积，减少征地面积，节约钻前投资。

（4）井眼轨迹最大程度触及页岩油藏目标，减小死油区。入靶点至井口投影坐标之间的油藏，由于水平井眼轨迹无法穿过，这部分油藏面积将无法有效动用，成为所谓的"死油区"。因此，在平台和井口布置设计时，要尽可能减少"死油区"面积。

（5）考虑当地地形地貌、生态环境及水文地质条件，满足有关安全环保的规定。该区地面为农田和公益林，属于环境敏感地区。因此，平台和井口部署尽可能紧凑，减少环境破坏。

10.2.1 工厂化平台部署与井口设计模型

10.2.1.1 平台与道路建设费用

假设 j 号平台上的井数为 n_j，则以单排井口布局的每个平台的建造费用 C_{p1j} 为：

$$C_{p1j} = u_{p0}[a_1 + b_1(n_j - 1)] \tag{10.1}$$

式中　u_{p0}——单位面积平台建造费用，万元/m^2；

　　　　a_1——单排井口布局时单平台占地面积，m^2；

　　　　b_1——单排井口布局时每增加 1 口井需增加的平台面积，m^2。

当分配到某一平台内的地下井位位于平台的两侧时，一般将平台内井口分两排布局，以双排井口布局的每个平台的建造费用为：

$$C_{p1j} = u_{p0}[a_1 + b_1(\max(n_{1j} - n_{2j}) - 1)] \tag{10.2}$$

式中　n_1，n_2——双排井口布局时各排井数。

平台数量越多，需要修建的井场路越长。井场道路优化可利用图论中求最小树原理求出最短井场道路路径方案，计算井场道路长度。井场道路长度与平台数量 n_p 的函数关系为 $l(n_p)$，则井场道路的建设费用为：

$$C_{p2} = u_r l(n_p) \tag{10.3}$$

式中　u_r——单位长度道路建造费用，万元/km。

对于均布井网，井场路长度和平台数量之间的函数关系为：

$$l(n_p) = \frac{n_w}{12n_p}k(2n_p - n_{col}) + (l_h + k)(n_{col} - 2) \tag{10.4}$$

式中　n_w——区块内部署总井数，口；

　　　　k——地下井网井距，m；

　　　　n_{col}——均匀布井井网列数，列；

　　　　l_h——均匀布井井网水平井水平段长度，m。

区块内平台和道路建设总费用 C_p 为：

$$C_p = \sum_{j=1}^{n_p} C_{p1j} + C_{p2} \tag{10.5}$$

10.2.1.2 钻机搬安费用

区块内设置的平台数越少，钻机搬安的次数就越少，绝大部分井的搬迁、安装是在平台内整体移动完成，总钻机搬迁、安装费就会越少。钻机搬迁、安装费用可根据平台上井数和井口布局方式，先确定钻机搬迁或者整体移动的次数，然后根据次数和单次费用计算其总费用。

对于单排井平台：

$$C_{Mj} = C_{m1} + C_{m2}(n_j - 1) \tag{10.6}$$

对于双排井平台：

$$C_{Mj} = C_{m1} + C_{m2}(n_j - 2) + C_{m3} \tag{10.7}$$

区块内钻机总搬迁费用为：

$$C_M = \sum_{j=1}^{n_p} C_{Mj} \tag{10.8}$$

式中 C_M——钻机总搬安费用，万元；

C_{m1}——钻机搬安一次费用，万元；

C_{m2}——钻机整体移动一次费用，万元；

C_{m3}——钻机平台内井排间搬迁一次费用，万元。

10.2.1.3 钻完井工程费用

通常区块内设置的丛式井平台数量越少，需要从平台上钻达远距离目标的井就越多，井段长度加长，井眼轨道形态复杂，钻井难度加大，钻完井费用就越大。单井钻完井费用与井身结构、井眼轨道、钻井施工工序和采用的钻完井工艺技术密切相关，它取决于当地钻井施工技术服务日费和管材价格。当区块水平井钻完井工程方案确定后，影响钻完井费用的主要因素是井眼轨道形态和井段长度。井眼轨道形态和井身长度取决于该井井口相对于目的层设计水平段的位置、长度和垂深。因水平井目的层的水平段及其垂深由油藏工程中井位部署时确定，是固定不变的已知数。唯有井口位置，随平台的位置与井口布局方式而变，使得各井井口相对于地下目的层水平段的位置（即纵向靶前位移和横向靶前位移）也跟着变化，这样，各井的井眼轨道的长度、形态以至钻完井的费用也就发生变化。为反映一口井钻完井费用随该井井口与水平段之间相对位置的这种变化关系，可将一口水平井的钻完井费用表示为：

$$C_d = f_d(h, \eta, \delta, l) \tag{10.9}$$

式中 h——水平井水平段入靶点垂深，m；

l——水平段长度，m；

η, δ——井口相对水平段的纵、横向靶前位移，m；

C_d——单井钻完井费用，万元。

区域内某口井 i 在平台上钻井，其钻完井费用为：

$$C_{d(i,j)} = f_d(h_i, \eta_{j,i}\delta_{j,i}, l_i) \tag{10.10}$$

其中 $l_i = \sqrt{(x_{bi} - x_{ai})^2 + (y_{bi} - y_{ai})^2}$

$\delta_{j,i} = |(x_{bi} - x_{ai})y_j - (y_{bi} - y_{ai})x_j + y_{bi}x_{ai} - x_{bi}y_{ai}|/l_i$

$\eta_{j,i}\sqrt{(x_j - x_{ai})^2 + (y_j - y_{ai})^2 - \delta_{j,i}^2}$

式中　$\eta_{j,i}$，$\delta_{j,i}$——第 j 个平台相对第 i 口水平井水平段的纵、横向靶前位移，m；

$(x_a,\ y_a)$，$(x_b,\ y_b)$——水平井 A 和 B 靶点坐标，m；

X，Y——平台位置坐标，m。

区块内所有平台总的钻、完井费用为：

$$C_d = \sum_{j=1}^{n_p} \sum_{i=1}^{n_w} f_{i,j} C_{d(i,j)} = \sum_{j=1}^{n_p} \sum_{i=1}^{n_w} t_{i,j} f_d(h_i,\ \eta_{j,i},\ \delta_{j,i},\ l_i) \qquad (10.11)$$

式中，$t_{i,j}$ 为（0，1）分配变量，当第 i 口井分配到第 j 个平台上钻井时，此时，$t_{i,j}=1$，否则，$t_{i,j}=0$。（0，1）分配变量必须满足：

$$\sum_{j=1}^{n_p} t_{i,j} = 1(i = 1,\ 2,\ \cdots,\ n_w)$$

即每口井都得到分配且仅分配给一个平台。

$$\sum_{j=1}^{n_p} t_{i,j} = n_j \leqslant n_{max}(j = 1,\ 2,\ \cdots,\ n_p)$$

即每个平台上所分配到的井数不超过平台的最大钻井能力。

10.2.1.4　钻井平台模型

将各投资费用相加，即得到钻井平台的计算模型：

$$\min(Z) = C_p + C_M + C_d \qquad (10.12)$$

约束条件：（1）地面平台位置的约束；（2）平台最大钻井数量的约束。

预先给定变量包括：地下井网坐标、平台内的钻井数量、各项费用的单位费用和各费用预算模型等。

10.2.2　工厂化钻井平台模型求解

平台设计模型属于混合整型非线性规划问题。为求得油田建设总投资最小条件下的平台设计，采用枚举平台数量的方法。即先根据地下井位的数量和每个平台最大的钻井能力，确定平台数量的可能区间，然后在此区间内逐一枚举，得到一组不同平台数量下的总投资，在计算钻完井投资费用时，利用单井钻完井费用模型，借助线性规划中的运输模型，按钻完井费用最低为目标先进行地下水平井井位到平台的选址分配。然后，根据各个平台上分配到的井数，确定每个平台的井场建造和井场路建设费用，钻机搬迁、安装费用和钻完井费用。将所有平台的这些费用累加，就得到该平台数下的总投资费用。依此反复枚举平台数，便可得到一组不同平台数量下所对应的总投资费用数值，比较这些总投资费用，便可得出最佳平台数。同时，相应的平台位置、地下井位在平台上的分配关系等也就确定下来。

10.2.3　工厂化钻井平台设计

通过模型求解结果，综合考虑区域地理环境和先导试验要求，建立 4 个丛式井组钻井平台、1 个供水平台和一个处理站（图 10.10），占地面积约 328 亩。为满足尽快建产要求，1 号平台和 2 号平台各部署 7 口井，井口采用平行排设计，井口间距为 70m，井口最大偏移距为 125m，可同时满足 3 部滑轨钻机同时作业。3 号平台和 4 号平台各部署 12 口井，井口采用平行双排布置，井口间距为 10m，排距为 70m，井口最大偏移距为 265m，可满足 4 部滑轨钻机同时作业。

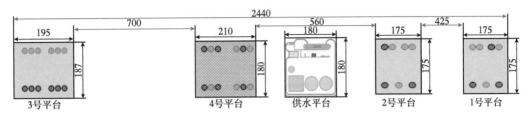

图 10.10 页岩油试验区平台部署（单位：m）

页岩油先导试验区首先开展 10 口井的先导试验。1 号平台（JHW001 井和 JHW003 井）和 2 号平台（JHW005 井和 JHW007 井）各实施 2 口井，水平井轨迹为"U"字形，开展各项钻井提速试验。3 号平台实施 6 口井（JHW015 井、JHW016 井、JHW017 井、JHW018 井、JHW019 井和 JHW020 井），水平井轨迹为"山"字形，其中二维水平井 2 口和三维水平井 4 口，采用两部滑轨钻机联合作业方式。JHW017 和 JHW018 水平段长为 1800m，其他井水平段长均为 1300m。井眼轨迹类型与平面投影如图 10.11 所示。

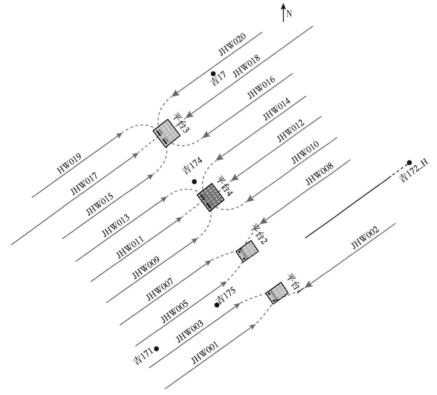

图 10.11 页岩油试验区水平井井眼轨迹平面投影图

10.2.3.1　1号和2号平台设计

1号平台和2号平台分别部署7口井，一个井场可满足3部钻机同时作业，考虑后期"工厂化"压裂，井场设计大小为150m×155m（图10.12）。同排钻机同向布置，不同排钻机反向布置。

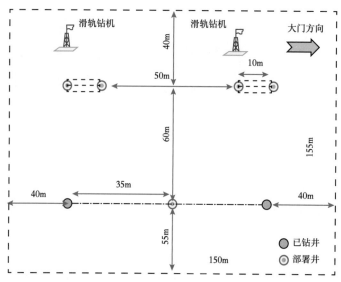

图10.12　工厂化1号平台和2号平台井场设计

10.2.3.2　3号和4号平台设计

3号平台和4号平台设计相同，分别部署12口井。首先，完成3号平台6口水平井，同时部署两部钻机同时作业，井场尺寸为195m×180m（图10.13）。同排钻机同向布置，不同排钻机反向布置。

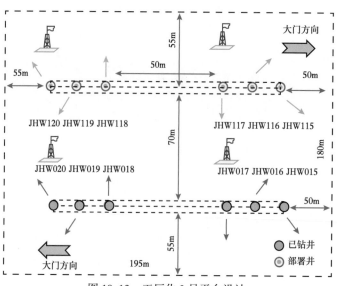

图10.13　工厂化3号平台设计

10.3　工厂化水平井批量钻井程序

根据昌吉油田页岩油先导试验要求和目前生产设备条件，试验区"工厂化"钻井采用批量钻井作业模式。以 3 号平台为例，说明具体的钻井作业施工流程。

如图 10.14 所示，采用两部滑轨钻机联合作业，每部钻机完成 3 口井，批量钻井作业流程为：1 号钻机一开按 1 号、2 号、3 号顺序施工，1 号井一开结束后，不待固井候凝，钻机立即移至下口井钻井，依此类推至 3 号井一开完钻；3 号一开完钻后立即进行二开钻进，然后按 3 号、2 号、1 号顺利完成二开施工，1 号井二开中完后进行三开钻进，最后按照按 1 号、2 号、3 号顺序完成三开施工。2 号钻机一开按 4 号、5 号、6 号顺序施工，4 号井一开结束后，不待固井候凝，钻机立即移至下口井钻井，依此类推至 6 号井一开完钻；6 号一开完钻后立即进行二开钻进，然后按 6 号、5 号、4 号顺利完成二开施工，4 号井二开中完后进行三开钻进，最后按照按 4 号、5 号、6 号顺序完成三开施工。

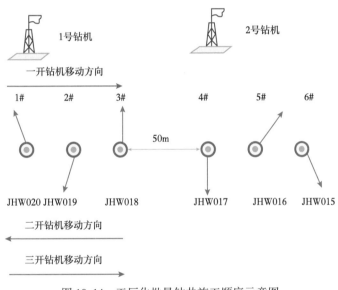

图 10.14　工厂化批量钻井施工顺序示意图

10.4　工厂化钻井钻机设备配套

10.4.1　滑轨式平移钻机配套

钻机快速移动可通过滑轨实现，滑轨平移装置由平移滑轨和步行式液压推进器组成（图 10.15）。移动原理是将钻机放在两排滑轨之上，利用带棘爪的步行器推动钻机克服钻机底座与滑轨之间的摩擦力实现平移往前或往后来牵引钻机移动。平移可承载的质量较大，可结合固控系统等同时进行平移，平移直线度准确，基座不需要承载弯矩，对基座强度不够的情况也可实现平移，但对已有采油树的井场有一定限制，平移装置需要在钻机组装前进行安装。

图 10.15　滑轨式钻机轨道平移装置

　　棘爪步进式钻机移动装置由平移导向装置、棘爪步进式结构、液缸、弓形拉筋、液压控制系统、电控转接房等组成。其中平移导向装置由左右两根组合导轨、滑块、导向块及连接梁组成，每组导轨由多根 4m 长导轨用销子连接而成，左右导轨通过前连接梁、撑杆及后连接梁固定在一起，导向滑块位于导轨上可滑动，并与被移物的底座连接。两个推移液缸安装在靠内侧的两条轨道上，液缸活塞杆一端用销轴与基座上设置的连接耳板连接，液缸尾部耳板用销轴与棘爪座连接。基座外侧的梁上用螺栓连接有多块导向块，在推移时起限位导向作用。液压控制系统由液压站、液压操纵台及液压管线组成。

　　移动液压装置主要由液压操纵台、棘爪机构、管路系统、液压缸、液压站等组成。液压操纵台用同步分流集流阀和两联手动多路换向阀、耐震压力表等来实现按需要的速度控制钻机的同步移动。操纵手动多路换向阀的同步移动手柄，使两个移动缸一腔同时通油时，两个移动缸带动棘爪机构的棘爪插入移动轨道面中的棘爪孔中，随着移动缸活塞杆的伸出（或缩回），将推（拉）钻机同步移动。为了纠正钻机同步移动的累积误差，可操纵手动多路换向阀的补油移动手柄，使移动缸分别通油纠偏。移动缸另一腔通油动作时，棘爪从移动轨道面中自动退出，棘爪复位。

10.4.2　滑轨钻机配套改造

　　滑轨式平移装置平移可承载的质量较大，平移直线度准确，钻机改造工作量小，通过对现有 ZJ50D 钻机底座增加平移装置等就可满足该区钻井需求。钻机改造需要考虑钻机底座详细尺寸、参与平移部分质量、井场布局、井口位置、平移是否带钻具等因素。最后配备钻机平移各项参数如下：液压系统工作压力为 26MPa，最大推移质量为 700t，最大步进行程为 0.5m，最大移动速度为 0.3m/min。

　　为了进一步提高钻机移动效率，减少外围设备搬迁，需对外围设备进行改造，利用加长电缆替代动力系统移动（图 10.16），加长出口管线替代循环罐系统移动，增长高压地面管线替代钻井泵移动（图 10.17）。

如此可减少完井安装采油树和井架电缆槽对各批量工序的影响，在两井之间摆放钻井液回收设备，有利于完井排污和恢复地貌。为实现固井候凝和测声幅离线作业，采用两部钻机同向摆放，两台钻机发电房、钻井液罐区处于同一方向进行优化布局。

图 10.16 加长电缆连接动力系统

图 10.17 加长管线连接循环系统

10.4.3 滑轨钻机平移步骤

钻机移动时，井架、底座、绞车、防喷器组一起移动，机房、发电房、配电房、钻井泵、循环系统不随井架移动。钻机移动步骤如下：

（1）首先用一台吊车拆掉不参加移动的坡道、猫道、安全滑梯、旋转斜梯等；

（2）清除井架底座移动方向处的障碍物；

（3）清理钻台面杂物，并将活动部件固定牢靠；

（4）检查井架底座各关键构件的连接是否可靠，是否变形；

（5）去掉大小鼠洞管，卸掉不参加移动的油水电接头、接口；

（6）安装好液压站及液路管线，调试各项技术参数，检查液压站是否正常；

（7）由专人统一指挥进行钻机整体移动；

（8）启动液压站，缓慢操纵手动多路换向阀的同步移动手柄，使两个移动缸腔同时通油，确保两个移动缸带动棘手爪插入轨道中棘手孔中，随着移动缸活塞杆伸出推动钻机平移；

（9）钻机同步移动每次前进 0.5m 作为一个行程，移动缸另一腔通油动作时，棘爪从移动轨道面中拉出，棘爪进入下一个孔位，如此反复完成钻机平移。

钻机整体平移过程中，尤其注意左右底座同步移动情况：一方面靠观察操作面板上的压力表的数值是否一致来判断，另一方面专人观察位移误差。

10.5　工厂化钻井液重复利用技术

"工厂化"钻井作业时，由于采用批量钻井作业模式，同井段批量作业时钻井液可实现多口井重复利用，达到降低钻井成本目的。为了提高钻井液重复利用率，需要从钻井液体系选择和设备工艺配套两个方面着手研究。

钻井液体系选择方面，吉木萨尔页岩油先导试验区一开采用膨润土 CMC 钻井液，二开采用钾钙基聚磺钻井液，三开采用水包油钻井液。在不同开次，根据钻井要求，加入合适的钻井液处理剂调整钻井液参数和性能即可，体系简单，易于维护和转换，可以方便快捷地实现不同开次钻井液重复利用，降低了钻井液处理费用。

10.5.1　钻井液集中处理设备

在平台中部位置建立钻井液集中处理站（图 10.18），通过管线连接不同钻机循环系统，在不影响正常钻井的情况下，实现钻井液统一处理和性能调整。

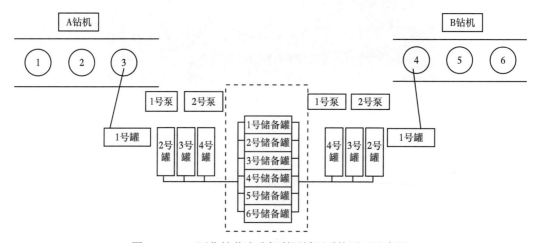

图 10.18　工厂化钻井液重复利用循环系统平面示意图

"工厂化"钻井时，仅有地面循环罐中钻井液可重复利用，因此，为及时补充每开次钻井液的地层消耗量和井筒余留量，在平台的两部钻机之间放置一组储备罐，每口井中完后，可将部分钻井液回收至储备罐内，经固控处理后可应用于下一井次的钻完井作业，具体设备见表 10.2。

表 10.2　钻井液回收利用循环设备配置情况

设备名称	规格	数量
储备泥浆罐	12.5m×3.0m×2.5m	6
搅拌器	7.5kW	18
转浆泵	带50kW电动机	6
可拆卸连接硬管线	6in×120m	2
闸门组		2

10.5.2　钻井液重复利用方案

10.5.2.1　一开膨润土 CMC 钻井液

两部钻机同时开钻，A、B 钻机分别在各自的 2 号罐和 3 号罐内配制 100m³ 钻井液开钻（地面循环罐容量按 100m³ 计算，下同）。

如图 10.19 所示，A 钻机 1 号井表层完井后循环罐内钻井液（约 100m³）可直接用于 2 号井和 3 号井的一开，用水化好的膨润土浆和胶液补充钻井液量和性能维护。在 1 号备用罐内配制和水化膨润土浆（含量 8%）用于补充钻井液量。3 号井一开完后将循环罐内钻井液全部回收到 2 号备用罐（可回收 80m³），利用 1 号备用罐内水化好的膨润土浆（40m³）进行二开转化。三口井一开可利用量 200m³（膨润土+CMC 钻井液）。

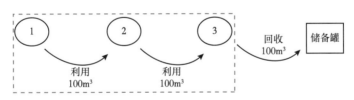

图 10.19　单钻机一开钻井液利用回收流程示意图

同理 B 钻机在 4 号井表层完井后循环罐内钻井液（约 100m³）可直接用于 5 号井和 6 号井的一开，6 号井一开完后将循环罐内钻井液全部回收到 3 号备用罐（可回收 80m³），利用 1 号备用罐内水化好的膨润土浆（40m³）进行二开转化（此时 1 号罐基本倒空）。B 钻机三口井一开可利用量 200m³（膨润土+CMC 钻井液）。两部钻机都二开转化好后将 3 号备用罐内钻井液倒入 1 号备用罐。

两部钻机 6 口井一开共可重复利用钻井液 400m³，回收 200m³。

10.5.2.2　二开钾钙基聚磺钻井液体系

如图 10.20 所示，A 钻机在 3 号井上进行二开转化（全部用新配制钻井液），3 号井中完后地面可回收 70m³ 密度 1.50g/cm³ 钾钙基钻井液至 3 号备用罐（固井置换 20m³，循环罐内倒入 50m³ 留出空间用于降密度）。将循环罐内密度降至 1.20g/cm³ 用于 2 号井二开（补充胶液，加足各类化工料），钻灰塞时将井筒内混浆全部放掉（约 30m³），利用 3 号备用罐内回收浆进行补充。2 号井钻进过程中可利用回收浆进行补充钻井液量和提密度（利用量约 20m³）其余用胶液维护补充以保持体系配方浓度。2 号井中完后重复上述程序进行 1 号井二开。全部中完后循环罐剩余 100m³，回收 30m³ 至 3 号备用罐留出空间用于三开转化，3 号备用罐内剩余 70m³ 钾钙基泥浆。

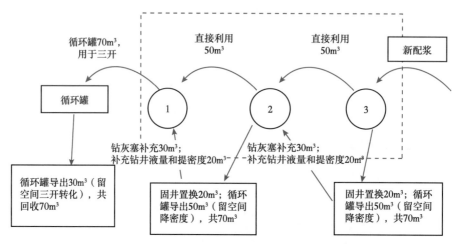

图 10.20　单钻机二开钻井液利用回收流程示意图

同理，B 钻机在 6 号井上二开转化（全部用新配制钻井液），中完后地面可回收 70m³ 密度 1.50g/cm³ 钾钙基钻井液至 4 号备用罐（固井置换 20 方，循环罐内倒入 50m³ 留出空间用于降密度）。按 A 钻机程序完成 5 号井和 4 号井。4 号井中完后 4 号备用罐内剩余 70m³ 钾钙基钻井液。

两部钻机 6 口井二开一共可回收 340m³，重复利用钻井液 400m³，循环罐内剩余 140m³（A、B 钻机各 70m³ 用于三开），备用罐剩余 140m³ 钾钙基钻井液。

10.5.2.3　三开水包油钻井液体系

如图 10.21 所示，A 钻机在 1 号井上进行三开转化（利用二开循环罐内钻井液 70m³，补充胶液和各类材料），钻灰塞放掉混浆，可利用备用罐内回收浆补充（约 10m³）。1 号

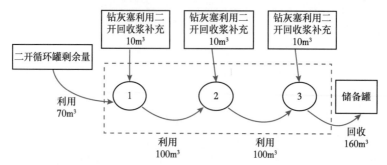

图 10.21　单钻机三开钻井液利用回收流程示意图

井裸眼完井后循环罐内 100m³ 钻井液可用于 2 号井三开，钻灰塞利用回收浆 10m³。重复 2 号井程序完成 3 号井。三口井钻进过程中利用胶液来补充维护以保持体系配方浓度。

同理，B 钻机在 4 号井上进行三开转化，程序同 A 钻机。全部完井后循环罐内钻井液全部回收用于下一轮平台二开使用。

两部钻机 6 口井三开一共可回收钻井液 320m³，重复利用钻井液 600m³。

10.5.2.4 重复利用率计算方法

根据现场钻井液使用情况，按下述公式计算重复利用率：在一个平台从开钻到完钻时间内，生产过程中重复用钻井液量加上回收钻井液量与钻井液总用量之比，即为该平台钻井液重复利用率。

钻井液重复利用率 =（重复用钻井液量 + 回收钻井液量）/钻井液总用量

钻井液回收率 = 剩余钻井液量/（地面循环量 + 井筒容积）

根据上述计算公式，按每部钻机 3 口井计算昌吉页岩油重复利用率（表 10.3），平均单井钻井液回收利用率达到 70% 以上。

表 10.3 页岩油先导试验区 3 号平台钻井液重复利用统计

开次	地面循环量（m³）	井筒容积（m³）	钻井液总量（m³）	重复钻井液量（m³）	回收钻井液量（m³）	回收率（%）	重复利用率（%）
一开	100	78	561	200	100	56.2	53.5
二开	100	153	1584	200	240	94.9	27.8
三开	100	86	798	270	160	86	53.8

10.6 页岩油工厂化水平井钻井成效

2012—2015 年，长水平段水平井"工厂化"钻井系列技术在吉木萨尔页岩油应用 10 口井，累计节约成本 2.55 亿元，部分成果在准噶尔盆地其他地区推广应用 30 余口井。试验证明，昌吉油田页岩油长水平段水平井"工厂化"钻完井技术对实现页岩油有效开发的有效手段，可以为其他类型非常规油气藏和低渗透油气藏有效开发提供借鉴，具有较高的推广前景。

10.6.1 工厂化批量钻井应用效果

昌吉油田页岩油先导试验区 3 号平台采用 2 部滑轨钻机联合作业，单部钻机完成 3 口井。采用滑轨钻机，通过液缸推动方式整体移动井架，平移 10m 耗时约 2h。同时，减少外围设备搬安，单井节约搬安时间 3～5d。这种作业方式，提高了钻具组合利用率，减少固井候凝时间和钻机搬迁时间。由表 10.4 可知，通过优化批量钻井作业程序，强化各个工序衔接，平台上单部钻机节约钻井工期约 29.5d，钻井效率较常规钻井提高了 21.34%，井场面积减少 58.3%，大幅降低钻井成本（表 10.5）。

表 10.4　工厂化钻井单部钻机节约工期明细

工序	作业时间（d）	节约时间（d）	井数（口）	合计时间（d）
搬家安装	12	10	2	20
接甩钻具	2.5	2.5	2	5
固井候凝	4	1.75	2	3.5
累计时间（d）				29.5

表 10.5　工厂化 3 号平台实际完钻井周期与机械钻速

钻机	井号	完钻井深（m）	实际完钻工期（d）	平均机械钻速（m/h）
1 号	JHW015	4750	68.15	8.05
	JHW016	4718	52.79	9.96
	JHW017	5220	63.96	10.04
2 号	JHW018	5325	68.90	8.70
	JHW019	4825	66.70	9.43
	JHW020	4697.77	71.90	8.96
平均		4922.77	64.88	9.19

钻井液重复利用方面，3 号平台 6 口井完井后备用罐剩余 80m³ 钾钙基聚磺钻井液、200m³ 水包油钻井液、160m³ 膨润土浆，重复利用钻井液量为 1400m³，平均单井钻井液回收利用率达 70%。

10.6.2　井身结构优化应用效果

通过建立地应力计算模型，弄清楚该区地层压力系统，结合该区邻井实钻情况，开展套管程序影响因素分析，找出井下钻井风险最大因素，将原先勘探阶段的四开水平井井身结构优化为三开（表 10.6），推广应用 10 口井。不仅节约套管费用，而且单井节约钻井工期约 8 天。

表 10.6　井身结构优化参数前后对比

试验阶段	开次	井眼尺寸（mm）	套管（mm）
前期勘探	一开	444.5	339.7
	二开	311.2	244.5
	三开	215.9	177.8 尾管
	四开	152.4	裸眼
开发试验	一开	444.5	339.7
	二开	241.3+215.9	177.8
	三开	152.4	裸眼

10.6.3 高效 PDC 钻头应用效果

通过岩石力学特性评价试验，现场累计试验 17 种型号 PDC 钻头，优选出适合该地区的高效 PDC 钻头序列，大幅度提高了机械钻速，自主研发钻头性能与国外钻头基本相当，推广应用 7 口井，大幅度降低钻头费用。

由图 10.22 和表 10.7 可知，直井段机械钻速为 11.63~30.2m/h，较前期探井提高了 72.6%，实现了一趟完成进尺，钻头数量由 3 只减少至 1 只。定向段机械钻速为 5.37~5.5m/h，较前期探井提高了 279.3%，国产钻头成功钻穿梧桐沟底界砾岩，实现一趟钻完成定向段，钻头数量由 2 只减少为 1 只。水平段机械钻速达到 6.7m/h，较前期探井提高了 147.2%，钻头数量由 2 只减少至 1 只。自研 PDC 钻头创造了新疆油田单只 PDC 钻头完成 1418m 水平段进尺新纪录，机械钻速高达 7.3m/h。

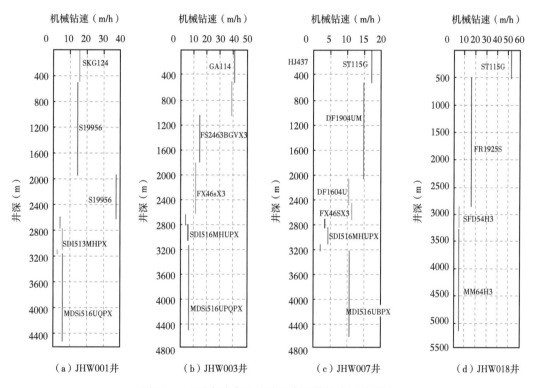

图 10.22 页岩油先导试验区水平井钻头试验情况

表 10.7 先导试验区 PDC 钻头试验对比分析表

井段类型	试验钻头型号	筛选钻头型号	机械钻速（m/h）			钻头数量（只）	
			探井	试验井	提速比例	探井	试验井
直井段	S19956 DF1904UM FR1925S FX46SX3 FX56SX3	FR1925S FX46SX3 FX56SX3	10	17.26	72.60%	3	1

井段类型	试验钻头型号	筛选钻头型号	机械钻速（m/h）			钻头数量（只）	
			探井	试验井	提速比例	探井	试验井
定向段	SMD517 SDI513MHBPX SDI516MHUPX MD517HX DF200DPS SFD54H3	SMD517 SDI513MHBPX SDI516MHUPX SFD54H3（自研）	1.16	4.4	279.3%	2	1
水平段	MDSI616UQPX MDSI516UQPX MDI516UBPX	MDSI516UQPX MDI516UBPX MM64H3（自研）	2.71	6.7	147.2%	2	1

10.6.4 三维水平井钻井应用效果

长水平段三维水平井钻井技术逐渐成熟，并形成配套技术系列，试验区推广应用 10 口井，最长水平段长达 2060m。从轨迹控制指标来看（表 10.8），5 口井试验旋转导向工具，5 口井采用 MWD+螺杆导向工具，井口最大偏移距为 265m，最大闭合距为 2312m，实钻最大全角变化率为 9.7°/30m，井眼轨迹光滑，实现了完井管柱一次性顺利下入。

表 10.8 先导试验区水平井轨迹控制指标统计

平台	井号	定向工具	井口偏移距（m）	实钻最大全角变化率 [（°）/30m]	闭合距（m）
1	JHW001	MWD+螺杆	115	8.5	1655
	JHW003	MWD+螺杆	115	8.7	1639
2	JHW005	MWD+螺杆 旋转导向系统	115	7.3	1655
	JHW007	MWD+螺杆 旋转导向系统	115	8.4	1655
3	JHW015	MWD+螺杆	255	7.8	1670
	JHW016	MWD+螺杆 旋转导向系统	265	7.5	1682
	JHW017	MWD+螺杆 旋转导向系统	25	8.5	2099
	JHW018	MWD+螺杆	25	8.6	2312
	JHW019	MWD+螺杆	265	9.7	1671
	JHW020	MWD+螺杆 旋转导向系统	255	5.7	1672

参 考 文 献

文乾彬，杨虎，孙维国，等 . 2015. 吉木萨尔凹陷致密油大井丛"工厂化"水平井钻井技术 [J]. 新疆石油地质，36（3）：334-337.

文乾彬，杨虎，石建刚，等 . 2014. 昌吉油田致密油长位移丛式水平井钻井技术 [J]. 新疆石油地质，35（3）：356-360.

廖腾彦，余丽彬，李俊胜 . 2014. 吉木萨尔致密砂岩油藏工厂化水平井钻井技术 [J]. 石油钻探技术，42（6）：30-33.

郭彦麟，朱健军 . 2015. 工厂化水平井钻井提速关键因素的探讨 [J]. 西部探矿工程，（4）：89-91.

刘伟 . 2015. 四川长宁页岩气"工厂化"钻井技术探讨 [J]. 钻采工艺，40（4）：24-27.

郭盛堂 . 2017. 工厂化水平井钻井关键技术 [J]. 西部探矿工程，（5）：90-92.

杨鹏 . 2019. 井工厂化作业钻井液关键技术 [J]. 特种油气藏，26（2）：10-15.

林丽娜，杨官杰，段晓东，等 . 2014. 工厂化钻井在辽河油田的现场实践及前景展望 [J]. 西部探矿工程，（9）：65-66.

王万庆，石仲元，付仟骞 . 2015. G0-7 三维水平井井组工厂化钻井工艺 [J]. 石油钻探技术，37（2）：27-31.

张茂林，谢飞龙，段江，等 . 2015. 吉木萨尔致密油平台 3 工厂化钻井实践 [J]. 钻采工艺，38（1）：11-14.

叶成林 . 2015. 苏 53 区块工厂化钻井完井关键技术 [J]. 石油钻探技术，43（5）：129-134.

韩烈祥，孙海芳 . 2016. 长宁页岩气工厂化钻井模式研究 [J]. 钻采工艺，39（6）：1-4.

ABRAMOV Aleksandr. 2019. 丛式井平台设计及井丛分组优化 [J]. 石油勘探与开发，46（3）：588-593.

葛云华，鄢爱民，高永荣，等 . 2005. 丛式水平井钻井平台规划 [J]. 石油勘探与开发，32（5）：94-99.

陈安明，张辉，宋占伟 . 2012. 页岩气水平井钻完井关键技术分析 [J]. 石油天然气学报，34（11）：98-103.

郭元恒，何世明，刘忠飞，等 . 2013. 长水平段水平井钻井技术难点分析及对策 [J]. 石油钻采工艺，35（1）：14-18.

韩烈祥，向兴华，鄢荣，等 . 2012. 丛式井低成本批量钻井技术 [J]. 钻采工艺，35（2）：5-8.

杨睿，张拓铭 . 2019. 吉木萨尔凹陷芦草沟组页岩油水平井钻井技术 [J]. 新疆石油天然气，15（3）：36-40.